高等职业教育“十四五”规划教材

高等职业教育产教融合新形态系列教材

食品微生物

第2版

周桃英　王福红　主编

中国农业大学出版社
·北京·

内容简介

本教材根据国家职业教育课程标准编写，结合当前高等职业院校教学改革成果，融入课程思政理念，在内容安排上，突出实用性和准确性，共设计了8个学习项目29个学习任务，每个项目都配备了数字化学习资源并安排了若干实验。本教材主要介绍了食品微生物的形态、类群、生长和培养规律，微生物检测的主要方法，微生物在食品工业中的应用，微生物引起的食品污染与腐败变质，食物中毒的控制等。本教材主要供高等职业院校食品类专业相关课程使用，也可供食品加工、食品检验等相关行业从业人员学习参考。

图书在版编目(CIP)数据

食品微生物 / 周桃英，王福红主编. —2版. —北京：中国农业大学出版社，2020.10
ISBN 978-7-5655-2459-2

Ⅰ.①食… Ⅱ.①周… ②王… Ⅲ.①食品微生物-食品检验-高等职业教育-教材
Ⅳ.①TS207.4

中国版本图书馆CIP数据核字(2020)第229498号

书　　名　食品微生物　第2版
作　　者　周桃英　王福红　主编

策划编辑　郭建鑫　张　蕊　　　**责任编辑**　郭建鑫
封面设计　郑　川
出版发行　中国农业大学出版社
社　　址　北京市海淀区圆明园西路2号　　　**邮政编码**　100193
电　　话　发行部 010-62733489,1190　　　读者服务部 010-62732336
　　　　　　编辑部 010-62732617,2618　　　出　版　部 010-62733440
网　　址　http://www.caupress.cn　　　**E-mail** cbsszs@cau.edu.cn
经　　销　新华书店
印　　刷　北京鑫丰华彩印有限公司
版　　次　2020年12月第2版　　2020年12月第1次印刷
规　　格　787×1 092　16开本　17印张　420千字
定　　价　50.00元

图书如有质量问题本社发行部负责调换

“高等职业教育产教融合新形态系列教材”
食品类专业系列教材
编审委员会

“高等职业教育产教融合新形态系列教材”
食品类专业系列教材
专　家　组

编写人员

主　编　周桃英　黄冈职业技术学院
　　　　　王福红　山东畜牧兽医职业学院

副主编　毕　宇　黄冈职业技术学院
　　　　　张术丽　黑龙江农业职业技术学院
　　　　　王伟青　北京农业职业学院
　　　　　袁　仲　商丘职业技术学院
　　　　　宋喜云　潍坊职业学院

参　编　张　蕾　黄冈职业技术学院
　　　　　田晓蕾　黑龙江农业经济职业学院
　　　　　王　涛　黑龙江农业职业技术学院
　　　　　陈　婷　江西生物科技职业学院
　　　　　何焱发　湖北地道食品有限公司
　　　　　姜艳军　黄冈月果老农产品有限公司

主　审　张继忠　黑龙江农业经济职业学院
　　　　　张　江　上海农林职业技术学院
　　　　　陈肖安　原中央农业广播电视学校

出版说明

为贯彻落实《国家职业教育改革实施方案》(又称“职教二十条”)以及《高等职业学校专业教学标准》等相关文件精神,有效推进产教融合、校企合作,建设一批校企“双元”合作开发的高质量教材,经向行业专家咨询及与有关高等职业院校沟通,借鉴与物化高等职业教育食品类专业教育教学改革成果,中国农业大学出版社开展了高等职业教育食品类专业新形态系列教材建设工作。

“高等职业教育产教融合新形态系列教材”建设是食品类专业高技能人才培养的基础性工作,也是促进社会与经济发展的客观需求。近20年来,随着加入世贸组织,我国食品工业得到了持续与快速的发展,食品工业进入产业升级、调整改革的关键时期,食品产业从数量扩张向质量提升转变。原有的高等职业教育食品类专业教材从内容到表现形式,要满足现代食品工业人才培养的需要,就必须改革创新,在实践中不断探索高等职业教育食品类专业新形态系列教材建设的新路子,才能为高等职业教育食品类专业高技能人才培养奠定坚实的基础、发挥应有的作用。

“高等职业教育产教融合新形态系列教材”具备如下特点:

1.精心组织编审队伍。在征集相关高等职业院校的申报材料的基础上,充分考虑不同院校的专业优势及教学创新改革进程及成果等,慎重确定参加编审的骨干人员,并根据教师提供的编写提纲、编写思路与样章等,由食品类专业系列教材编审委员会及专家组遴选组建编写团队。同时,邀请高等职业院校、行业及生产企业的专家参与教材建设,审核编写提纲,后期对书稿进行严格审定。教材编写过程中,作者与审稿人员充分沟通,书稿反复修改,从而确保了教材内容的前瞻性、科学性及对一线岗位的适应性。

2.创新编写体例。本次教材建设重点在食品类专业基础课程和专业核心课程。以“项目引领,任务驱动”作为教材的基本框架,以职业岗位确立典型工作任务,以典型工作任务确定岗位能力需求,以能力需求确定学习项目与任务,突出了实践性、企业案例化与职业化,并与项目紧密关联。内容新颖、趣味性强是本系列教材的一大亮点。对专业基础课程教材,创新了传统的学科编写体例,参考模块式总体思路设计,使教材精炼、实用,有利于提高学生的学习效果与效率,较以往传统教材有较大突破。

3.突出职业教育特色。教材编写体现了现代职业教育体系教学改革精神,该新形态系列教材将努力体现课程内容与职业标准对接、教学过程与生产过程对接的要求,反映高等职业教育专业课教学与思想政治理论课教学同向同行、职业技能与职业精神培养高度融合的特点,尤其是“项目引领,任务驱动”式教材,每一任务的活动规程,力求按工作任务的环节以表格任务单或实际案例形式进行编写与训练,突出操作环节与质量要求,促进职业技能培养与职业精神养成的紧密结合,实现教学与职业岗位的“零距离对接”。

4.新形态信息技术在系列教材中广泛应用。努力对食品类专业教材中的知识点与技能点进行信息化处理，使其表现形式更加多元化，提高智能化水平，突出趣味性与直观性，实现手机终端推送学习，采用微课、视频、动画等展示相关知识、专项实验、任务拓展与测试题答案等内容，充分体现了高等职业教育教材多元化创新的全新特色。

"高等职业教育产教融合新形态系列教材"基本覆盖了食品加工、食品生物技术、食品营养与检测等食品类专业的专业基础课程与专业核心课程。系列教材既充分强调了食品科学的实践性，同时又充分考虑了食品产业与基础理论的有机结合，努力做到每种教材间内容相互补充、相互衔接，构成一个完整的课程体系。系列教材主要作为高等职业教育食品类专业的相关课程教材，也可作为现代食品企业相关技术人员及专业技术工人的培训、参考用书。

"高等职业教育产教融合新形态系列教材"的顺利出版，是全国近60所高职学院及部分食品企业等共同奋斗的结果。编写过程中所做的许多探索，为进一步推进高等职业教育教材建设的改革与创新提供了宝贵的经验。我们真诚地希望，以此为契机，进一步有效加强与各高等职业院校及食品企业的交流与合作，不断拓展食品类专业新形态系列教材合作开发的思路，创新教材开发的模式与服务方式。让我们共同努力，为深化高等职业教育食品类专业教育教学改革与人才培养质量的提高，发挥积极的推动作用。

中国农业大学出版社

二〇二〇年七月

前 言

本教材根据最新的国家职业教育课程标准编写，结合当前高等职业院校教学改革成果，融入思政教育，在内容方面既重视微生物的基本理论知识的系统性，又突出重点技术的应用和技能操作实践。按照“任务驱动、项目导向”的设计思想和“教学工具多媒体化、教学内容案例化、教学过程实地化”的设计原则，以食品微生物实际应用于生产过程为设计依据，以利用微生物生产不同的产品为任务目标，突出实践性教学，遵循以学生为主体的教学理念，依据高等职业院校学生的学习兴趣和认知规律，采用项目化学习情境的形式编写而成，目的在于让学生系统掌握微生物在食品行业中的应用技术，提高实践技能，成为能胜任食品微生物检测、利用微生物进行生产等工作的高技能人才。本书既可作为高等职业学校相关专业的教学用书，也可作为在食品企业从事微生物检验工作的技术人员的参考用书。

本教材在内容安排上，严格按照国家标准或行业标准进行编写，突出实用性和准确性，共设计了 8 个学习项目 29 个学习任务，主要介绍了食品微生物的形态、类群、生长和培养规律，微生物检测的主要方法，微生物在食品工业中的应用，微生物引起的食品污染与腐败变质，食物中毒的控制等。每个项目都配备了数字化学习资源，并安排了相关的实验项目。

本教材编写人员既有高职院校一线教师，也有食品企业质量管理人员，编写团队具有丰富的理论知识和实践经验。周桃英（黄冈职业技术学院）担任主编并统编全书，同时负责项目五的编写；王福红（山东畜牧兽医职业学院）负责项目三的编写；毕宇（黄冈职业技术学院）负责项目一和项目四的编写；张蕾（黄冈职业技术学院）负责项目二的编写；张术丽和王涛（黑龙江农业职业技术学院）负责项目六的编写；田晓蕾（黑龙江农业经济职业学院）负责项目七的编写；王伟青（北京农业职业学院）负责项目八的编写；陈婷（江西生物科技职业学院）负责书中部分图片的制作；企业一线专家何焱发、姜艳军参与了实验部分的编写；袁仲（商丘职业技术学院）和宋喜云（潍坊职业学院）负责拓展知识和练习题及配套答案的编写。

黑龙江农业经济职业学院张继忠教授、上海农林职业技术学院农业生物与生态技术系张江副教授和原中央农业广播电视学校陈肖安同志对教材内容进行了初审与最终审定，在此一并表示感谢。

由于作者水平有限，编写时间仓促，书中难免有错漏之处，敬请读者批评指正，以便再版时修订完善。

编　者

二〇二〇年八月

目　录

项目一

微生物形态观察技术

本项目学习目标

二维码 1-1

项目一　课程 PPT

[知识目标]

1. 熟悉原核微生物和真核微生物的结构和功能。

2. 掌握细菌、酵母菌及霉菌的形态和菌落特征。

3. 掌握革兰氏阳性菌和革兰氏阴性菌的结构异同点及革兰氏染色的原理。

[技能目标]

1. 能够利用显微镜观察细菌的基本结构。

2. 能够进行革兰氏染色,分辨细菌的类型。

[素质目标]

1. 将敬业、责任、自信、诚信、友善与安全融入学习全过程。

2. 能够坚持严谨的科学态度与良好的职业道德。

3. 依法规范自己行为和习惯,具有无菌操作和生物安全规范操作意识与习惯。

项目概述

微生物是一些形体微小、结构简单的低等生物。由于微生物所具有的特殊性，因此需要采用一些特殊的研究手段和方法，可以借助显微技术和染色技术观察微生物的结构。

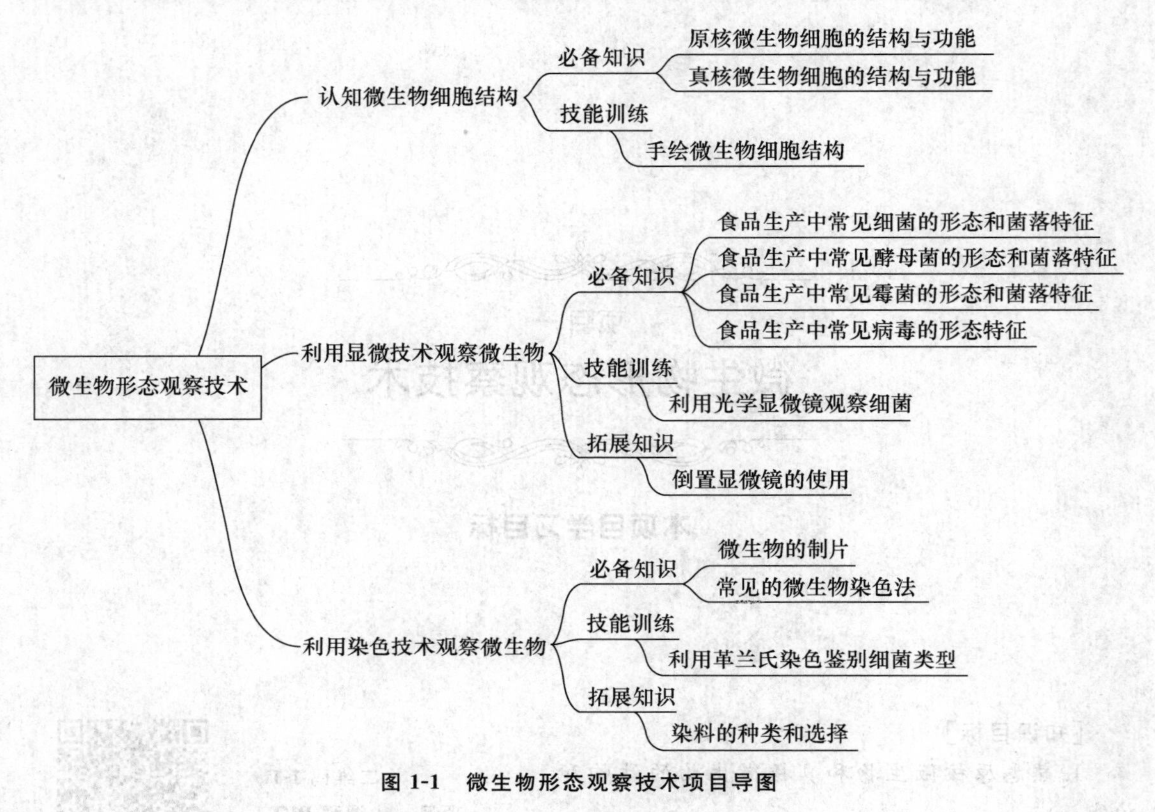

图 1-1　微生物形态观察技术项目导图

任务一　认知微生物细胞结构

任务目标

熟悉原核微生物细胞和真核微生物细胞结构的组成，明确原核微生物细胞和真核微生物细胞结构的差异。能够绘制出微生物细胞结构，并标明细胞器类型。

相关知识

一、原核微生物细胞的结构与功能

原核微生物主要包括细菌、放线菌、蓝细菌、立克次氏体、衣原体、支原体等。下面主要介绍与食品生产相关的原核微生物（以细菌为代表）常见的细胞结构与功能。我们把一般细菌都有的结构称为一般结构，而把部分细菌具有的或一般细菌在特殊环境下才有的结构称为特殊结构（图 1-2）。

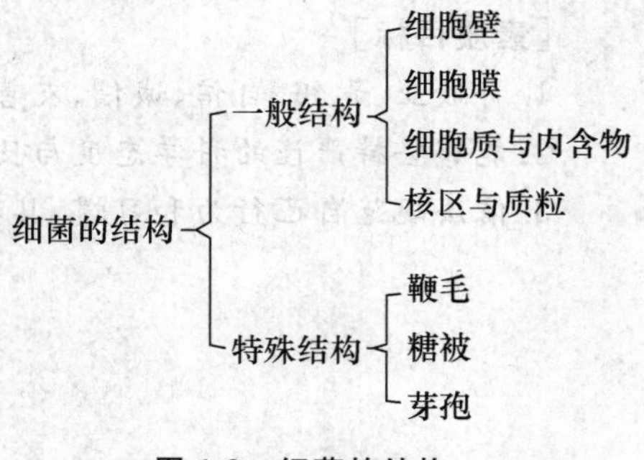

图 1-2　细菌的结构

(一)原核细胞的一般结构

1. 细胞壁

细胞壁是细胞膜外的一层厚实、坚韧的外被，主要成分为肽聚糖。细胞壁的功能主要有：固定细胞外形和提高机械强度；保护细胞免受渗透压等外力的损伤；参与细胞生长、分裂和协助鞭毛运动；阻拦有害物质进入，保护细胞免受溶菌酶、消化酶和青霉素等有害物质的损伤；与细菌的抗原性、致病性和对噬菌体的敏感性密切相关。

2. 细胞膜

细菌细胞膜是"单位膜"，是紧贴在细胞壁内侧、包围细胞质的一层半透性薄膜，厚7～8 nm，由磷脂(占20%～30%)和蛋白质(占50%～70%)组成，电镜下为三层。细胞膜的基本构造是磷脂双分子层，磷脂亲水和疏水的双重性质使其具有方向性，细胞膜由两层磷脂分子按一定规律整齐地排列而成(图1-3)。

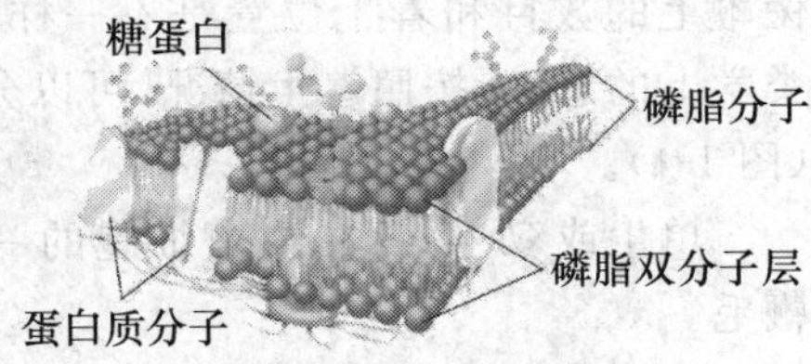

图1-3　细胞膜结构示意图

细胞膜具有许多功能：选择性地控制细胞内、外营养物质和代谢产物的运送；维持细胞内正常的渗透压；合成细胞壁和糖被的各种组分(肽聚糖、磷壁酸、荚膜多糖等)的重要基地；膜上含有氧化磷酸化或光合磷酸化等能量代谢的酶系，是细胞的产能场所；是鞭毛基体的着生部位和鞭毛旋转的供能部位。

3. 细胞质与内含物

细胞质是细胞膜包围的除了核区之外的一切半透明、胶状、颗粒状物质的总称，含水量约80%。原核微生物的细胞质是不流动的，这一点与真核微生物明显不同。细胞质的主要成分为核糖体(由50S大亚基和30S小亚基组成)、贮藏物、多种酶类和中间代谢物、各种营养物和大分子的单体等，少数细菌还有类囊体、羧酶体、气泡或伴孢晶体等。

在细菌中，80%～90%的核糖体串联在mRNA上，以多聚糖体的形式存在。核糖体是合成蛋白质的场所。链霉素等抗生素作用于细菌核糖体的30S亚基而抑制细菌蛋白质的合成，而对人的80S核糖体不起作用，故可用链霉素治疗细菌引起的疾病，而对人体无害。

贮藏物是一类由不同的化学成分累积而成的不溶性沉淀颗粒，种类较多，其中有碳源及能源类物质、氮源类物质和磷源类物质，其主要功能是贮存营养物质；羧酶体是存在于自养细菌细胞内的多角形或六角形内含物，其大小与噬菌体相似，内含1,5-二磷酸核酮糖羧化酶，在自养细菌的二氧化碳固定中起着关键的作用；气泡是充满气体的泡囊状内含物，其功能是调节细胞相对密度，使细胞漂浮于最适水层中以获取光能、O_2和营养物质。

4. 核区与质粒

原核微生物没有典型的细胞核，但核质(脱氧核糖核酸)相对集中在一定部位，称为核质区或者称为拟核。它一般为一个大型的环状双链DNA分子，是遗传信息的载体。一个细胞含有的核区数为1～4个。

在许多细菌细胞中还存在染色体以外的DNA分子，一般以不同大小的环状双螺旋状态存在，称为质粒。质粒可以独立进行复制，有的也能整合到染色体上。

(二)特殊结构

许多细菌除了含有上面介绍的一般结构外，还含有特殊的结构，如鞭毛、糖被和芽孢等。

这都是鉴别细菌的主要依据。

1. 鞭毛

鞭毛是指生长在某些细菌体表，形状如长丝状、波曲的蛋白质附属物。鞭毛是由特殊的蛋白质(鞭毛蛋白)构成的，起源于细胞质膜下细胞质内的一个直径为 100 μm 的颗粒状小体——基粒，鞭毛自基粒长出，穿过细胞壁，伸到菌体的外部。鞭毛的长度一般为 15～20 μm，直径为 0.01～0.02 μm，其数量为一条或数条，参与细菌细胞的运动。

用特殊的鞭毛染色法使染料沉积在鞭毛上，加粗后的鞭毛可用光学显微镜观察，不同种类细菌鞭毛的数目和着生位置是不一样的，因而有分类学上的意义，按照着生情况，可以分为以下三类(图 1-4)。

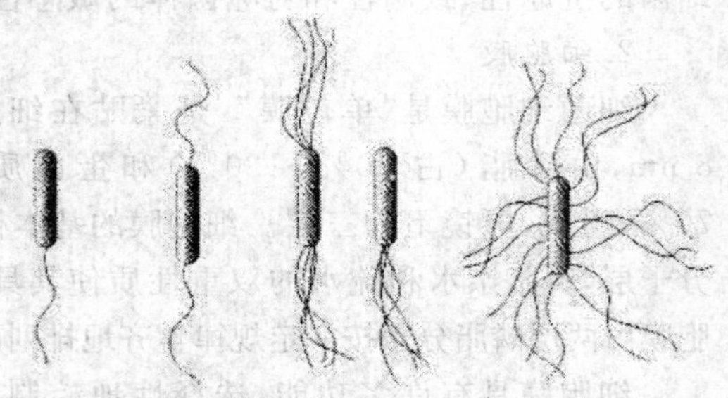

图 1-4 细菌鞭毛结构

单生或双生：只在细菌细胞的一端或两端生鞭毛。

从生：在细菌细胞的一端或两端生一丛鞭毛。

周生：在细菌细胞的周围生几根或很多根鞭毛。

2. 糖被

通常把包被在某些细胞壁外的一层厚度不定的胶状物质称为糖被。糖被的有无或厚薄除了与菌种遗传特性有关，还和环境条件密切相关。糖被的主要成分是多糖、多肽或蛋白质，其中多糖含量最多。按照糖被有无固定层次及层次的厚薄，又可细分为荚膜、微荚膜、黏液层和菌胶团。

荚膜厚度约 200 nm，有明显的外缘和一定的形状，比较紧密地结合在单个细胞的细胞壁外。荚膜的功能主要是防止细菌变干、吸附阳离子、防止噬菌体的侵染、防止被真核生物吞噬。

3. 芽孢

有的细菌生长到后期，其细胞质浓缩凝结，逐步形成圆形或椭圆形的结构，称为芽孢。每个细菌一般只产生一个芽孢，所以芽孢不是细菌的繁殖体，而是休眠体。

成熟芽孢具有多层结构，由外到内依次为芽孢外壁、一层或几层芽孢衣、皮层、芽孢核心。

芽孢代谢活性很低，对干燥、高温、化学药物(酸类和染料)和辐射等具有高度抗性。灭菌时，通常在 100℃下煮沸 10 min 可以杀死全部营养细胞，但芽孢抵抗力强，在湿热 120℃增压情况下，20～30 min 才能杀死，故在检查罐头食品、发酵工业及微生物实验用器皿等灭菌是否彻底时，应以杀死芽孢为标准。

二、真核微生物细胞的结构与功能

真核微生物是指细胞核具核仁和核膜、能进行有丝分裂、细胞质中有线粒体等细胞器的微小生物，主要包括真菌、藻类、原生动物和微型后生动物等。真菌和藻类的主要区别为真菌没有光合色素，不能进行光合作用。真菌和原生动物的主要区别为真菌的细胞有细胞壁，原生动物的细胞没有细胞壁。下面以真菌为例介绍其细胞结构，真菌细胞结构由细胞壁、细胞膜、细胞核、细胞质和细胞器(线粒体、内质网等)以及鞭毛组成。

(一)细胞壁

具有细胞壁的真核细胞微生物是真菌和藻类，而真菌中的酵母菌是食品生产中最常见的微生物，故以酵母菌的细胞壁为例来进行介绍。

酵母菌的细胞壁在细胞的最外层，幼龄时较薄，具有弹性，以后逐渐变厚变硬。细胞壁由特殊的酵母纤维素构成，在细胞壁上由外至内分别为甘露聚糖、蛋白质、葡聚糖。蛋白质在细胞壁中起重要作用，它连接着葡聚糖和甘露聚糖。酵母菌细胞壁还有少量几丁质，只在其形成芽体时合成，然后分布在芽痕的周围。不同种属的酵母菌，其细胞壁的成分存在明显差异，比如，裂殖酵母只含有葡聚糖而不含甘露聚糖，取而代之的是壳多糖。

(二)细胞膜

细胞膜是真核细胞的基本结构之一，与原核细胞相同的是，真核细胞的细胞膜也是由蛋白质镶嵌在磷脂双分子层间构成的，但真核细胞的细胞膜含固醇（如胆固醇），其能使细胞变得坚韧。

(三)细胞核

真核细胞微生物都具有形态完整、由核膜包裹着的细胞核，核膜上有许多小孔，可以有选择地允许物质进出。细胞核为球体或椭圆体，是细胞内遗传信息（DNA）的储存、复制和转录的重要场所。染色体由 DNA 和蛋白质组成，其只有在细胞分裂时才能在显微镜下观察到。真核细胞染色体 DNA 在形态上不同于原核细胞染色体的环状双螺旋大分子，而是呈线形的双螺旋大分子。

染色质蛋白主要是组蛋白，这一碱性蛋白同 DNA 结合决定了染色质的三维空间结构。DNA 盘绕组蛋白构成染色质的亚单位，称为核小体，每个核小体由约 200 个核苷酸盘绕组蛋白分子构成，在电子显微镜下，这些核苷酸像是穿在线上的珠子。核小体是真核生物遗传物质的基本结构单位。

细胞核内还有核仁，它的功能是合成核糖体核酸，真核细胞含 80S 核糖体，由 60S 和 40S 两个亚单位组成，大小两个亚单位在核仁中合成后，输送到细胞质中组装，进行蛋白质的合成。

(四)细胞质和细胞器

1. 细胞质

细胞质是指位于细胞膜和细胞核之间的透明、黏稠、不断流动并充满着各种细胞器的溶胶，由胞基质、细胞骨架和各种细胞器组成。

细胞基质是指在真核细胞微生物细胞质中，除了细胞器之外的具有弹性和黏质性的透明胶体溶液。它含有丰富的酶类、各种内含物和中间代谢产物，是细胞进行各种代谢活动的主要场所。细胞基质中还分布着一个复杂的、由蛋白质纤维组成的支架，即细胞骨架，它由微管、微丝和中间纤维三种蛋白纤维构成。

2. 内质网和核糖体

内质网存在于细胞质中，是由膜构成的网状系统。它与细胞基质相互隔离，但是彼此相通，其内侧与核被膜的外膜相通，并且核周间隙也是内质网腔的一部分。

内质网分为粗糙型内质网和光滑型内质网。其中粗糙型内质网上附着许多核糖体颗粒，能合成和转运蛋白质，具有合成和运送胞外分泌蛋白的功能；光滑型内质网（主要存在于某些动物细胞中）上没有核糖体，能参与脂质代谢和钙代谢。

核糖体又称核蛋白体，是具有蛋白质合成功能的无膜包裹的细胞器。其主要化学成分是蛋白质（约为 40%）和 RNA（约为 60%），两者以共价键的形式相结合。

3. 高尔基体

高尔基体是由一系列平行堆叠的扁平的囊和囊泡组成的膜聚合体。它的表面没有核糖体,是合成、分泌糖蛋白、脂蛋白以及某些无生物活性的蛋白质原的重要细胞器。

4. 线粒体

线粒体很小,在光学显微镜下呈线状或颗粒状。在电镜下可以看到线粒体是由双层膜构成的,外膜光滑无折叠,内膜向内折叠,形成许多管状或隔板状突起,称为嵴。在内膜与嵴的内表面上均匀分布着许多圆形小颗粒,为电子传递粒,这些电子传递粒含有 ATP 酶,能催化合成 ATP。线粒体是真核细胞微生物进行呼吸作用的场所,被称为细胞的"动力站"。

5. 鞭毛与纤毛

在真核细胞微生物的细胞表面长有或长或短的毛发状细胞器,有运动功能,较长的为鞭毛,鞭毛一般只有 1~2 根,多处于细胞的一端;较短的为纤毛,数量众多,在细胞表面周生。真核细胞微生物的鞭毛与原核细胞微生物的鞭毛虽具有相同的运动功能,但在构造、运动机制和所消耗能源形式等方面具有明显的差别。

实验 1-1　手绘微生物细胞结构

任务准备

1. 教具准备

微生物细胞结构模型。

2. 用具

白纸、铅笔。

任务实施

一、安排学生课前预习

学生通过查阅资料和观看图片等完成预习报告。预习报告内容包括:(1)原核细胞的结构和细胞器类别。(2)真核细胞的结构和细胞器类别。(3)思考题:原核细胞和真核细胞的区别有哪些?

二、检查学生预习情况

分小组讨论汇报,总结原核细胞和真核细胞的区别。

三、学生绘制结构图

学生观察微生物细胞结构模型并绘制原核细胞结构图和真核细胞结构图,在图中标明各结构的名称。

四、小组交叉总结

小组成员相互比较,查漏补缺,并分小组进行总结。

五、知识储备

自然界中的微生物种类繁多，形态各异，在具有细胞结构的微生物中，按照其细胞核的构造和进化上的差异，可以把它们分成原核微生物和真核微生物两大类群。以电子显微镜为主要工具研究细胞的微观构造和功能，可以发现原核细胞和真核细胞有三项主要区别：

(1)原核细胞中有明显的核区，无核膜包围，称为原核，核区内含有一个只由双螺旋脱氧核糖核酸构成的基因体，亦称染色体。真核细胞含有由多个染色体组成的基因体群。真核细胞有一个明显的核，染色体位于核内，核由核膜包围，这样的核称为真核。

(2)原核细胞具有一个连续不断的细胞膜，它包围细胞质，并且大量褶皱陷入细胞质里面，称为细胞中间体。细胞中间体形成一些管状和囊状的结构，它们是能量代谢和许多物质合成代谢的场所。真核细胞的细胞膜包围细胞质，但并不陷入细胞质，细胞质内有各种细胞器，细胞核是最大的细胞器，被核膜包围，核膜延伸形成内质网，本身是一独立的细胞器。线粒体是能量代谢的细胞器，叶绿体是光合作用的细胞器，它们都由双层膜包围。这些细胞器的膜都和细胞膜没有直接联系。

(3)核蛋白体位于细胞质内，它们是蛋白质合成的场所。原核细胞的核蛋白体小一些，为70S粒子；真核细胞的核蛋白体大一些，为80S粒子。表1-1列举原核细胞和真核细胞的主要区别。

表1-1　原核细胞和真核细胞的比较

细胞器	原核细胞	真核细胞
核膜和内质网	无	有
染色体	不形成染色体	DNA分子与组蛋白结合成染色体
有丝分裂	无	有
线粒体	无	有
叶绿体	无	有或无
核蛋白体	70S	80S

注：引自周奇迹，《农业微生物》，2011。

尽管原核细胞和真核细胞有上述区别，但一切细胞生物在物质组成成分、遗传变异、物质代谢及生长繁殖上的共性仍然是主要的。因此，人们认为一切细胞生物都是同源的，原核生物(prokaryote)和真核生物(eukaryote)为进化过程中的两个发展阶段或两个发展方向。

二维码1-2　真核细胞和原核细胞结构

任务二　利用显微技术观察微生物

任务目标

微生物形态多样，个体细小，肉眼难以看清其形态，需要借助显微镜观察。显微镜种类较多,本任务要求学生能够熟练使用光学显微镜观察微生物的形态,并根据形态对微生物进行分类。

相关知识

食品生产中常见的微生物有原核微生物中的细菌,以及真核微生物中的酵母菌和霉菌,本任务主要介绍它们的形态及它们在食品生产中发挥的重要作用。

一、细菌

细菌是结构简单、种类繁多、主要以二分裂繁殖、水生性较强的单细胞原核微生物。许多细菌在食品生产中发挥着各种不同的作用,有在食品生产中起积极作用的有益菌,比如食醋生产中的醋酸杆菌、发酵乳制品生产中的乳酸链球菌及嗜热乳杆菌等;也有许多危害食品生产和食品质量的有害菌,比如食品中的大肠杆菌能引起人类肠道疾病、醋酸杆菌能使啤酒发酵酸败等。

(一)细菌的形态和大小

1. 细菌的形态

细菌的基本形态有杆状、球状和螺旋状 3 种,其中以杆状为最常见,球状次之,螺旋状较为少见(图 1-5)。

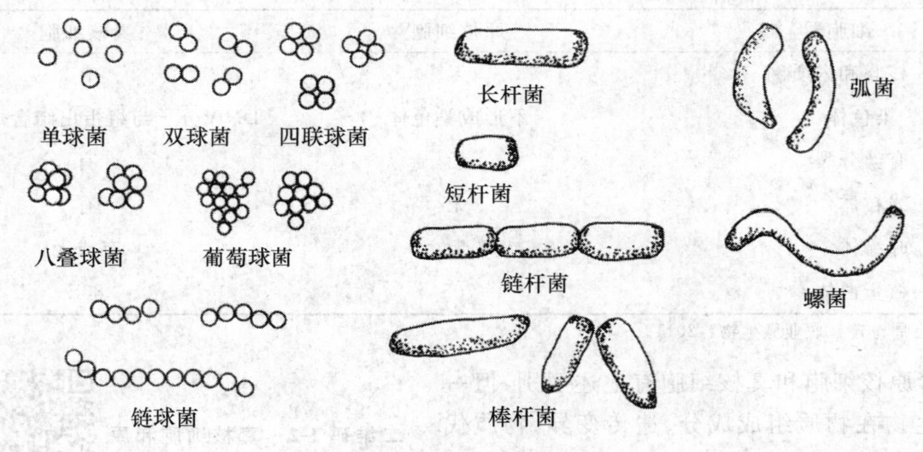

图 1-5 细菌的常见形态

球状的细菌称为球菌。根据球菌细胞的分裂面和子细胞分离与否,球菌有不同的排列状态:单球菌(即球菌)、双球菌、链球菌、四联球菌、八叠球菌和葡萄球菌等。

大多数细菌是杆状的,杆状的细菌称为杆菌。杆菌种类繁多,长短差别较大,有短杆或球杆状(长宽非常接近),如甲烷短杆菌属;有长杆或棒杆状(长宽相差较大),如枯草杆菌;有的两端平截,如炭疽芽孢杆菌;有的两端稍尖,如梭菌属;有的在一端分支,故呈“丫”字形或叉状,如双歧杆菌属;有的杆菌稍弯呈月亮状或弧状,如脱硫弧菌属。多数杆菌菌体分散,少数可以排列成链状、栅状或“八”字形。它们的形状和排列方式可以作为鉴别菌种的依据之一。

螺旋状的细菌称为螺旋菌。根据其弯曲程度不同分为弧菌和螺菌。螺旋不到一周的叫弧菌,其菌体呈弧形或逗号状,如霍乱弧菌;有1周或多周(6周)螺旋,外形坚挺的称螺菌。螺旋在6周以上,柔软易曲的称为螺旋体。

2.细菌的大小

细菌个体很小,必须在显微镜下才能看见。衡量细菌大小的单位是微米(μm)。球菌以直径来表示,直径为0.5～2 μm;杆菌和螺旋菌的大小以(长×宽)来表示,一般杆菌长1～8 μm、宽0.5～1 μm,螺旋菌长为5～50 μm、宽0.5～5 μm。影响细菌形态变化的因素,也往往影响细菌的大小。通常幼龄细菌比成熟的或衰老的细菌要大。

(二)细菌的菌落特征

1.菌落与菌苔

单个微小的细菌是用肉眼看不到的,但是当其在固体培养基上生长、繁殖时,会由单个细胞繁殖形成肉眼可见的子细胞群体,称为菌落;大量细胞密集生长,长成的多个菌落连接成一片,则称为菌苔。

2.菌落特征

不同的微生物种类,其菌落特征不同。同一种菌在不同培养条件下菌落特征也不尽相同。菌落特征包括大小、形状、颜色、边缘、质地、透明度、光泽、表面湿润度等。总的来说,细菌的菌落特征可概括为:湿润、光滑、半透明或不透明,无色或有色,菌体与培养基结合不紧,容易被接种针挑起等。

(三)食品生产中常见的细菌

了解食品生产中常见细菌,可以使我们更有效地利用有益菌为食品生产服务,又能使我们加强食品卫生的安全管理,以防止有害菌危害食品生产和影响食品质量。

1.乳杆菌属

乳杆菌广泛存在于在牛乳、肉、鱼、果蔬制品及动植物发酵产品中。这些菌通常为食品的有益菌,常用来作为乳酸、干酪、酸乳等乳制品的生产发酵剂。植物乳杆菌常用于泡菜、青贮饲料的发酵。

2.链球菌属

链球菌为G^+(革兰氏阳性)球菌,细胞呈球形或卵圆形,多数呈链状排列,触酶试验阴性,无芽孢,兼性厌氧,化能异养,营养要求复杂,属同型乳酸发酵,生长温度25～45℃,最适温度37℃。

常见于人和动物口腔、上呼吸道、肠道等处。多数为有益菌,是生产发酵食品的有用菌种,如嗜热链球菌、乳链球菌、乳脂链球菌等可用于乳制品的发酵。但有些菌种会引起食品腐败变质,如液化链球菌和粪链球菌。

3.双歧杆菌属

双歧杆菌为G^+不规则无芽孢杆菌,呈多形态,如Y形、V形、弯曲状、棒状、勺状等,专性厌氧,营养要求苛刻,最适温度37～41℃,最适pH为6.5～7.0,在pH为4.5～5.0或8.0～8.5时不生长。

双歧杆菌是1899年由法国巴斯德研究所的Tisster发现并首先从健康母乳喂养的婴儿粪便中分离出来的。双歧杆菌具有多种生理功能,在保健饮品生产中多有应用,许多发酵乳制品及一些保健饮料中常常加入双歧杆菌以提高保健效果。

4. 醋酸杆菌属

醋酸杆菌为 G^-(革兰氏阴性)需氧杆菌,幼龄菌为 G^- 杆菌,老龄菌经革兰氏染色后常为 G^+,单个、成对或链状排列,无芽孢,有鞭毛,为专性需氧菌。最适温度 30~35℃,其生长的最好碳源是乙醇、甘油和乳酸。有些菌株能合成纤维素,在静置液体培养基中生长时,表面形成一层纤维素薄膜。

醋酸杆菌主要分布在花、果实、葡萄酒、啤酒、苹果汁、醋和园土等环境。该属细菌有较强的氧化能力,能将乙醇氧化为醋酸,并可将醋酸和乳酸氧化成 CO_2 和水,对食醋的生产和醋酸工业有利,是生产食醋、葡萄糖酸和维生素 C 的重要工业菌。

醋酸杆菌常常危害水果、蔬菜,使酒、果汁变酸。如纹膜醋酸杆菌可以使葡萄酒、果汁变酸;胶膜醋酸杆菌和氧化醋酸杆菌可形成黏性物质,使醋生产受到妨碍。

5. 假单胞菌属

假单胞菌为 G^- 需氧杆菌,直或稍弯曲杆状。无芽孢,端生鞭毛,能运动,过氧化氢酶和氧化酶阳性,产能代谢方式为呼吸。营养要求简单,多数菌种在不含维生素、氨基酸的合成培养基中良好生长。

假单胞菌在自然界分布极为广泛,常见于水、土壤和各种动植物体中。假单胞菌能利用碳水化合物作为能源,只能利用少数几种糖,能利用简单的含氮化合物。一般被认为是食品的腐败菌。

荧光假单胞菌适宜生长温度为 25~30℃,4℃下能生长繁殖,能产生荧光色素和黏液,分解蛋白质和脂肪的能力强,常常引起冷藏肉类、乳及乳制品变质;铜绿假单胞菌可产生扩散的荧光色素和绿脓菌素,该菌引起人尿道感染和乳腺炎等;生黑色腐败假单胞菌,能在动物性食品上产生黑色素;菠萝软腐病假单孢菌,可使菠萝果实腐烂,被侵害的组织变黑并枯萎;恶臭假单胞菌能产生扩散的荧光色素,有的菌株产生细菌素。

6. 埃希菌属

该属包括 5 个种,其中大肠埃希菌(简称大肠杆菌)是代表种。该属为 G^- 杆菌,单个存在,周身鞭毛,无芽孢,少数菌有荚膜,属于兼性厌氧菌。

对营养要求不严,在普通营养琼脂上形成扁平、光滑、湿润、灰白色、半透明、圆形、中等大小的菌落。

在伊红-亚甲蓝(EMB)培养基上形成紫色具金属光泽菌落,发酵乳糖并产酸产气。最适温度 37℃,能适应生长的 pH 为 4.3~9.5,最适 pH 为 7.2~7.4。不耐热,巴氏灭菌可杀死。自然条件下耐干燥,存活力强。但对寒冷抵抗力弱,在冷冻食品中易死亡。

二、酵母菌

酵母菌是以出芽繁殖为主的单细胞真菌。主要分布在含糖量较高的偏酸环境中,如在果品、蔬菜、花蜜、植物叶子的表面,葡萄园和果园的土壤中都有酵母菌的存在。此外,在油田和炼油厂附近的土层中则生长着能分解利用烃类的酵母菌。酵母菌有很多作用:在食品加工中,利用酵母菌可以制造美味可口的酒类和食品(面包、馒头);还能生产多种药剂,如核酸、辅酶 A、细胞色素 C、B 族维生素、酶制剂等;进行石油脱蜡,降低石油的凝固点;生产有机酸,如 α-酮戊二酸、柠檬酸等;处理污水及综合利用;利用酵母菌如拟酵母、热带假丝酵母等处理淀粉废水、柠檬酸残糖废水、油脂废水以及味精废水,既可使废水得到处理又可获得富含营养的菌体蛋白；监测重金属。

（一）酵母菌的形态和大小

大多为单细胞，比细菌大，酵母菌的形态多样，一般为卵圆形、球形、圆柱形。菌体宽 1～5 μm，长 5～30 μm 或更长。有的酵母菌在繁殖时子细胞不与母细胞脱离，互相连成链状，称为“假菌丝”（图 1-6）。

图 1-6　酵母菌的“假菌丝”

（二）酵母菌的菌落特征

酵母菌的菌落特征与细菌的相似，但较细菌的大而厚，多数不透明，一般为圆形，表面光滑、黏稠、湿润、呈油脂状，多数为乳白色、红色，用接种针很容易挑起。

（三）食品生产中常见的酵母菌

1. 酵母属

酵母属酵母菌的细胞为圆形、卵圆形，常常形成假菌丝，多数为出芽繁殖，能产生 1～4 个芽，能发酵多种糖类。如啤酒酵母有上面酵母和下面酵母两种。本属酵母菌可引起水果、蔬菜发酵，食品工业上常用其进行酿酒和发酵。

酵母属酵母菌中的鲁氏酵母菌、蜂蜜酵母菌等可以在含高浓度糖的基质中生长，因而可引起高糖食品（如果酱、果脯）的变质。其也能抵抗高浓度的食盐溶液，如生长在酱油中，可在酱油表面生成灰白色粉状的皮膜，随时间增长皮膜增厚变成黄褐色，是引起食品败坏的有害酵母菌。

2. 毕赤氏酵母属

毕赤氏酵母属酵母菌的细胞为筒形，可形成假菌丝，孢子为球形或帽子形。分解糖的能力弱，不产生酒精，能氧化酒精；能耐高浓度的酒精，常使酒类和酱油变质并形成浮膜，如粉状毕赤氏酵母菌。

3. 汉逊氏酵母属

汉逊氏酵母属酵母菌的细胞为球形、卵形、圆柱形，常形成假菌丝，孢子为帽子形或球形，对糖有强的发酵作用，在液体中繁殖，可产生浮膜，如异常汉逊氏酵母是酒类的污染菌，常在酒的表面生成白色干燥的菌醭。

4. 假丝酵母属

假丝酵母属酵母菌的细胞为球形或圆筒形，有时细胞连接成假菌丝状。通过多端出芽和分裂来繁殖，对糖有强的分解作用，一些菌种能氧化有机酸。在液体中常形成浮膜，如浮膜假丝酵母。假丝酵母常存在于许多食品上，如新鲜的和腌制过的肉发生的一种类似人造黄油的酸败就是由该属的酵母菌引起的。

此外毕赤氏酵母、汉逊氏酵母、假丝酵母三属的酵母菌都能利用烃类作为碳源，故饲料生产上已利用其作为生产菌，其酵母菌干物质中含蛋白质高达 60%左右，是饲料蛋白质的主要来源。

三、霉菌

二维码 1-3　霉菌的孢子

霉菌不是分类学上的名词，而是一些丝状真菌的统称，在分类学上分属于藻状菌纲、子囊菌纲和半知菌类。凡在基质上长成绒毛状、棉絮状或蜘蛛网状的丝状真菌，统称为霉菌。

(一)霉菌的形态和大小

霉菌为真核细胞微生物，其核结构完善，菌体均由分枝或不分枝的菌丝来构成，许多菌丝交织在一起，形成菌丝体，菌丝的细胞宽度为3～10 μm。

根据霉菌菌丝有无隔膜分为无隔膜菌丝和有隔膜菌丝。无隔膜菌丝为多核菌丝，菌丝只有细胞核分裂，没有细胞的分裂，如毛霉、根霉的菌丝是无隔膜的。有隔膜菌丝的细胞核分裂伴随着细胞的分裂，成为由许多细胞连接而形成的菌丝。在显微镜下表现为有许多横膈膜的菌丝，每个细胞中有一个或几个核，如木霉、青霉、曲霉等的菌丝是有隔膜的。

根据菌丝的分化程度又可以分为营养菌丝和气生菌丝。营养菌丝伸入到培养基内吸取营养物质；气生菌丝伸展到空气中，顶端可形成各种孢子，所以又称繁殖菌丝。

(二)霉菌的菌落特征

发霉物品上长出的各种颜色的绒毛就是霉菌的菌落，其菌落由无数分枝状菌丝体组成，呈绒毛状(如黄色青霉菌)、棉絮状(如黑曲霉)或蜘蛛网状(如黑根霉)，比细菌、酵母菌的菌落都大。有些霉菌在固体培养基上能迅速蔓延扩展，有的则有局限性，菌落初为白色或浅色，随后由中央逐渐向外扩展，在菌丝上长出各种颜色的孢子，由于孢子有不同的形状、构造和色素，菌落表面常常呈现肉眼可见的不同的结构和色泽，如黄、绿、青、黑、橙等各种颜色。

(三)食品生产中常见的霉菌

1.毛霉属

菌丝细胞无隔膜，单细胞组成，多核，菌丝呈分枝状。以孢囊孢子(无性)和接合孢子(有性)繁殖。一般菌丝发育成熟时，在顶端产生一个孢子囊，呈球形，孢子梗伸入孢子囊的部分成为中轴，孢子为球形或椭圆形。

大多数毛霉具有分解蛋白质的能力，同时也具有较强的糖化能力。因此，在食品工业上毛霉主要是用来进行糖化和制作腐乳，也可用于淀粉酶的生产。

雅致放射毛霉用于腐乳的生产可使腐乳产生芳香的物质及蛋白质的分解物(氨基酸)；鲁氏毛霉等可用于有机酸和酒精工业原料的糖化和发酵；鲁氏毛霉、总状毛霉、大毛霉等常用于生产淀粉酶。果实、果酱、蔬菜、糕点、乳制品、肉类等食品上的毛霉可导致这些食品发生腐败变质。

2.根霉属

形态结构与毛霉相似。菌丝分枝状，菌丝细胞内无横隔。在培养基上生长时，菌丝伸入培养基质内，长成分枝的假根，假根的作用是用来吸收营养。与假根相连，靠近培养基表面并横向匍匐生长的菌丝称为匍匐菌丝。从假根着生处向上丛生直立的孢子梗不分枝，产生许多孢子，即孢囊孢子。

根霉能产生糖化酶，使淀粉转化为糖，是酿酒工业上常用的发酵菌。有些菌种也是甜酒酿、甾体激素、延胡索酸和酶制剂等物质制造的应用菌。

此外，根霉也常常引起粮食及其制品的霉变，如米根霉、华根霉等。

3.曲霉属

菌丝呈黑、棕、黄、绿、红等多种颜色，菌丝有横隔膜，为多细胞菌丝，营养菌丝匍匐生长于培养基的表层，无假根。附着在培养基的匍匐菌丝分化出具有厚壁的足细胞。在足细胞上长出直立的分生孢子梗。孢子梗的顶端膨大成顶囊。在顶囊的周围有辐射状排列的次生小梗，小梗顶端产生一串分生孢子，不同菌种的孢子有不同的颜色，有性世代不常发生，分生孢子形状、颜色、大小是鉴定曲霉属的重要依据。

曲霉具有分解有机质的能力，在酿造、制药等方面常常作为糖化工艺应用的菌种。该属霉菌也可引起多种食品发生霉变。此外，曲霉属中的某些菌种还可引起人类的食物中毒，如黄曲霉产生的黄曲霉毒素。

4. 青霉属

菌丝分枝状，有横隔，可发育成有横隔的分生孢子梗。顶端不膨大，为轮生分枝，形成帚状体；帚状体不同部位的分枝处的小梗顶端能产生成串的分生孢子。同曲霉一样，有性世代不常发生。

青霉能引起食品的变质。某些青霉还可产生毒素，如展青霉可产生棒曲霉素，不仅造成果汁的腐败变质，而且产生的毒素可引起人类及动物中毒。此外，某些菌种可用于制取抗生素(如青霉素)，如点青霉。

5. 木霉属

有性繁殖产生子囊孢子，无性繁殖产生分生孢子。这个属的霉菌能产生纤维素酶，故可用于纤维素酶的制备，有的种能合成核黄素，有的能产生抗生素。可用于纤维素下脚制糖、淀粉加工、食品加工和饲料发酵等方面，如里氏木霉、白色木霉、绿色木霉等，但木霉也常常造成谷物、水果、蔬菜等食品的霉变，同时可以使木材、皮革及其他纤维性物品等发生霉烂。

四、病毒

病毒是一类超显微的、需要借助电子显微镜才能观察到的非细胞微生物。病毒广泛寄生在人类、动植物、微生物细胞中，能使人致病和侵害家畜、家禽、农作物等，许多动植物的疾病都与病毒有关。据统计，人类80%的传染病由病毒引起，在人类认识病毒之前，由病毒引起的多种疾病就已经给人类带来了很大的打击，如麻疹和天花。在发酵工业和微生物制剂的生产中也常由于遭到病毒(噬菌体)的危害，造成很大损失。

(一)形态、大小和化学组成

病毒的形态多种多样，有球状、杆状、蝌蚪状、丝状和海胆状等。以近球形的多面体和杆状较多。动物病毒大多呈球状，少数为子弹形或砖形，如腺病毒为球状，而痘病毒为砖形。植物病毒和昆虫病毒多呈杆状或丝状，少数为球状，如烟草花叶病毒为杆状，花椰菜花叶病毒为球状。噬菌体多呈蝌蚪状，大肠杆菌噬菌体 f1、fd 为丝状。

二维码 1-4　不同大小和形态的病毒

病毒在普通光学显微镜下看不见，要在电子显微镜下放大几万倍以后才能看清楚。病毒的大小通常用纳米(nm)为单位来表示，大多数病毒在10～300 nm之间，比某些正常的蛋白分子还小，能通过细菌过滤器，所以又叫过滤性病毒，类病毒比病毒更小。

病毒的基本结构包括核酸和蛋白质衣壳两部分(图1-7)，核酸为DNA或RNA，每种病毒只含一种类型的核酸，位于病毒粒子中心，蛋白质衣壳也叫衣壳，即壳粒，由衣壳粒蛋白质亚单位组成，包围于核心周围，构成病毒粒子壳体。核酸和蛋白质壳体合称为核壳，核酸与衣壳构成核衣壳后，即成为具有感染寄主细胞能力的病毒粒子。

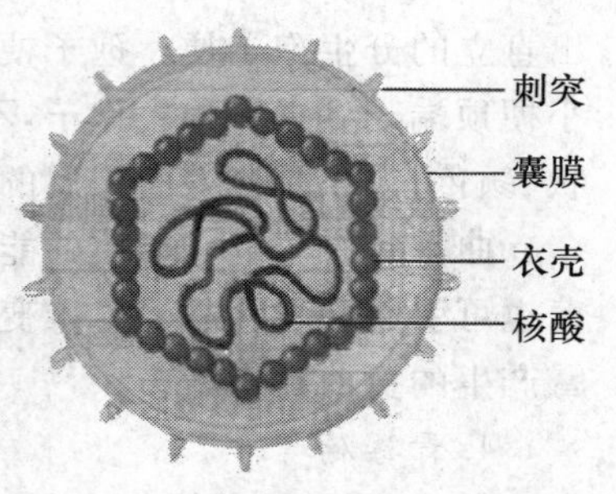

图 1-7 病毒的结构

(二)噬菌体

1. 噬菌体的形态、结构和化学组成

噬菌体形态基本有三种类型：蝌蚪形、微球形和纤线形，大部分噬菌体属于蝌蚪形，由头部和尾部组成。绝大部分是核酸和蛋白质，占粒子质量的90%以上，其中核酸占40%～50%，每种噬菌体只含单一类型的核酸DNA或RNA，多数噬菌体为DNA型，少数为RNA型。

2. 噬菌体与寄主的关系

据噬菌体侵染寄主细胞后结果的不同，分为烈性噬菌体与温和噬菌体：凡是噬菌体增殖，能引起寄主细胞迅速裂解的，称为烈性噬菌体，而这种噬菌体的寄主称为敏感细菌。有一些噬菌体，当其侵入寄主细胞后，和寄主的遗传物质紧密结合，并随细胞分裂而带到子代寄主细胞内，不立即引起寄主细胞裂解，这种噬菌体，称为温和噬菌体或溶原性噬菌体，这一现象就叫溶原化。温和噬菌体在宿主细胞中可将DNA整合至宿主细胞染色体上并同步复制，但不合成自己的蛋白质壳体，宿主细胞也不裂解而能继续生长繁殖。

思政园地

理性批判，勤学思考，严谨求证

1982年俄国科学家Ivanovski发现了烟草花叶病的病原可通过细菌滤器，但生活在巴斯德“细菌致病说”的极盛时代，他仍认为该病是由细菌产生的毒素引起的。然而，1989年荷兰科学家Beijerinck在他研究的基础上指出烟草花叶病的致病因子不是细菌，而是一种新的物质并取名“Virus”，由此，病毒被发现，病毒学也随之诞生。

为了追求真理，我国的“沙眼之父”汤飞凡不惜以身试菌，用鸡胚卵黄囊接种法在世界上首次分离出沙眼衣原体，推翻了沙眼的“细菌病原说”和“病毒病原说”。斑疹伤寒病原体——立克次氏体的发现者美国科学家Ricketts和巴西科学家Prowazek在研究此病时因感染而牺牲。我国著名微生物学家汤飞凡说：“一个科学家的勇气和责任，就是应该知难而进，为人类解决最迫切的问题。”

实验 1-2 利用光学显微镜观察细菌

任务准备

1. 仪器与设备

光学显微镜。

2. 材料与试剂

擦镜纸、香柏油、二甲苯、细菌的永久制片。

任务实施

一、安排学生课前预习

学生通过查阅资料和观看视频等完成预习报告。预习报告内容包括：(1)实验目的。(2)实验原理。(3)实验步骤。(4)思考题：①显微镜由哪些结构组成？②显微镜的镜头使用顺序是怎样的？③香柏油有什么作用？

二、检查学生预习情况

小组讨论汇总，明确显微镜的结构，确定显微镜的镜头使用顺序。

二维码 1-5　油镜头的清洁

三、知识储备

(一)普通光学显微镜的构造

普通光学显微镜的构造可分为两大部分：机械支持及调节系统和光学系统，这两部分很好的配合，才能发挥显微镜的作用。光学显微镜的各部分结构及其功能如图 1-8 所示。

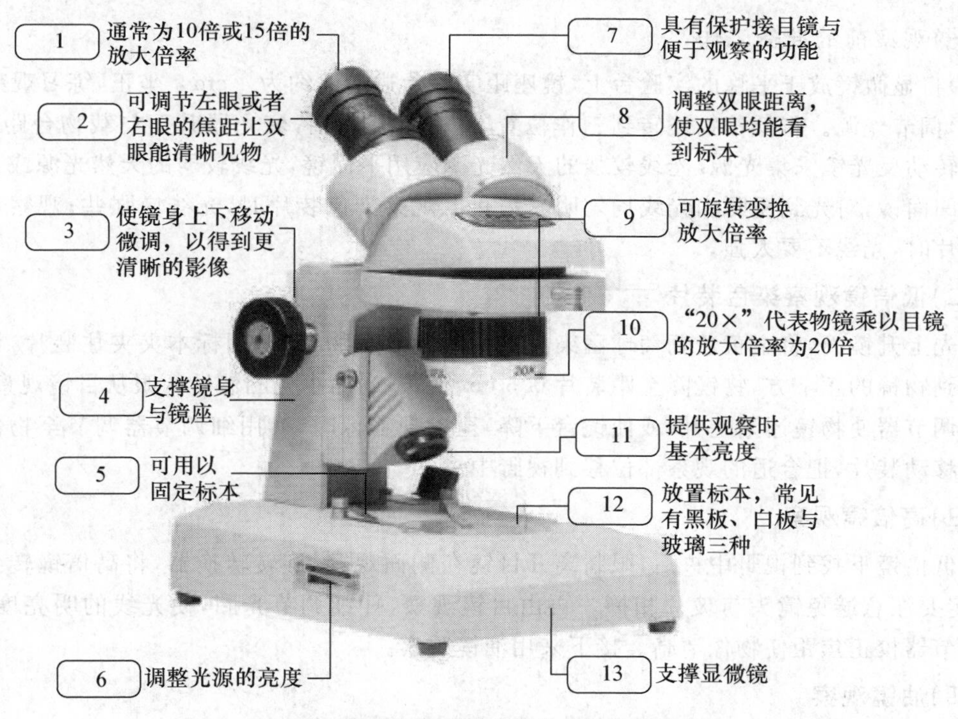

图 1-8　光学显微镜的各部分结构及其功能

1. 机械支持及调节系统

显微镜的机械支持及调节系统包括镜座、镜筒、物镜转换器、载物台、推动器、粗动螺旋(或粗调节器)、微动螺旋(或细调节器)等部件。

2. 显微镜的光学系统

光学系统架构于机械系统的上面，包括目镜、物镜、聚光器和光源。

(二)使用显微镜应注意的事项

(1)取用显微镜时,应一手紧握镜臂,一手托住镜座,不要用单手提拿,以避免目镜或其他零部件滑落。

(2)在使用镜筒直立式显微镜时,镜筒倾斜的角度不能超过45°,以免重心后移使显微镜倾倒。在观察带有液体的临时装片时,不要使载物台倾斜,以避免由于载物台的倾斜而使液体流到显微镜上。

(3)不可随意拆卸显微镜上的零部件,以免发生丢失、损坏或使灰尘落入镜内。

(4)显微镜的光学部件不可用纱布、手帕、普通纸张或手指揩擦,以免磨损镜面,需要清洁时只能用擦镜纸轻轻擦拭。机械部分可用纱布等擦拭。

(5)显微镜使用完后应及时复原。先升高镜筒(或下降载物台),取下玻片标本,使物镜转离通光孔。如镜筒、载物台是倾斜的,应将其恢复直立或水平状态。然后下降物镜(或上升载物台),使物镜与载物台相接近。最后垂直反光镜,下降聚光器,关小光圈,将显微镜放回镜箱中锁好。

四、学生操作

(一)观察前的准备工作

(1)将显微镜放于平稳的实验台上,镜座距实验台边沿大约为4 cm。坐正,练习观察。

(2)调节光源。将低倍物镜转到工作位置,完全打开光圈,聚光器升至与载物台距1 mm左右。转动反光镜采集光源,光线较强的天然光源应用平面镜,光线较弱的天然光源或人工光源应用凹面镜,对光到视野内光线均匀明亮为止。观察染色装片时,光线应强些;观察没有染色的装片时,光线不要太强。

(二)低倍镜观察染色装片

首先上升镜筒,将金黄色葡萄球菌染色装片放置于载物台上,用标本夹夹住装片,将观察位置移到物镜的正下方,物镜降至距装片0.5 cm处,适当缩小光圈然后两眼从目镜观察,同时转动粗调节器使物镜逐渐上升(或使镜台下降)至发现物像时,换用细调节器调节至物像清楚为止。移动装片,把合适的观察部位移到视野中央。

(三)高倍镜观察

在低倍镜下找到视野中央后,眼睛离开目镜在侧面观察,旋转转换器,将高倍镜转到正下方,一定要注意避免镜头与玻片相撞。再由目镜观察,仔细调节光圈,使光线的明亮度适宜。用细调节器校正焦距使物像清晰。接下来用油镜观察。

(四)油镜观察

(1)提起镜筒约2 cm,将油镜转至正下方。在玻片标本的镜检部位(镜头的正下方)滴上一滴香柏油。

(2)从侧面观察,慢慢降下镜筒,使油镜镜头浸在油中至油圈不扩大为止,镜头几乎与装片接触,但不能压及装片,以免压碎玻片,损坏镜头。

(3)将光线调亮,眼睛从目镜观察,用粗调节器将镜筒徐徐上升(切忌反方向旋转),当视野中有物像出现时,然后用细调节器校正焦距。如果因镜头下降未到位或镜头上升太快而未找到物像，必须再次从侧面观察，将油镜降下，重复操作直至物像看得清为止。仔细观察并绘图。

(4)再次观察，提起镜筒，换上其他的染色装片，依次用低倍镜、高倍镜和油镜观察，并绘图。重复观察时可比第一次少加香柏油。

(五)镜检完毕后的工作

(1)移开物镜镜头。

(2)取出装片。

(3)清洁油镜。油镜使用完毕后，必须用擦镜纸擦去镜头上面的香柏油，再用擦镜纸蘸少量二甲苯擦掉残留的香柏油，最后再用干净的擦镜纸擦干残留的二甲苯。

(4)擦净显微镜，将各部分还原。将接物镜呈“八”字形降下，不可使其正对聚光器，同时降下聚光器，转动反光镜使其镜面垂直于镜座。最后套上镜罩，对号放入箱中，放置于阴凉干燥处存放。

五、数据记录及处理

绘出在油镜下观察到的枯草芽孢杆菌及金黄色葡萄球菌的形态，并注明物镜与目镜的放大倍数。

拓展知识

OLYMPUS IX71 倒置显微镜的工作原理及操作规程

一、工作原理

倒置显微镜系统是在透镜成像原理基础上发展起来的显微观察系统，利用卤素灯为光源，光线经过聚光镜汇聚后透过标本，通过物镜对标本进行聚焦放大成像，最后通过目镜把物镜所成的像再次放大，从而使实验者能够清晰分辨体外培养的细胞的形态及内部结构，主要用于体外活细胞培养形态的观察，根据实验需求配置了明场、暗场、相差、荧光等技术模块。

二、主要操作规程

(一)相差观察

(1)打开主开关。

(2)转动光路选择盘到“眼睛”图标位置。

(3)装上观察样本。使用 10×物镜，将聚光镜转盘转到“BF”位置。

(4)瞳距调节。

(5)屈光度调节：通过螺旋目镜屈光度调节环。

(6)通过粗微调对样本准确调焦。选择所用物镜，如 10×、20×、40×。相差观察时转动聚光镜转盘到“pH”位置。相差只能用 10×、20×物镜观察和摄影。

(7)调节光线强度：明场观察时，调节孔径光栏；相差观察时，打开孔径光栏。

(8)观察。

(二)荧光观察步骤

(1)打开荧光供电装置开关，关掉显微镜主开关。等待大约 10 min，电弧稳定。

(2)连接 UV 防护板。

(3)把光路选择转盘和选择杆转到“眼睛”图标位置。

(4)使相应的荧光激发滤色镜进入光路。

(5)根据标本不同,选择U、B、G激发方式。

(6)打开激发光光闸使光通过,把所用物镜推入10×、20×、40×光路。

(7)把标本放在载物台上,对标本进行调焦,如果荧光衰退快,请将激发光光闸推入光路;使用1 h后关闭电源。

(三)普通明场观察

(1)打开明场电源开关("|"为开,"〇"为关)。

(2)将样品置于载物台上。

(3)将光路选择旋钮调至观察位置。

(4)从低倍镜开始观察,相差环拨到明场(BF)位置,荧光滤色块转盘拨到"1"的位置。

(5)调节透射光光强,调焦,找到预观察视野。

(6)依次换到高倍镜,观察样品。

(7)拍照时将光路选择旋钮调至相机位置。

(四)关机

(1)关闭汞灯电源(注意:汞灯需使用半小时以上方可关闭,关闭半小时以后方可再次开启)。

(2)将透射光强调到最小,透射光选择按钮按出。

(3)关闭明场电源开关。

(4)将镜头转到低倍镜,取出样品,若使用过油镜,应用干净的擦镜纸擦拭镜头。

(5)确认数据已经保存,关闭软件。

(6)使用光盘拷贝数据(禁止使用移动储存设备拷贝数据)。

(7)关闭电脑,登记使用时间、荧光数字等使用情况。

任务三 利用染色技术观察微生物

任务目标

微生物的细胞小且透明,在普通光学显微镜下不易识别,微生物染色技术是观察微生物形态结构的重要手段。通过对微生物进行染色,使经染色后的菌体与背景形成明显的色差,从而能更清楚地观察到其形态和结构。

相关知识

微生物个体微小、种类多,细胞透明并且含有80%~90%的水分,当微生物细胞在水溶液中悬浮时,对光线的吸收和反射与水溶液相差不大,同周围的背景无明显的明暗差别,要想很好地观察它们,就要通过给它们"化妆"——制片和染色技术来实现。

一、微生物的制片

微生物的制片是将我们要观察的微生物固定在载玻片上的过程。由于待检样品和检验目的的不同,有非染色标本和染色标本两种。如果需要观察活的微生物,应制作非染色片,因为经过固定和染色后,微生物会死亡;如果要观察微生物的大小、构造、细胞成分及其分布、活菌与死菌的鉴别等应当制作染色片。制片大致过程为:样品采集—涂片—干燥—固定—染色—水洗—干燥—镜检—保存。

二、常见的微生物染色法

(一)革兰氏染色的基本原理

革兰氏染色法是在1884年由丹麦病理学家C. Gram所创立的。革兰氏染色法可将所有的细菌区分为革兰氏阳性菌(G^+)和革兰氏阴性菌(G^-)两大类,是细菌学上最常用的鉴别染色方法。该染色法之所以能将细菌分为G^+菌和G^-菌,是由于这两类菌的细胞壁结构和成分不同。G^-菌的细胞壁中含有较多易被乙醇溶解的类脂质,而且肽聚糖层较薄、交联度低,故用乙醇或丙酮脱色时溶解了类脂质,增加了细胞壁的通透性,使初染的结晶紫和碘的复合物易于渗出,结果细菌就被脱色,再经番红复染后就呈红色。G^+菌细胞壁中肽聚糖层厚且交联度高,类脂质含量少,经脱色剂处理后反而使肽聚糖层的孔径缩小,通透性降低,因此细菌仍保留初染时的颜色。

另外,革兰氏阳性菌的菌体等电点较阴性菌低,在相同pH条件下进行染色,革兰氏阳性菌吸附的碱性染料要比革兰氏阴性菌多,因此不易脱去染料。

(二)其他染色方法的原理

1. 抗酸染色法的原理

抗酸染色法是鉴别分枝杆菌属的染色方法。该属细菌的菌体中含有分枝菌酸,用一般的染料很难着色。只有在加热条件下,分枝杆菌易与苯酚品红牢固结合形成红色复合物,并且用酸性乙醇处理不能使其脱色,故在光学显微镜下菌体呈现红色。

2. 鞭毛染色法的原理

细菌的鞭毛一般都非常纤细,在光学显微镜下难以分辨,只能借助于电子显微镜。鞭毛染色的基本原理是借助媒染剂和染色剂的沉积作用,使染料堆积在鞭毛上,从而大大增加鞭毛的直径,并同时使鞭毛染上颜色,从而能在普通光学显微镜下观察到。用于鞭毛染色的培养物一定要新鲜,否则老培养物中菌体上的鞭毛已脱落或容易脱落,从而影响实验结果。

3. 芽孢染色的原理

芽孢染色是利用细菌菌体和芽孢对染料的亲和力不同来进行的。芽孢壁较厚,透性低,染料进入芽孢内部和从芽孢内部出来均较困难。先用一弱碱性染料如孔雀绿或碱性品红在加热条件下进行染色,染料可以进入芽孢内部,菌体和芽孢均可着色,菌体中的染料颗粒可被水洗脱色,而芽孢中的染料颗粒则难以出来,再用复染液进行染色,可使菌体和芽孢带不同的颜色。

如果所用的显微镜性能较好,用常规的单染法即可看到芽孢。芽孢杆菌单染后在显微镜下菌体有颜色,而芽孢呈无色半透明颗粒,形态和质地类似于大米粒。

4. 荚膜染色的原理

荚膜是细菌细胞外面的一层黏液性物质,其主要成分为多糖、多肽或蛋白质,不易被染料着色。现在观察荚膜一般采用负染法,即用碳素墨水将菌体和背景着色,把不着色呈透明状的荚膜衬托出来。因细菌荚膜在加热时容易变形,所以在进行荚膜染色时不能用加热方法固定菌体,而是用甲醇来固定菌体。

5. 细菌DNA染色的原理

细菌DNA的染色一般采用福尔根(Feulgen)染色法。福尔根染色法是利用希夫(Schiff)

试剂显示细胞核内脱氧核糖核酸的一种方法。希夫试剂中含有碱性品红和亚硫酸。碱性品红和亚硫酸结合后,失去醌式结构变为无色,当DNA经酸作用而生成的醛化合物与希夫氏试剂结合后,使醌式结构恢复,变成一种紫红色碱性品红衍生物。此法对DNA有特异性,细菌细胞经此法染色后,可在光学显微镜下观察到拟核的形态和位置。

6. 活菌染色的原理

活菌染色可区分活菌和死菌,即活菌可被染色,而死菌则不被染色。所用的染料为亚甲蓝(methylene blue,MB),又称为美蓝或甲烯蓝。亚甲蓝是一种无毒性的染料,其氧化态呈蓝色,而还原态无色。氧化态和还原态可以互变。用亚甲蓝对微生物细胞进行染色时,由于活细胞中时刻进行着新陈代谢作用,细胞内具有较强的还原能力,能使亚甲蓝由氧化态变为还原态而呈无色,而死菌或代谢微弱的细胞则呈蓝色或淡蓝色。此法适合细胞个体较大的酵母菌,可将活菌和死菌区分开。

实验 1-3 利用革兰氏染色鉴别细菌类型

任务准备

1. 器材

显微镜、擦镜纸、接种环、载玻片、吸水纸、小滴管、酒精灯等。

2. 试剂

结晶紫染液、卢戈氏碘液、95%乙醇、苯酚品红或番红、香柏油、二甲苯。

3. 待检菌种

金黄色葡萄球菌、大肠杆菌及枯草杆菌菌种。

任务实施

一、安排学生课前预习

学生通过查阅资料和观看视频等完成预习报告。预习报告内容包括:(1)实验目的。(2)实验原理。(3)实验步骤。(4)思考题:①革兰氏染色的关键步骤是什么?如果操作不当,其后果怎样?②菌体选择要注意哪些问题?③染色时间要如何控制?

二维码 1-6 革兰氏染色过程讲解

二、检查学生预习情况

小组讨论汇报,确定革兰氏染色的步骤,明确影响染色结果的关键因素。

三、知识储备

(一)实验原理

细菌先经结晶紫染色,再经碘液媒染后,用酒精脱色,在一定条件下有的细菌颜色不被脱去,有的可被脱去,为观察方便,脱色后再用一种红色染料如碱性品红等对菌体进行复染。有芽孢的杆菌和绝大多数球菌，以及所有的放线菌和真菌都呈革兰氏阳性反应；弧菌、螺旋体和大多数无芽孢杆菌都呈现革兰氏阴性反应。

(二)注意事项

(1)菌龄的选择。由于菌体死亡或自溶常使革兰氏阳性菌转呈阴性反应，故应选用培养18～24 h的细菌为宜。

(2)革兰氏染色关键步骤的操作。脱色时间过长或过短都会影响观察结果。脱色时间过长，革兰氏阳性菌可能被脱去颜色，被误认为是革兰氏阴性菌；相反，脱色时间不够，革兰氏阴性菌没有被完全脱色而被误认为是革兰氏阳性菌。脱色时间的长短还受涂片的厚薄、脱色时玻片晃动的快慢以及滴加冲洗乙醇的快慢、乙醇用量等因素的影响，难以严格规定，应当在实践中体会。当对未知菌进行革兰氏染色鉴定时，应同时做一个已知革兰氏阳性菌和革兰氏阴性菌的混合涂片，以进行对照。

(3)制片用水冲洗后，应吸去玻片上的残水，以免染色液被稀释而影响染色效果；染色过程中不要让染色液干涸。

四、学生分组实验

1. 涂片固定

(1)涂片。在干净的载玻片中央滴一滴蒸馏水，然后用无菌接种的方法用接种环挑取少量菌体(大肠杆菌、枯草杆菌和金黄色葡萄球菌各做一片)与水滴充分混合，在载玻片上涂成薄薄的一层。

(2)风干。涂片放在空气中自然干燥，也可将载玻片置于火焰上部略加温以加速干燥(温度不应过高)。

(3)固定。手持涂片一端(涂菌面向上)，在酒精灯火焰上迅速通过3次，以涂片微烫为度，冷却。

微生物经常采用的固定方法有文火固定和化学(乙醇等化学品)固定。固定的作用为：杀死微生物，固定细胞结构；使菌体牢固地黏附在载玻片上，防止标本被水冲洗掉；改变染料对细胞的通透性，增强细胞对染料的亲和性。

2. 初染

于制片上滴加结晶紫染液，染1～2 min后，用水洗去剩余染液并沥干或吸干。

3. 媒染

滴加卢戈氏碘液，1 min后水洗并沥干或吸干。

4. 脱色

慢慢滴加95%乙醇进行脱色，脱色20～30 s，水洗至流下的冲洗液呈无色，并沥干或吸干。

5. 复染

滴加苯酚品红或番红液复染1 min，水洗，并用吸水纸吸干或晾干。

6. 镜检

按低倍镜—高倍镜—油镜顺序观察，判断待测细菌的类型，革兰氏阳性菌为蓝紫色，革兰氏阴性菌为淡红色。

五、结果记录

绘制你所观察的革兰氏阳性菌和革兰氏阴性菌图，并注明细菌名称。

拓展知识

染料的种类和选择

经常用于微生物染色的染料有天然染料和人工染料。天然染料包括胭脂虫红、地衣素、石蕊和苏木素等。染料多从植物体中提取出来，成分比较复杂，有些至今还没完全搞清楚其化学组成。目前，菌体染色主要采用人工染料，多数为有机物，从煤焦油中提取获得，这些人工染料化学结构较清楚，大多是苯的衍生物。

依据染料电离后染料离子所带电荷的性质，可以分为酸性、碱性、中性和单纯染料四大类。

1. 酸性染料

酸性染料电离以后，染料分子带负电荷，如伊红、刚果红、藻红、苯胺黑和酸性品红等，它们可以和碱性物质结合成盐。在含糖的培养基中，因培养基中糖类分解产酸会使 pH 大幅度下降，超过细菌的等电点，细菌所带的正电荷会增加，这时用酸性染料易进行染色。

2. 碱性染料

碱性染料电离以后，染料分子带上正电荷，可以和酸性物质结合成盐。在微生物实验室中，一般常用的碱性染料有亚甲蓝、甲基紫、结晶紫、碱性品红、中性红、孔雀绿和番红等。一般的情况下，细菌会带负电荷，易被碱性染料染色。

3. 中性染料

酸性和碱性染料按照一定的比例复配后的染料称为中性染料，又叫作复合染料，如伊红-亚甲蓝和吉姆萨染料，后者常用于细胞核的染色。

二维码 1-7　项目一练习题参考答案

4. 单纯染料

这类染料不能和被染色的物质生成盐，故亲和力比较低，其染色能力根据其是否溶于被染物而定。单纯染料大多数都属于偶氮化合物，不能溶于水，但能溶于有机溶剂，如苏丹类染料。

练习题

一、选择题

1. G^- 细菌细胞壁的主要成分是(　　)。

A. 脂蛋白　　B. 磷壁酸　　C. 脂多糖　　D. 肽聚糖

2. 属于细菌的特殊结构部分的是(　　)。

A. 细胞壁　　B. 芽孢　　C. 细胞膜　　D. 原生质

3. 下列原核微生物经革兰氏染色后呈现红色的是(　　)。

A. 大肠杆菌　　B. 立克次氏体　　C. 衣原体　　D. 金黄色葡萄球菌

4. 放线菌是(　　)微生物。

A. 单细胞原核　　B. 单细胞真核　　C. 多细胞原核　　D. 多细胞真核

5. 病毒的主要化学组成成分是(　　)。

A. 糖类和脂类　　B. 蛋白质和核酸　　C. 糖类和核酸　　D. 脂类和核酸

6. (　　)主要是以裂殖进行无繁殖的。

A. 细菌　　B. 放线菌　　C. 酵母菌　　D. 霉菌

二、填空题

1. 在食品工业中，较为常见和常用的微生物主要有________、________、________、________、________和________等。

2. 革兰氏染色液包括草酸氨结晶紫、________、________、番红；媒染所用试剂是________。

三、问答题

1. 什么是微生物？简述微生物的特点。

2. 简述病毒的繁殖过程。

3. 简述革兰氏染色的步骤和结果。

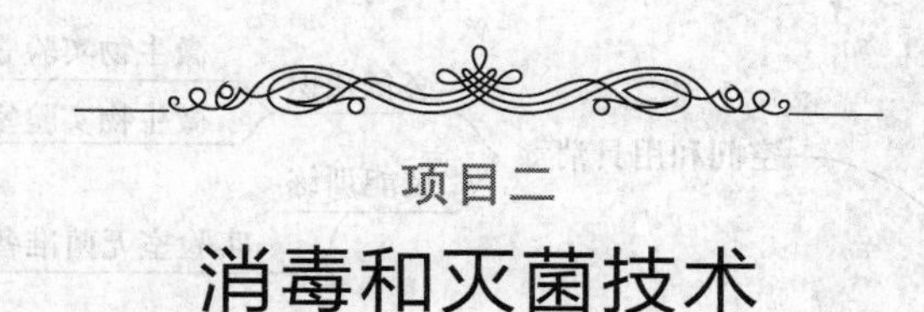

项目二

消毒和灭菌技术

本项目学习目标

[知识目标]

1. 掌握消毒、灭菌等概念。
2. 掌握常用的消毒灭菌的方法。
3. 掌握无菌操作技术。

二维码 2-1
项目二　课程 PPT

[技能目标]

1. 能够准备微生物实验用到的玻璃器皿等物品。
2. 能够使用高压蒸汽灭菌锅灭菌。
3. 能够使用干燥培养箱灭菌。

[素质目标]

1. 培养学生的科学思维及求真求实、一丝不苟、对生命负责的科学态度。
2. 恪守职业道德，依法规范行为，具有无菌和生物安全操作意识与习惯。
3. 能够在学习和实践的过程中融入团队，具备合作和团队互助的意识，并培养学生创新思维和发展能力。

项目概述

微生物在自然界广泛分布并具有重要作用。但是在食品工业中,食品生产过程及食品运输贮存过程中,食品若被杂菌污染,不仅会造成重大经济损失还会引起人体严重的疾病,甚至会导致死亡。因此,要减少微生物污染食物造成的经济损失,防止食源性疾病的发生,要控制有害微生物的传播,做好消毒与灭菌工作。

消毒是一种采用较温和的理化条件,仅杀死物体表面或内部所有病原微生物,而对被消毒的物体基本无害的措施。

灭菌是指采用强烈的理化条件杀死物体内外部的所有微生物的措施,如高温灭菌、辐射灭菌等。

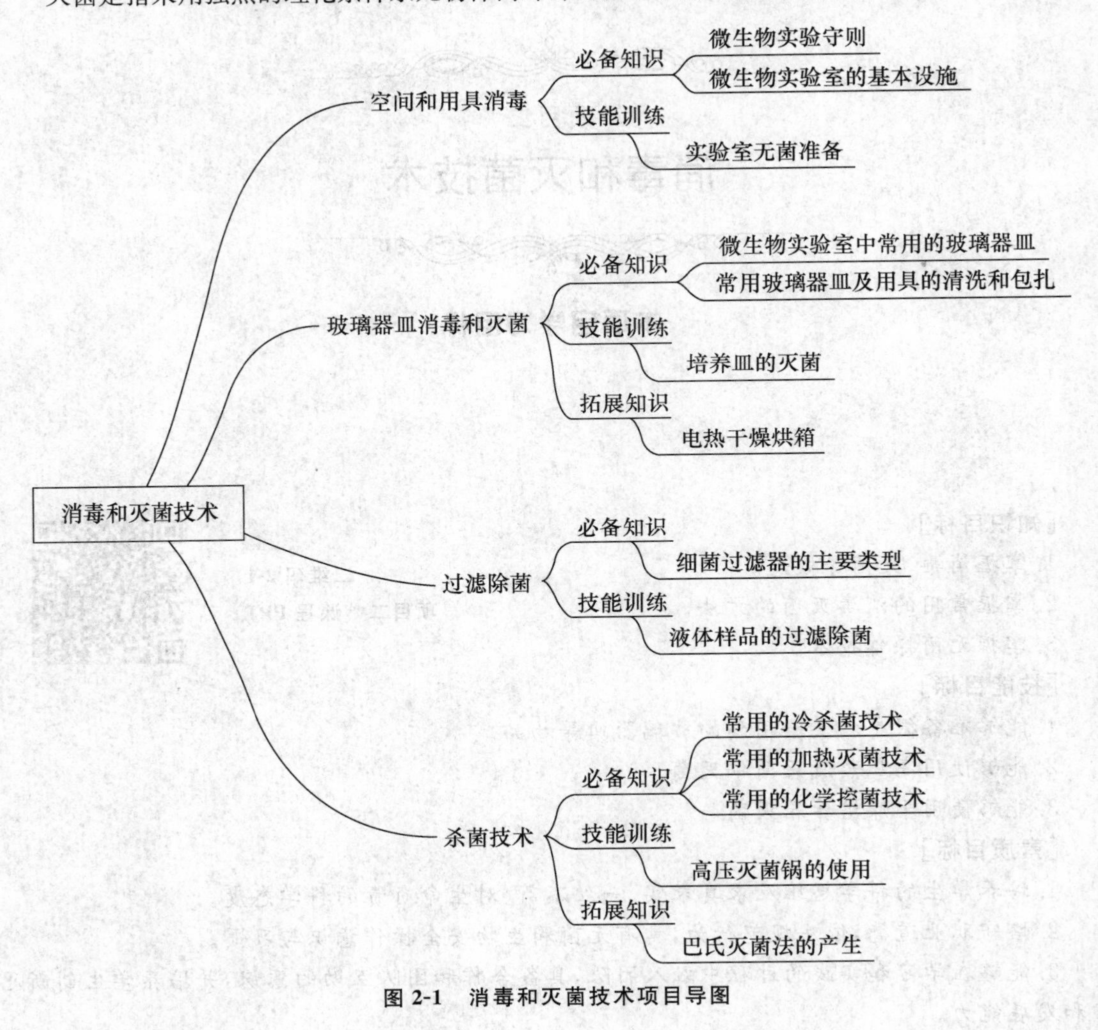

图 2-1 消毒和灭菌技术项目导图

任务一 空间和用具消毒

任务目标

食品微生物相关实验主要是对个体微小,肉眼看不见的微生物进行操作和培养等。实验操作人员接触的微生物或未经妥善处理的微生物对人体存在潜在的危害。因此，实验中要尽量确保在无菌及整洁环境下操作。微生物实验室应合理布置建设，学生需了解并严格遵守微生物实验守则和实验室的各项规章制度，学会对常用工具进行消毒灭菌；学会对微生物实验室进行灭菌。

相关知识

食品微生物实验室是模拟食品微生物检验室的布局和基本要求设计的，微生物检验是食品质量检查的重要环节。食品微生物实验室是训练学生掌握微生物形态观察、染色、灭菌、人工培养、分离纯化等基本操作技能的必要场所。因此，在食品微生物实验室中学生必须了解实验程序和要求，遵守实验规则和注意事项，按照要求对食品微生物实验室和实验用具进行消毒、灭菌。

一、微生物实验守则

为了保证实验者和实验室的安全，学生进入实验室之前必须认真阅读并熟知以下实验守则。

(一)实验程序和要求

1.预习

学生在课前应认真预习实验指导书或教材有关内容，必须对所做实验的目的、要求、实验内容、基本原理和操作方法有一定的了解。

2.讲解

教师对所做实验内容的安排及注意事项进行讲解，让学生有充分的时间按实验要求进行独立操作与观察。

3.独立操作与观察

除个别实验分组进行外，一般由学生个人独立进行操作和观察。在实验过程中，要按实验要求认真操作，仔细观察实验现象，及时完整地记录原始实验数据和结果。

4.示范教学

每次实验都应备有示范教学内容，帮助学生了解某些实验中的难点，在有限时间内获得更多知识。

5.作业

实验报告内容主要包括实验目的和原理、实验步骤、实验结果和分析与讨论等。撰写实验报告必须强调科学性，应实事求是地记录、分析、综合，并在实验结束后及时呈交。学生应认真阅读教师批改后的实验报告，了解自己在实验过程中存在的问题，进一步提高分析、综合能力。

6.小结

实验结束后，由师生共同总结所做实验的主要收获及应注意的问题。

(二)注意事项

(1)实验前，要认真检查所用药品是否齐备，检查仪器使用记录，确认仪器是否正常。

(2)实验中，应遵守实验操作规程，严格按照指导教师的安排和实验指导书的要求进行操作。酒精灯使用后应立即将其熄灭。微生物实验中最重要的一环，就是要严格地进行无菌操作，防止杂菌污染。为此，在实验过程中，应严格做到以下几点：①操作时要预防空气对流；②接种时不要走动和讲话；③带菌器具要消毒和清洗；④含培养物的器皿要杀菌后清洗。凡需进行培养的材料，都应注明菌名、接种日期及操作者姓名（或组别），放在指定的保温箱中进行培养，按时观察并如实地记录实验结果。实验室内严禁吸烟，不准吃东西，切忌用舌舔标签、笔尖或手指等物，以免感染。若实验过程中出现任何意外或事故，应及时向实验指导教师或实验室技术人员报告。

(3)实验结束后，用过的物品放回原处。值日生要负责清扫地面，收拾实验用品，处理垃圾，关好水、电、门窗后再离开。

（三）实验室规范与标准

为了预防各种感染因素对微生物实验室、实验人员和环境的污染，我国出台了多部有关实验室生物安全的规范与标准，实验室的生物安全越来越受到人们的重视。2018 年 3 月 19 日，国务院发布第 698 号国务院令，对《病原微生物实验室生物安全管理条例》进行第三次修订。实验室生物安全通用要求依据国家标准《实验室　生物安全通用要求》（GB 19489—2008）执行。2017 年 7 月 24 日，中华人民共和国国家卫生和计划生育委员会公布了卫生行业标准《病原微生物实验室生物安全通用准则》（WS 233—2017），该准则于 2018 年 2 月 1 日开始实施。

（四）废弃物的处理

为了防止泄漏和扩散，所有包含微生物及病毒的培养基必须放在生物医疗废物盒内，经过去污染、灭菌后才能丢弃。

二、微生物实验室的基本设施

微生物实验室的设计要求尽量满足微生物生长、发育的需要，能保证实施菌种分离和扩大培养的无菌操作规程，使接种的菌种能有一个洁净、恒温和空气清新的培养环境，以提高微生物的成活率和纯培养质量。所以，微生物实验室应选择在水电齐全、环境洁净、空气清新的地方。尤其夏季，更应注意实验室周围的环境卫生。房间要求既能密封，又能通风、保温，并且光线充足。实验室的墙壁、天花板应光滑、耐腐蚀，防水、防霉，易于清洗，地面用水泥抹平，各个房间要求水电配套，利于控温控湿。

在条件允许的情况下，实验室应按照配制培养基—蒸汽灭菌—分离或接种—培养—检验—保存或处理的顺序进行平面布局，相应安排洗涤室、培养基配制室、灭菌室、接种室、培养室、检查室及冷藏保存或处理室，使其形成一条操作流水线。

（一）洗涤室及其设备

洗涤室是洗刷培养微生物用的试管、培养皿、三角烧瓶等用品用具的场所。室内应具有下列设施。

(1)水池。陶瓷或不锈钢水池均可。池底有放水塞，池内有水龙头。

(2)干燥架。干燥架设于水池的两侧或一侧，用来倒挂清洗过的玻璃仪器、悬挂有肩的玻璃瓶、放置吸管，以便控干水分。

(3)工作台。台上放电炉、铝锅及其他。

(4)干燥箱。室内放 1 只干燥箱，用于干燥器皿、试管及吸管等。

(5)辅助用具。洗刷器皿用的盆、桶等,各种毛刷、去污粉、肥皂、洗衣粉等。

(二)培养基配制室及其设备

培养基配制室是供调配各种培养基、培养料的场所。其主要设备有以下几类。

(1)衡量器具。一般应有粗天平、量杯、量筒等,用于称取或量取药品及拌料用水。

(2)药品柜、壁橱、工作台等。用来放置培养基的原料、药品、天平、漏斗、煮锅、烧杯、电炉、铁架台、试管架、试管夹、试管、棉花、纸、刀、剪等。

(3)拌料用具。拌料时必备的用具有小铁铲、铝锅、塑料桶、玻璃棒等。必要时还应配置一些机械设备,如切片机、粉碎机、榨汁机等。

(4)装料用具。三角烧瓶、培养皿、试管等。

(三)灭菌室及其设备

灭菌室是对配制好的培养基、培养料及器具设备进行灭菌的场所,灭菌室内应有通风设备。常用的灭菌设备有高压蒸汽灭菌锅、干燥灭菌器等。

(四)接种室及其设备

接种室又称无菌室。一般有里外两间,里间是接种间,外间为缓冲间。接种设备是指分离和扩大培养菌种的专用设备,如超净工作台、接种箱及各种接种工具。

1.接种室

(1)接种间。接种间的面积不宜过大,室内地面、墙面均应光滑整洁,房顶铺设天花板,以减少空气流动,门要设在离工作台最远的地方,最好用拉门。

接种间的中部设有工作台,台面要平整光滑,台上置有酒精灯、接种工具、75%酒精、火柴、玻璃棒、脱脂棉、胶布等。工作台的上方,应安装紫外线灭菌灯及照明的日光灯各1支。

(2)缓冲间。在接种间外要有一个缓冲间,供工作人员换衣帽、鞋等准备工作之用,缓冲间的门要与接种间的门错开,并避免同时开门,以防止外界空气直接进入接种间。一般缓冲间内设有衣帽柜。房间中央离地面2 m高处,应装灭菌灯和照明用日光灯各1支。

(3)在分隔接种间与缓冲间的墙壁或“隔扇”上,应开一个小窗,作为接种过程中内外传递物品的通道,以减少人员进出接种间的次数,降低污染程度。

2.超净工作台

超净工作台是没有建设无菌室的微生物实验室的必备设备,也可用于有更严格无菌要求或其他小环境条件要求的微生物接种、分离和鉴定等操作。

(五)培养室及其设备

1.培养室

(1)培养室的设置。培养室应有内、外两间,内室是培养室,外室是缓冲室。房间容积不宜大,内外室都应在室中央安装紫外灯,以供灭菌用。分隔内室与外室的墙壁上部应设带有空气过滤装置的通风口。为满足微生物对温度的需要,需安装恒温恒湿机。

(2)培养室内设备及用具。培养室通常配备培养架和摇瓶机(摇床)。外室应有专用的工作服、鞋、帽、口罩、手持喷雾器和5%苯酚溶液、70%酒精棉球等。小规模的培养可不启用恒温培养室,而在恒温培养箱中进行。

2.恒温培养箱

恒温培养箱可分为两大类,即直热式恒温培养箱和隔水式恒温培养箱。

(1)直热式恒温培养箱。为直接加热空气式的培养箱,这种培养箱造价低、制造工艺简单,但恒温效果较差、温度波动大。

(2)隔水式恒温培养箱。为间接加热空气式的培养箱,这种培养箱由于先加热水层,再由水传热至箱内空气,因而温度上升和下降缓慢,故恒温效果好,很适合微生物培养。

(3)摇瓶机。在制作液体菌种和进行微生物溶液培养时,必须使用摇瓶机,也称为摇床。摇瓶机可放在设有温度控制仪的温室内,用于对菌种进行振荡培养。

(4)空气调节器。实验中可利用空气调节器调节培养温度,从而为微生物的生长提供一个较理想的人工气候环境。

(六)检查室及其设备

1.检查室的设备

检查室一般为30～60 m^2 的房间,可根据实验人数或实验规模确定,内有实验台和水槽,若干个电源插座。要将电冰箱、显微镜、恒温培养箱等设备放在适当的位置上,还要设置放仪器或器皿的架子。

2.常用的仪器

(1)天平,用于称量化学药品。

(2)显微镜,用于观察微生物的必备仪器。

(3)玻璃器皿及器具,常用的玻璃器皿有烧瓶、烧杯、培养皿、试管、离心管、称量瓶、酒精灯、漏斗、量筒、容量瓶、滴管、吸瓶等;器具有剪子、镊子、接种环、接种针等。

(4)干湿温度计,用于测定室内空气温度和空气相对湿度。

(5)恒温水浴锅,也称水温箱,用于制备培养基和各种保温操作。

(七)菌种贮藏及其设备

贮存病毒必须使用低温冰箱,贮存一般培养基和培养物用普通冰箱即可,这是微生物实验室的必备设备。

实验 2-1　实验室无菌准备

任务准备

1.仪器与设备

超净工作台、紫外灯、臭氧杀菌机。

2.材料与试剂

营养琼脂培养基、甲醛、高锰酸钾、来苏水、新洁尔灭。

任务实施

一、安排学生课前预习

学生通过查阅资料和观看图片等完成预习报告。预习报告内容包括:(1)微生物实验室消毒灭菌的方法有哪些?(2)实验人员的无菌准备有哪些?

二、检查学生预习情况

小组讨论,结合预习的知识,在教师指导下确定实验步骤。

三、知识储备

(一)无菌室的准备

1. 定期打扫无菌室

每周打扫一次,先用自来水拖地、擦桌子、清理超净工作台等,然后用0.3%来苏水、新洁尔灭,或者0.5%过氧乙酸擦拭。

2. 实验前灭菌

(1)有条件的无菌室可以打开紫外线灯、臭氧杀菌机或空气净化器系统处理20～30 min即可。

(2)加热熏蒸。无紫外线灯和空气净化器的接种室或培养室可以用甲醛熏蒸灭菌。甲醛在室温下是气体,能溶于水。甲醛含量为37%～40%的水溶液称为福尔马林。甲醛的杀菌作用,是由于它具有强还原性,它可与菌体蛋白质的氨基结合而使蛋白质变性,引起菌体和芽孢的死亡。0.1%～0.2%的甲醛溶液能杀死细菌的营养体,5%甲醛溶液能杀死芽孢,常用于接种室或培养室的熏蒸灭菌。甲醛熏蒸是利用其挥发所产生的气体。通常用量按2～6 mL/m^3 计算。甲醛熏蒸灭菌,至少应在使用前24 h进行,熏蒸后应密闭保持12 h左右,才能使用。

按熏蒸空间计算并量取甲醛溶液,盛在小铁筒内,用铁架支于酒精灯上,在酒精灯内注入适量酒精。将室内各种物品准备妥当后,点燃酒精灯,关闭门窗,任甲醛溶液煮沸挥发。酒精灯内酒精的量最好控制在使火焰在甲醛溶液蒸发完毕后即自行熄灭。

(3)氧化熏蒸。准备一瓷碗或玻璃容器,称取高锰酸钾(甲醛用量的1/2)倒入容器中,另外量取定量的甲醛溶液,室内准备妥当后,把甲醛溶液倒入盛有高锰酸钾的器皿内,立即关门,几秒钟后甲醛溶液即沸腾挥发。高锰酸钾是一种强氧化剂,当它与一部分甲醛溶液作用时,由氧化作用产生的热可使其余的甲醛溶液挥发为气体。

甲醛溶液熏蒸对人的眼、鼻有强烈刺激,人员在相当长的时间内不能进入室内工作。为减轻甲醛对人的刺激作用,熏蒸后12 h再量取与甲醛溶液等量的氨水,迅速放入室内,同时敞开门窗放出剩余的有刺激性的气体。

3. 无菌室无菌程度的测定

一般采用平板法测定无菌室的无菌程度。

4. 实验后灭菌

用75%酒精(0.3%新洁尔灭)擦拭超净台、边台、放置显微镜的载物台。

(二)实验人员的无菌准备

洗手、穿隔离衣、用酒精棉球擦手。

(三)无菌操作的过程

(1)凡是带入超净工作台内的酒精、磷酸盐缓冲液(PBS)、培养基、胰蛋白酶的瓶子均要用75%酒精擦拭瓶子的外表面。

(2)靠近酒精灯火焰操作。

(3)器皿使用前必须过火灭菌。

(4)继续使用的器皿(如瓶盖、滴管)要放在高处,使用时仍要过火。

(5)各种操作要靠近酒精灯,动作要轻、准确,不能乱碰。如吸管不能碰到废液缸。

(6)吸取两种以上的使用液时要注意更换吸管,防止交叉污染。

四、学生实验

(一)实验人员的无菌准备步骤

(1)肥皂洗手。

(2)穿好隔离衣、戴好隔离帽和口罩、穿专用拖鞋。

(3)用75%酒精棉球擦净双手。

(二)无菌室无菌程度测定的操作步骤

(1)将已灭菌的营养琼脂培养基分别倒入已灭过菌的培养皿内,每个培养倒入约15 mL培养基,启开培养皿盖暴露于无菌室内的不同地方,10 min后盖好培养皿盖。以此方法共做3个重复。

(2)将培养皿倒置,于37℃培养24 h后,观察菌落情况,统计菌落数。

(3)如果每一个培养皿内菌落不超过4个,则可以认为无菌程度良好,若菌落数很多则应再重复上述熏蒸步骤,进一步对无菌室进行灭菌。

学生分组,分别采用不同的方法对无菌室进行灭菌,然后采用平板法测定无菌室的无菌程度,从而判断无菌室是否需要重新灭菌(表2-1)。

表2-1 三种灭菌方法对无菌室无菌程度的影响

灭菌方法	培养皿内菌落数			无菌程度判断
	1号	2号	3号	
紫外线照射				
加热熏蒸				
氧化熏蒸				

五、任务考核指标

实验室无菌准备技能的考核内容和指标见表2-2。

表2-2 实验室无菌准备技能考核表

考核内容	考核指标	分值
无菌室的准备	打扫无菌室	40
	紫外线灭菌	
	加热熏蒸	
	氧化熏蒸	
实验人员的无菌准备	肥皂洗手	30
	穿隔离衣帽	
	75%酒精擦手	
无菌操作	75%酒精擦物品	30
	在酒精灯火焰旁操作	
	器皿过火灭菌	
合计		100

任务二 玻璃器皿的消毒和灭菌

任务目标

了解微生物实验室中常用的玻璃器皿，掌握常用玻璃器皿清洗和包扎的方法，掌握干热灭菌的操作技术。

相关知识

微生物学实验室所用的玻璃器皿，大多要进行消毒、灭菌和用来培养微生物，因此对其质量、洗涤和包装方法均有一定的要求。一般来说，玻璃器皿的材质要求为硬质玻璃，才能承受高温和短暂烧灼而不致破损。

玻璃器材若不清洁，常会影响实验结果，如影响培养基的 pH，甚至由于某些化学物质的存在会抑制微生物的生长；新购置的玻璃器皿含游离碱较多，会影响培养基的酸碱度；试管不清洁也会影响实验的结果。因此，玻璃器皿的清洗是实验前的一项重要准备工作。清洗方法根据实验目的、器皿的种类、所盛放的物品、洗涤剂的类别和污染程度等的不同而有所不同，洗涤方法不恰当也会影响实验结果。对玻璃器皿的形状和包装方法的要求，以能防止杂菌污染为准。

一、微生物实验室中常用的玻璃器皿

(一)培养皿

培养皿由皿底和皿盖组成，是用于培养细菌的化学器材，一般由玻璃或者塑料制成(图 2-2)。培养皿质地脆弱，易碎，故在清洗及取放时应小心谨慎，轻拿轻放。

图 2-2 培养皿

(二)试管

1. 规格

试管分普通试管(图 2-3)、具塞试管、离心试管等多种。普通试管的规格以外径(mm)×长度(mm)表示，如 15 mm×150 mm、18 mm×180 mm、25 mm×200 mm 等。离心试管的规格以容量(mL)表示。

2. 主要用途

(1)盛取液体或固体试剂。

(2)加热少量固体或液体。

(3)制取少量气体。

(4)收集少量气体。

(5)溶解少量气体、液体或固体的溶质。

(6)离心时作为盛装物质的容器。

(7)用作少量试剂的反应容器，在常温或加热条件下使用。

图 2-3 试管

3. 注意事项

(1)装溶液时不超过试管容量的 1/2，加热时不超过试管容量的 1/3。

(2)用滴管往试管内滴加液体时不能伸入试管口。

(3)取块状固体放入试管要用镊子,不能使固体直接坠入试管中,防止试管底破裂。

(4)加热使用试管夹,试管口不能对着人。加热盛有固体的试管时,管口稍向下,加热液体时倾斜约 45°。

(5)加热时受热要均匀,以免暴沸或试管炸裂。

(6)加热后不能骤冷,防止试管破裂。

(7)加热时要预热,防止试管骤热而爆裂。

(8)加热时要保持试管外壁没有水珠,防止试管受热不均匀而爆裂。

(9)加热后不能在试管未冷却至室温时就洗涤试管。

(10)使用试管夹夹取试管时,将试管夹从试管的底部往上套,夹在试管中上部,若将试管长度三等分,则试管夹夹在靠近试管口 1/3 的长度范围以内为合理。

(11)应用酒精灯外焰加热。

(三)刻度吸管

刻度吸管为实验室常用玻璃量器,通常采用钠钙玻璃制成,标有分度线、标称容量、型号标记、标准温度(20℃)、准确度级别等(图 2-4)。

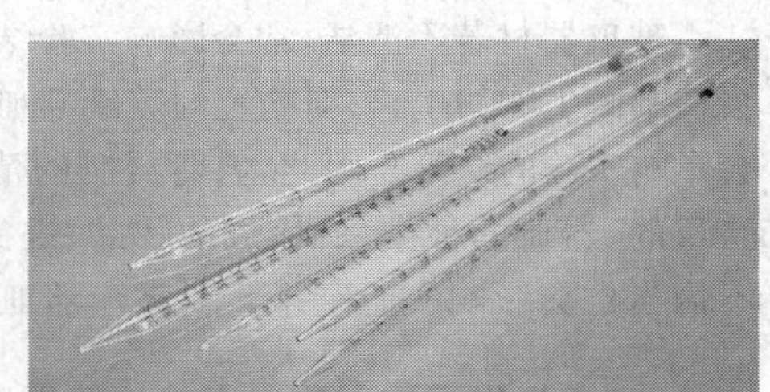

图 2-4 刻度吸管

刻度吸管是一种精密液体计量仪器,其使用方法如下。

(1)使用前。观察吸管有无破损、污渍;所用吸管的规格应等于或近似等于所要吸取的溶液的体积;观察管上有无“吹”字标记,若有,放液后需将尖端的溶液吹出,否则不吹。

(2)握法。拇指和中指夹住吸管,食指游离。

(3)取液。垂直入液,入液深度适中;利用洗耳球吸取,取液高度高于刻度 2~3 cm;食指按紧吸管上端,将刻度吸管提离液面;观察液内有无气泡;滤纸擦净管壁。

(4)放液至刻度。刻度吸管垂直,视线与凹液面平行;轻轻松开食指(转动刻度吸管),使液面缓慢降低,直至最低点与刻度线相切。

(5)放液至容器。刻度吸管垂直,容器倾斜 45°,使溶液自然流入容器,注意是否需要吹出刻度吸管前端残液。

需要注意的是,一根吸管只可以吸取一种试剂或溶液,用后立即用蒸馏水清洗。刻度吸管的读数方法:在吸液与读数时保持刻度吸管垂直;读数时保持液面与视线水平;液体在吸管中因表面张力作用会形成一个凹面,读数时以凹面底部的数值为准。

(四)试剂瓶

试剂瓶是盛装试剂的玻璃瓶,分为无色或棕色、广口或细口、磨口或无磨口等多种(图 2-5)。广口瓶用于盛固体试剂,细口瓶用于盛液体试剂,棕色瓶用于盛放避光的试剂,磨口塞瓶能防止试剂吸潮和浓度变化。试剂瓶不耐热。瓶口带有磨口滴管的试剂瓶称为滴瓶。

图 2-5 试剂瓶

(五)锥形瓶(三角烧瓶)

锥形瓶是由硬质玻璃制成的纵剖面类似三角形的滴定反应器,口小、底大,有利于滴定过程中振荡时,使反应充分而液体不易溅出,可以在水浴箱或电炉上加热(图 2-6)。为了防止滴定液下滴时会溅出瓶外,造成实验误差,可将锥形瓶放于磁力搅拌器上搅拌,也可用手握住瓶颈以手腕晃动,即可将溶液搅拌均匀。

锥形瓶的规格为 5 mL 至 5 L 不等,用于盛装反应物,定量分析。使用锥形瓶时应注意以下事项:

(1)注入的液体最好不超过其容积的 1/2,过多则容易造成喷溅;

(2)加热时要使用石棉网(电炉加热除外);

(3)要擦干外壁后再加热。

(六)容量瓶

容量瓶是一种细颈梨形平底的容器,带有磨口玻璃塞,瓶身上有使用温度和容量标记,颈上有标线。在指定温度下,液体凹液面与容量瓶颈部的标线相切时,溶液体积与瓶上标注的体积相等(图 2-7)。

使用容量瓶时应注意以下几点:

(1)不能在容量瓶里进行溶质的溶解,应将溶质在烧杯中溶解后转移到容量瓶里。

(2)移入容量瓶中的溶液(包括移液时的冲洗液)总量不能超过容量瓶的定容体积(即移液后液面不得高于刻度线),一旦超过,必须重新配制。

(3)容量瓶不能加热。如果溶质在溶解过程中放热,要待溶液冷却后再进行转移,因为温度升高使瓶体膨胀,所量体积就会不准确。

(4)容量瓶只能用于配制溶液,不能贮存溶液,因为溶液可能会对瓶体产生腐蚀,从而使容量瓶的精度受到影响。

(5)容量瓶用完应及时洗涤干净,塞上瓶塞,并在塞子与瓶口之间夹一纸条,防止瓶塞与瓶口粘连。

(6)容量瓶只能配制一定量的溶液,但是一般保留 4 位有效数字(如 250.0 mL),估读时,不能因为溶液没有达到刻度线而改变小数点后面的数字。

(七)酒精灯

酒精灯是以酒精(乙醇,C_2H_5OH)为燃料的加热工具,用于加热物体。酒精灯的加热温度为 400～500℃,适用于温度不需太高的实验,特别是在没有煤气设备时经常使用。

图 2-6　锥形瓶

图 2-7　容量瓶

酒精灯由灯帽、灯芯和盛有酒精的灯壶三大部分所组成。酒精灯火焰应分为焰心、内焰和外焰三部分，火焰温度由高到低为外焰、内焰、焰心，其原因是酒精蒸气在外焰燃烧最充分。但由于外焰与外界大气充分接触，燃烧时与环境的能量交换最容易，热量散失最多，致使外焰温度不稳定，有时内焰温度会高于外焰。若要灯焰平稳，可适当提高温度或加金属网罩。

使用酒精灯时应注意以下几点：

(1)不能在酒精灯点燃时添加酒精，酒精量不能超过其容积的2/3，也不可过少。

(2)严禁用燃着的酒精灯去点燃另一个酒精灯；应用酒精灯的外焰加热物质。

(3)熄灭时用灯帽盖灭，灯帽要斜着盖住，否则有危险。

(4)不用时盖好灯帽，以免酒精挥发。

二、常用玻璃器皿及用具的清洗和包扎

微生物实验所用的器材在灭菌前均需进行清洗、包扎，如玻璃器皿、接种针、注射器、吸管、试管、烧杯、培养皿、无菌衣、口罩等。由于微生物培养的特殊性，对器材的清洁度要求严格，因此，玻璃器皿的彻底洗涤是实验前的一项重要准备工作，不容忽视。

(一)玻璃器皿及用具的清洗

(1)使用过的玻璃器皿的清洗。玻璃器皿使用后，应在未干燥之前洗涤，尤其是试管、培养皿、锥形瓶、烧杯、试剂瓶等玻璃器皿，如不能立即清洗，也应立即放入洗涤液中浸泡，然后用瓶刷内外清洗，最后用清水或蒸馏水冲洗2～3次，晾干备用。如有油污时可用热碱水(或热肥皂水等)洗涤，再用清水或蒸馏水洗净备用。

接触过菌液的玻璃器皿，使用后应立即投入5%来苏水、0.25%新洁尔灭或5%苯酚中消毒24 h，然后高压蒸汽灭菌，用清水冲洗干净，再用蒸馏水冲洗。若需要更洁净的器皿，可用铬酸洗涤液浸泡(试管、烧杯、培养皿等浸泡10 min，吸管、滴定管则需浸泡1～2 h)，然后用水冲洗干净，最后用蒸馏水清洗，要求器皿洁净、光亮。

载玻片、盖玻片的洗涤，如滴有香柏油，要先用吸水纸擦拭去或浸在二甲苯内轻摇，再用50 g/L肥皂水煮沸5～10 min，用清水清洗数次，待干后可保存在95%的酒精中备用。用时可在火焰上烧去酒精。此方法洗涤和保存的载玻片和盖玻片清洁透亮，没有水珠。若为检查过活菌的载玻片及盖玻片，应先用5%来苏水或0.25%新洁尔灭消毒24 h，然后按上述方法洗涤保存。

(2)新购置的玻璃器皿的清洗。新购置的玻璃器皿常含有较多游离碱，最好用1%～2%的盐酸溶液浸泡2～6 h，再用清水洗涤，也可浸在肥皂水中12 h，再用清水洗涤。

(二)常用洗涤液的配制与使用

1. 铬酸洗涤液

(1)铬酸洗涤液配方见表2-3。

表2-3 浓、稀铬酸洗涤液配方

材料	浓洗液用量	稀洗液用量
重铬酸钾(工业用)	60 g	60 g
浓硫酸	60 mL	60 mL
自来水	300 mL	1 000 mL

(2)配制方法。将重铬酸钾溶解在自来水中,慢慢加入浓硫酸,边加边搅拌,配好的溶液呈深红色,并且可见均匀的红色小结晶。配好后,贮存于广口玻璃瓶内,盖紧塞子备用。此液可多次使用,用后倒回原瓶中。应用此液时,器皿必须干燥,切忌把大量还原物带入。直到溶液呈青褐色,表明洗液已失效。

2. 碱性洗液

碱性洗液用于洗涤有油污物的仪器,用此洗液时应采用长时间(24 h 以上)浸泡法,或者浸煮法。从碱性洗液中捞取仪器时,要戴乳胶手套,以免烧伤皮肤。常用的碱性洗液有碳酸钠液(即纯碱)、碳酸氢钠液(小苏打)、磷酸钠液、磷酸氢二钠液、肥皂、合成洗涤剂等,浓度范围为5%~40%,可根据需要配制。

3. 酸性洗液

若器皿上沾有焦油和树脂等物质时,可用浓硫酸浸泡 5~10 min,如清洗不净可延长浸泡时间。还可用 30%的硝酸溶液洗涤。使用酸碱洗涤液时要注意防止溅到皮肤或衣物上。

4. 有机溶剂洗液

移液管尖头、滴定管尖头、滴定管活塞孔、滴管、小瓶等特殊形状的仪器,若沾有脂肪性污物,可用汽油、甲苯、二甲苯、丙酮、酒精、三氯甲烷、乙醚等有机溶剂擦洗或浸泡洗涤。

(三)玻璃器皿的干燥

洗净的玻璃器皿,一般是在室温下自然干燥,若急用时需要高温干燥,可使用电热干燥箱干燥,温度一般在 80~120℃为宜,使用干燥箱时应注意,要在温度下降到 60℃以下后再打开箱门,取出器材使用。

(四)玻璃器皿的包扎

包扎是灭菌前的一项重要工作,可使灭菌后的器材在一定时间内保持无菌状态。

二维码 2-2 培养皿的包扎操作

1. 培养皿的包扎

将洗净干燥的培养皿,每 5~10 套叠在一起,用牛皮纸或报纸滚卷包裹成圆筒状,将其两端的纸折叠成底与盖,再用棉纱线捆扎好,以免散开。或不用纸包扎,直接放入特制的金属筒内(图 2-8),加盖,然后进行干热灭菌。包扎起来的培养皿经灭菌后,方可使用,使用时需在无菌室中打开取出培养皿。

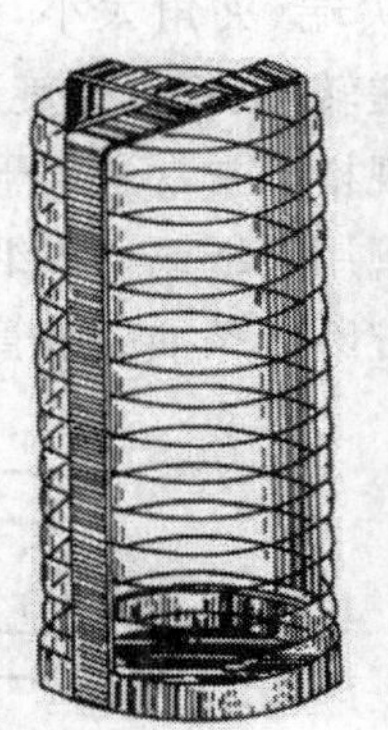

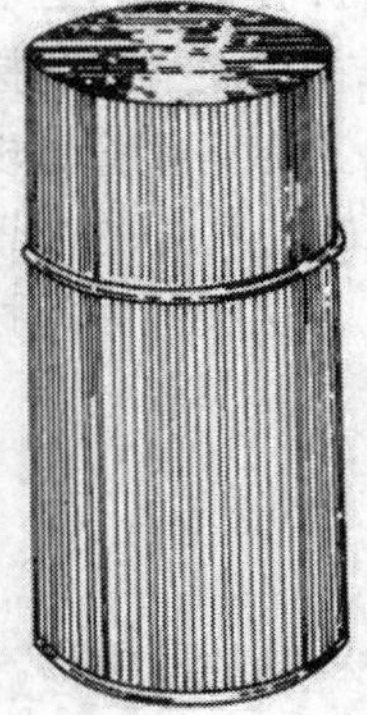

A　　B

A. 内部框架;B. 带盖外筒

图 2-8 装培养皿的金属筒

2. 试管、锥形瓶的包扎

试管和锥形瓶灭菌,都需要制作合适的棉塞,棉塞可起到过滤作用,避免空气中的微生物进入容器。制作棉塞时,要求棉花(脱脂棉易吸水,勿用)紧贴玻璃壁,没有皱纹和缝隙,松紧适宜。过紧易挤破管口和不易塞入,过松则易掉落和污染。制作棉塞时,应选用大小、厚薄适中的普通棉花一块,铺展于左手拇指和食指扣成的圆孔上,用右手食指将棉花从中央压入圆孔中制成棉塞,然后直接压入试管或锥形瓶口,也可借用玻璃棒塞入,或用折叠卷塞法制作棉塞(图 2-9)。棉塞的长度不小于管口直径的 2 倍,约 2/3 塞进管口。若干支试管用绳扎在

二维码 2-3 锥形瓶的包扎操作

一起，在棉花部分外包裹油纸或牛皮纸，再用绳打一个活结。三角瓶加棉塞后单个用油纸或牛皮纸包扎，进行干热或湿热灭菌。若试管和三角瓶中装有培养基，包扎后应用笔标记培养基的名称、制备时间等。为了节省棉花或节省时间，在配置实验临时所用的无菌水和培养基时，也可以用金属试管帽代替棉塞。装液体培养基的锥形瓶口，可包扎 6～8 层纱布以代替棉花。

其他如无菌抽滤瓶和细菌滤器等的灭菌可采用同样的方法进行包扎。

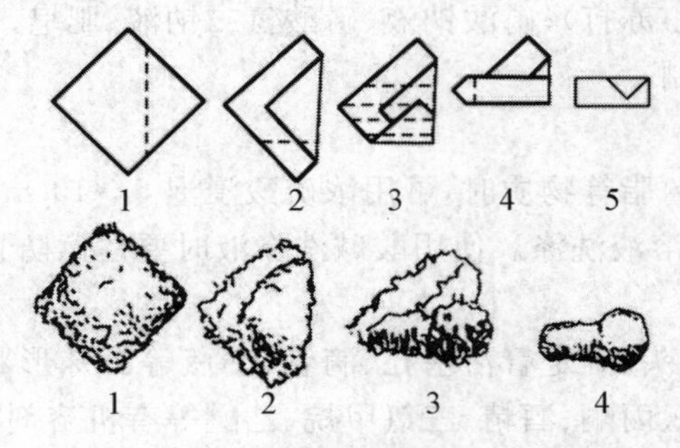

图 2-9 棉塞的制作过程

3. 刻度吸管的包扎

二维码 2-4 刻度吸管的包扎操作

刻度吸管的包扎方法如图 2-10 所示。洗涤干净且烘干后的吸管，在吸管尾部用尖头镊子或针塞入少许脱脂棉花(距管口 0.5～1 cm 处)，以防止使用时将外界的杂菌吹入管中或将管内的菌液吸出管外，塞入棉花的量要适宜(1～2 cm 长)，松紧要合适，使吹吸气体流畅且棉花不易滑落。管口有棉絮纤维外露时可用火焰烤去。每支吸管用一条宽 4～5 cm 的纸条(旧报纸或牛皮纸)，吸管的尖端在头部，将纸条一端折叠成 3～4 cm 的双层区，以 30°～40°的夹角折叠纸条包住尖端(夹角太小，纸条易松开，夹角太大则纸条长度要求长)，然后用手压紧吸管在桌面上向前搓转，吸管以螺旋形包扎起来，吸管的尾部用剩余纸条打结，防止纸卷松开，并在结上标注吸管的规格。常常是若干支吸管扎成一束放入移液管筒中，进行干热或湿热灭菌，或将多支包扎好的吸管用报纸或牛皮纸总包裹后再扎好，进行干热灭菌或湿热灭菌，备用。要在使用时才从吸管中间拧断纸条抽去吸管，切忌从头部打开，禁止手指接触吸管尖部至吸管的 1/3 处。

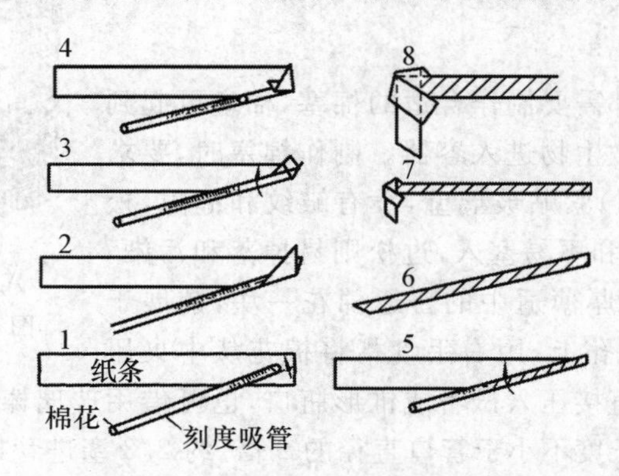

图 2-10 刻度吸管的包扎方法(按 1～8 顺序操作)

实验 2-2　培养皿的灭菌

任务准备

1. 器材

培养皿 5(或 10)套，报纸若干。

2. 仪器

电热干燥箱，温度计。

任务实施

一、安排学生课前预习

学生通过查阅资料和观看图片等完成预习报告。预习报告内容包括：(1)实验目的。(2)实验原理。(3)实验步骤。(4)思考题：①新购置培养皿的清洗方法；②污染杂菌培养皿的清洗方法；③培养皿包扎的方法；④干燥箱的使用方法。

二、检查学生预习情况

小组讨论，结合预习的知识用集体的智慧确定实验步骤。

三、知识储备

(一)实验原理

干热灭菌是利用热辐射及干热空气循环使微生物细胞内的蛋白质凝固变性而达到灭菌的目的。细胞内的蛋白质凝固性与其本身含水量有关，在菌体受热时，环境和细胞内含水量越大，则蛋白质凝固就越快；反之含水量越小，凝固越缓慢。因此，与湿热灭菌相比，干热灭菌所需温度更高，时间较长。一般需 170℃加热 1 h、160℃加热 2 h、121℃加热 12 h 以上。

(二)操作方法

1. 清洗

培养皿的清洗一般包括浸泡、刷洗、浸酸、冲洗四个步骤。

(1)浸泡。新的或用过的玻璃器皿要先用清水浸泡，以软化和溶解附着物。新玻璃器皿使用前先用自来水简单刷洗，然后用 5%盐酸浸泡过夜；用过的玻璃器皿往往附有大量蛋白质和油脂，干后不易刷洗掉，故用后应立即浸入清水中刷洗。

(2)刷洗。将浸泡后的玻璃器皿放入洗涤剂中，用软毛刷反复刷洗。不留死角，并防止破坏器皿表面的光洁度。将刷洗干净的玻璃器皿洗净、晾干。

(3)浸酸。浸酸是将上述器皿浸泡到清洁液(又称酸液)中，通过酸液的强氧化作用清除器皿表面的残留物质。浸酸不应少于 6 h，一般可浸泡过夜或更长时间。

(4)冲洗。刷洗和浸酸后的器皿都必须用水充分冲洗，浸酸后器皿是否冲洗得干净，直接影响细胞培养的成败。手工洗涤浸酸后的器皿，每件器皿至少要反复“注水＋倒空”15 次以上，最后用重蒸水浸洗 2～3 次，晾干或烘干后包装备用。

2. 干燥

自然晾干或者烘干。

3. 包扎

每 5～10 套培养皿叠在一起，用牛皮纸或报纸包裹成圆筒状，将其两端的纸折叠成底与盖，再用棉纱线捆扎好，以免散开。

4. 灭菌

用干热灭菌法对培养皿进行灭菌。

（三）注意事项

(1)用纸包扎的待灭菌物不可紧靠干燥箱壁，以防着火。

(2)灭菌开始前要调节好温度、时间，关好箱门，待温度慢慢升高。灭菌过程中，严防恒温调节的自动控制失灵而造成安全事故。干燥箱内有焦煳味应立即关闭电源，检查设备。

(3)灭菌结束，关闭电源，温度慢慢降至 60℃左右再开启箱门，以免高温度的玻璃因骤冷而破碎。

四、学生实验

1. 清洗、包扎

对培养皿进行灭菌时，首先要将培养皿清洗干净，沥干水，包扎好。

2. 放置

将包扎好的培养皿放入干燥箱的隔板上，物品放置切忌贴靠箱壁，干燥箱内物品不能堆放太满、太紧，以免热气流循环不畅影响温度均匀上升。

3. 升温

关闭箱门，接通电源，打开开关，旋转恒温调节器至绿灯亮，旋转干燥箱顶部调气阀，打开通气孔，排出箱内冷空气；逐渐升温，待干燥箱内温度上升至 100～105℃时，旋转调气阀，关闭通气孔。升温过程中如果红灯熄灭，绿灯亮，表示箱内停止升温，此时如还未达到所需温度，需转动调节器使红灯再亮，直到升温至所需温度。

4. 恒温

温度升到 160～170℃时，借助恒温调节器自动控制，保持温度 2 h。

5. 降温、取料

灭菌完毕，切断电源，待箱内温度降到 60℃以下，再打开箱门，取出物品。

五、任务考核指标

培养皿灭菌的技能考核见表 2-4。

表 2-4 培养皿灭菌技能考核

考核内容	考核指标	分值
准备工作	培养皿的清洗	10
	培养皿的干燥	10
	培养皿的包扎	10

续表2-4

考核内容	考核指标	分值
培养皿的灭菌	放置	10
	升温	15
	恒温	15
	降温	15
合计		100

拓展知识

电热干燥烘箱

常用的电热干燥烘箱主要适用于空的玻璃器皿如试管、吸管、培养皿、三角瓶、小烧杯等材料的灭菌，各种解剖工具、手术器械等金属器械和其他耐高温物品也可采用烘箱进行干热灭菌。

一、电热干燥烘箱的结构

箱体外壳一般由薄钢板制成，箱体内有供放置试品的工作室，工作室内有试品搁板，试品可置于其上进行干燥，如试品较大，可抽去搁板。工作室与箱体外壳间有相当厚度的保温层，以硅棉或珍珠岩作保温材料，箱门中间有玻璃观察窗，以供观察工作室内的情况。箱顶设有排气装置与插温度计的小孔；箱内底部夹层内装有通电加温的电热丝；箱内有温控调节及鼓风等装置(图 2-11)。

图 2-11　电热干燥烘箱

干燥烘箱的电热器装于箱体内工作室下部，共分两组，即高温和低温，并有指示灯。绿灯亮表示电热器工作，箱体在加热；红灯亮表示加热停止。

二、电热干燥烘箱的使用说明

1. 使用前的准备

(1)将干燥烘箱安放在室内干燥的地面和工作台面处，不必使用其他固定装置。

(2)应在供电线路中安装闸刀或空气开关，供干燥烘箱专用，并用比电源线截面积粗一倍的导线作接地线。

(3)通电前，先检查干燥箱的电气性能，并注意是否有断路或漏电现象。

(4)一切准备就绪后可放入试品，关上箱门，必要时可旋开排气阀，空隙 10 mm 左右。

2. 通电后的使用

(1)接通电源，开启加热开关，将温度设定拨盘拨至所需的工作温度值。将温度“设定/测量”开关置于“设定”，调节温度设定旋钮至所需工作温度后，将“设定/测量”开关置于“测量”，此时箱内开始升温，绿灯亮。

(2)当温度升至所需工作温度时，绿灯熄灭，再微调至绿灯复亮，指示灯交替明灭即为恒温点，此时即可再把旋钮作微调至绿灯熄灭，令其恒温(很可能在恒温时，温度仍继续上升，这是由于余热影响，此现象约半小时即会稳定)。当工作室内温度稳定时(即所谓“恒温状态”)则可将控温器再稍做调整，以提高温度控制的精确度，用此法可选取任何工作温度。

(3)干燥烘箱恒温时，工作温度若小于150℃，应关闭高温开关，只留一组电热器工作，以免功率过大，影响恒温精度。

(4)温度达到后，可根据实验需要，保持一定时间的恒温(W型干燥烘箱可设定恒温工作时间)，在此过程中，可由控温器自动控温而不需人工管理。

三、电热干燥烘箱的注意事项

(1)干燥烘箱一般为非防爆型，故腐蚀性及易燃性物品禁止放入箱内干燥，以免爆炸。

(2)使用干燥烘箱时，供电电压一定要与干燥烘箱额定工作电压相符，以免损坏箱内电子器件。切勿任意拆卸机件，以免损坏箱内电气线路。

(3)干燥烘箱使用环境温度不得高于45℃。

(4)干燥烘箱如发生故障，应由熟悉电子仪器的电工修理。

四、电热干燥烘箱的保养与维修

(1)切勿把干燥烘箱放置在含酸、含碱的腐蚀性环境中，以免损坏电子部件。

(2)搬动时，尽量小心轻放，避免剧烈震动后造成内部电气线路接点松动。

(3)注意保护干燥烘箱外表漆面，否则不但影响箱体外形美观，更重要的是会缩短箱体的使用寿命。

(4)干燥烘箱若出现故障，检修时应先切断电源。

任务三　过滤除菌

任务目标

了解液体过滤除菌方法的种类及细菌过滤器的主要类型。掌握液体过滤除菌技术及无菌检查操作。

相关知识

过滤除菌法是指将含菌的液体或气体通过一个被称作细菌滤器的装置，使杂菌受到机械的阻力而留在滤器或滤板上，从而达到去除杂菌的目的。此法常用于血清、毒素、抗生素、酶、维生素、细胞培养液等不耐热液体及空气的除菌。它的最大优点是不破坏液体中各种物质的化学成分；但是比细菌还小的病毒、支原体等仍然能留在液体内，有时会给实验带来一定的麻烦。用于除菌的细菌过滤器一般多采用抽气减压的方法进行操作。

常用的过滤材料有：玻璃棉、陶瓷、石棉、滤膜等，目前常用直径0.22～0.45 μm的醋酸纤维滤膜。食品生产中采用的除菌滤膜孔径，一般不超过0.22 μm。过滤器不得对被过滤成分有吸附作用，也不能释放物质，不得有纤维脱落，禁用含石棉的过滤器。滤器和滤膜在使用前应进行洁净处理，并用高压蒸汽进行灭菌。更换品种和批次应进行过滤器清洗，并更换滤膜。细菌过滤器有很多种，过滤少量液体常用一次性过滤器，除一次性过滤器外，其他过滤器使用方法几近相同。

细菌过滤器的类型主要有以下几种(图2-12)。

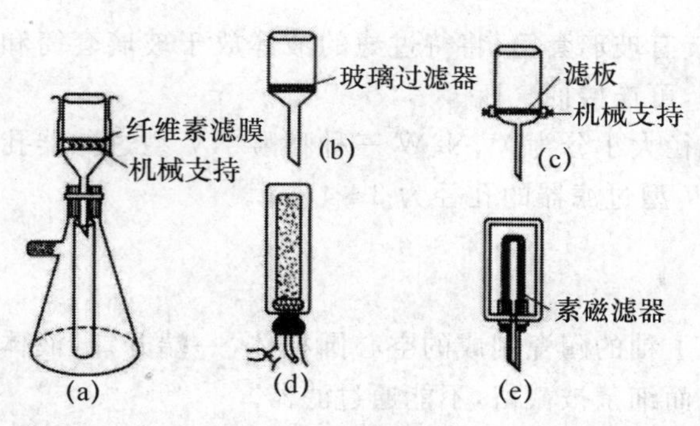

(a)滤膜过滤器；(b)玻璃过滤器；(c)蔡氏过滤器；(d)硅藻土过滤器；(e)瓷土过滤器

图 2-12　常用的滤菌器

一、滤膜过滤器

滤膜过滤器是利用一定孔径的混合纤维酯薄膜为过滤介质，通过正压、负压及自然压力过滤的一种滤器。滤膜是火胶棉、乙酸纤维素等物质做成的薄膜，使用时将薄膜放在类似布氏漏斗的特制滤器上即可进行过滤。滤膜孔径大小不一，依用途而选定，一般选用 0.22～0.45 μm 孔径的滤膜。由于滤膜不重复使用，大小可选，处理方便，因此滤膜过滤器已成为处理多种液体最有效、最方便的过滤除菌设备。

二、玻璃过滤器

玻璃过滤器的整个滤菌器是由玻璃制成的，滤板是用玻璃砂在一定温度下烧结加压而成，滤板和漏斗黏合在一起。滤菌器孔径大小不一，其规格见表 2-5。

表 2-5　玻璃过滤器的型号及用途

型号	孔径大小/μm	主要用途
G_1	80～120	滤去大颗粒沉淀，收集大分子气体
G_2	40～80	滤去较大颗粒的沉淀，收集较大分子气体
G_3	15～40	滤去一般晶体和杂质，收集一般气体，阻挡真菌菌丝
G_4	5～15	滤去细粒沉淀，收集小分子气体，阻挡酵母细胞、霉菌孢子
G_5	2～5	阻挡较大细菌通过
G_6	＜2	阻挡细菌通过

三、蔡氏过滤器

蔡氏过滤器是由金属制成的滤器，包括石棉制成的滤板和一个特制的漏斗，按孔径大小可分为 K 型、EK 型、EK-S 型等。其中，K 型孔径最大，用于澄清；EK 型孔径较小，常用来除去一般细菌；EK-S 型滤孔最小，可阻止大型病毒通过。

四、硅藻土过滤器

硅藻土滤菌器是用硅藻土压制成的空心圆柱体，底部连接在金属板上，中央有金属导管导出圆柱体外，圆柱体外装有玻璃套筒，将待过滤的液体放于玻璃套筒和圆柱体之间，圆柱底的金属导管上插有橡皮塞，可连接抽气瓶。

硅藻土过滤器按孔径大小分为V、N、W三种型号。V型过滤器孔径最大，为8～12 μm；N型孔径为5～7 μm；W型过滤器的孔径为3～4 μm。

五、瓷土过滤器

这种滤菌器是用未上釉的陶瓷制成的空心圆柱体，一端开口，液体由漏斗灌入柱心，因抽气作用，液体慢慢滤过，而细菌被截留，不能通过滤器。

瓷土过滤器按滤孔的大小可分为L1、$L1_{bis}$、L2、L3、L5、L7、L9、L11及L13等9级。其中，L1孔径最大，细菌可以通过；L3的滤器孔径较小，能截留细菌；之后的滤器孔径依次减小，L13的孔径最小。

过滤除菌用的各种滤器在使用前后均应彻底洗涤干净，清洗方法如下：

(1)新滤器要在流水中彻底洗涤，然后放在1∶1 000盐酸中浸数小时，再用流水洗涤。

(2)如过滤物含传染性细菌或病毒，应将滤器先浸于2%苯酚溶液中2 h后再洗涤。

过滤除菌法可将细菌与病毒分开，因而广泛应用于病毒和噬菌体的研究工作中。此外，微生物工业生产上所用的大量无菌空气及微生物工作使用的超净工作台都是根据过滤除菌原理设计的。

无论是在工业大规模生产上，还是在实验室的科学研究中，经常用到无菌空气或无菌的液体，通常会使用过滤除菌的方法进行制备。

实验2-3 液体样品的过滤除菌

任务准备

1.器材

蔡氏滤器、抽滤装置一套、石棉滤板、无菌纤维滤膜、无菌样品收集管等。

2.试剂

待过滤的抗生素液，2%尿素水溶液等。

任务实施

以小组为单位完成以下操作：蔡氏滤器的清洗与灭菌、过滤装置的连接、对溶液的除菌操作。

一、蔡氏滤器的清洗与灭菌

(1)清洗。将蔡氏滤器拆开，用水流冲洗并刷净各个部件。

(2)组装与包扎。将洗净晾干后的滤器按序组装，把一定孔径的石棉滤板(或滤膜)装在金属筛板上，拧上螺旋(因需灭菌而不宜拧得太紧)，然后插入抽滤瓶口的软木塞上的小孔内，织成抽滤瓶装置(滤瓶内含一支收集液试管，正好与蔡氏滤器抽滤管相衔接)，再在金属滤器口用纸包扎后灭菌。在抽滤瓶的抽气接口端塞上过滤棉絮后用纸包扎好，并另外备好收集管的棉塞后一起灭菌待用。

(3)灭菌。将上述装置与材料灭菌(121℃,20 min)。

二、过滤装置预检测

(1)抽滤装置安装。过滤前应先将过滤器和收集滤液的试管按图 2-13 所示连接,防止因各接头部位的渗漏而影响抽滤效率或导致收集样品液的污染。

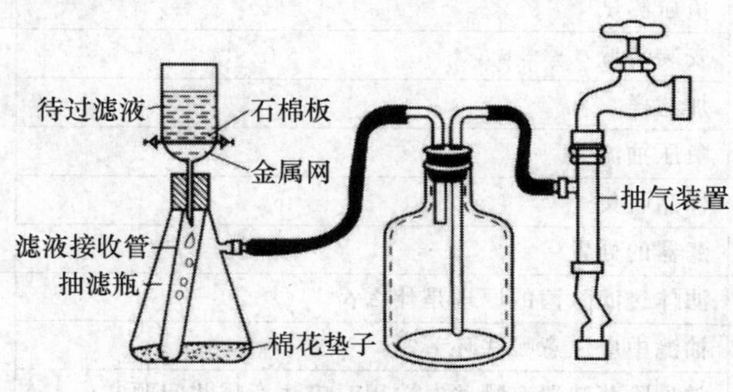

图 2-13 过滤除菌负压抽滤装置

(2)装上安全瓶。可在水流负压泵与抽滤装置间安装上一只安全瓶,用于抽滤中的缓冲。

(3)负压测试。为加快过滤速度,一般用负压抽气过滤,即在自来水龙头上装一玻璃或金属的抽气负压装置,利用自来水流造成负压,加快蔡氏滤器过滤除菌时的滤液流速。随时检查过滤装置各连接处是否漏气,以防污染。

三、溶液的除菌

(1)安装滤器。移去蔡氏滤器口的包装纸等,立即拧紧其上的 3 只螺旋,严防漏气。

(2)连接装置。解开抽滤瓶抽气口的包扎纸,与安全瓶胶管紧密连接,将安全瓶与负压抽气泵连接,注意两者间的密封性能。

(3)加入滤样。向蔡氏滤器的金属圆筒内倒入待除菌的尿素溶液,随后打开水龙头减压抽滤。

(4)负压抽滤。样品抽滤完毕,先将抽滤瓶与安全瓶间的连接脱开,然后关闭水龙头(否则易导致水倒流入安全瓶)。

(5)取样品收集管。旋松与打开抽滤器的软木瓶塞,在火焰旁以无菌操作取出收集无菌尿素液的试管,迅速塞上备用的无菌塞子。

(6)拆洗滤器。打开蔡氏细菌滤器螺旋,弃去用过的石棉滤板或滤膜,将滤器洗刷干净后晾干。

(7)包装灭菌。待换上新的石棉滤板或滤膜,重新组装、包扎和灭菌后备用。

四、任务考核指标

过滤除菌技能的考核见表 2-6。

表 2-6 过滤除菌技能考核

考核内容	考核指标	分值
准备工作	蔡氏滤器的清洗	15
	组装与包扎	
	灭菌	
过滤装置预检测	安装	10
	负压测试	
过滤除菌	安装装置	60
	加滤样	
	负压抽滤	
	样品收集	
	滤器的处置	
简答题	滤体过滤除菌的原理是什么?	15
	抽滤中应注意哪些环节?	
	常见除菌装置有哪些?选用时应注意哪些问题?	
合计		100

任务四 杀菌技术

任务目标

了解高压蒸汽灭菌的原理、使用范围和注意事项。熟悉高压灭菌器的构造,掌握高压蒸汽灭菌技术。

相关知识

自然状态下的物品、土壤、空气及水中都含有各种微生物。在食品微生物研究及利用过程中,不能有杂菌污染,需要对所用的物品、培养基及环境等进行严格处理,以消除有害微生物的干扰。

控制有害微生物,需了解下列基本概念。

1. 商业灭菌

商业灭菌又称商业无菌,是指食品经过适度的热杀菌以后,不含有致病微生物,也不含有在通常温度下能在商品中繁殖的非致病微生物,此种状态称作商业无菌。

在食品工业中,常用"杀菌"这个名词,它包括消毒和商业灭菌,如牛奶的杀菌是指巴氏灭菌,罐藏食品的杀菌是指商业灭菌。

2. 防腐

防腐是采用某种理化因素或生物因素防止或抑制微生物生长繁殖的一种措施。防腐手段很多,例如低温、高温、干燥、隔氧(充 N_2)、高渗(盐腌或糖渍)、高酸、辐射等方法都是食品保藏的主要方式,而添加防腐剂也是常用的食品防腐措施。能抑制和阻止微生物生长繁殖的化学药物称为防腐剂。

3. 抑制

抑制是在亚致死剂量因子作用下导致微生物生长停止，但在移去这种因子后其生长仍可以恢复的生物学现象。

4. 无菌

无菌是指没有活菌的意思。无菌操作是防止微生物进入机体或其他物品中的操作技术。微生物实验和发酵生产的发酵剂制备都要严格进行无菌操作；食品的包装和检验等要求在无菌条件下进行，防止微生物再污染。

目前，食品工业中采用的消毒与灭菌技术主要包括各种冷杀菌技术、高温杀菌及化学杀菌技术等。

一、常用的冷杀菌技术

近年来，为了更大限度地保持食品本身的固有品质，一些新型的灭菌技术——冷杀菌技术（如超高压杀菌、超高压脉冲电场杀菌、脉冲强光杀菌、放射线杀菌等）受到了国内外食品行业的极大关注，成为21世纪食品工业研究和推广的重要高新技术之一。

冷杀菌技术即低温杀菌技术，是在食品温度不升高或升高程度很低的条件下进行杀菌。与传统的热杀菌比较，冷杀菌可弥补热杀菌的不足，能最大限度地保持食品中功能成分的生理活性、食品原有的色香味及营养成分，是一种安全高效的新型杀菌技术。

1. 超高压杀菌技术

超高压杀菌是将食品物料以某种方式包装以后，放入液体介质（通常是食用甘油与水的乳液）中，在100～1 000 MPa压力下作用一段时间后，使之达到灭菌要求。其基本原理是利用压力对微生物的致死作用，主要是通过破坏其细胞壁、使蛋白质凝固、抑制酶的活性和DNA等遗传物质的复制等来实现灭菌。

采用超高压技术，在400～600 MPa的压力下，能杀死食品中几乎所有的细菌、霉菌和酵母菌。这种经超高压处理过的食品避免了一般高温杀菌带来的不良变化，口感好，色泽天然，安全性高，保质期长。但该技术不能连续生产，只能分批运用。超高压杀菌可能引起果蔬在极限压力下变形或状态明显改变，因此主要用于没有固定形状的果蔬制品。

2. 超高压脉冲电场杀菌技术

超高压脉冲电场杀菌是采用高压脉冲器产生的脉冲电场进行杀菌的方法。其基本过程是用瞬时高压处理放置在两极间的低温冷却食品。其机理基于细胞膜穿孔效应、电磁机制模型、电解产物效应、臭氧效应等。

超高压脉冲电场杀菌可保持食品的新鲜及其风味，营养损失少。但因其杀菌系统造价高，制约了它在食品工业上的应用，且超高压脉冲电场杀菌在黏性及固体颗粒食品中的应用还有待进一步研究。

3. 脉冲强光杀菌技术

脉冲强光杀菌是采用脉冲的强烈白光闪照方法进行灭菌。在食品工业中可用于延长以透明物料包装的食品的保鲜期。

4. 臭氧杀菌技术

臭氧的氧化力极强，仅次于氟，能迅速分解有害物质，杀菌能力是氯的600～3 000倍，分解后迅速还原成氧气。

超氧水是一种广谱杀菌剂，它能在极短时间内有效地杀灭大肠杆菌、蜡杆菌、痢疾杆菌、伤寒杆菌、流脑双球菌等一般病菌以及流感病毒、肝炎病毒等多种微生物。可杀死和氧化鱼、肉、瓜果蔬菜等食品表面的各种微生物，还有助于延长保鲜期。

5. 紫外线杀菌技术

紫外线是一种短光波，波长范围是10～400 nm，具有较强的杀菌和诱变作用，其中波长为253.7 nm的紫外线杀菌力最强。紫外线主要作用于细胞的DNA，能使相邻的胸腺嘧啶形成二聚体，使DNA链发生断裂或交联，从而导致微生物死亡。同时紫外线还可使O_2发生电离，最终形成具有杀菌作用的臭氧。

微生物对于不同波长的紫外线的敏感性不同，紫外线对不同微生物照射致死量也不同。革兰氏阴性无芽孢杆菌对紫外线最敏感，而杀死革兰氏阳性球菌的紫外线照射量需增大5～10倍。

紫外线穿透力弱，所以比较适用于对空气、水、薄层流体制品及包装容器表面的杀菌。近年，随着强力紫外灯开发，对水杀菌装置也高效化，用253.7 nm紫外线对水照射6 min大肠杆菌去除率为100%，照射12 min，芽孢杆菌一类高抗性细菌杀灭率达100%。

6. 放射线杀菌技术

放射线同位素放出的射线通常有α、β、γ三种，用于食品内部杀菌只有γ射线。γ射线是一种波长极短的电磁波，对物体有较强的穿透力，微生物的细胞质在一定强度γ射线下，其各结构均受影响，从而使菌体细胞产生变异或死亡。微生物细胞内的核酸代谢环节能被放射线抑制，蛋白质因射线照射作用而发生变性，其繁殖机能受到损害。射线照射不会引起温度上升，一般对热抵抗力强的微生物，对放射线的抵抗力也较大。

7. 微波杀菌技术

微波是指频率为300 MHz至300 GHz的电磁波。微波杀菌是让微波与物料直接相互作用，将超高频电磁波转化为热能的过程。微波杀菌是微波热效应和生物效应共同作用的结果。采用微波装置在杀菌温度、杀菌时间、产品品质保持、产品保质期及节能方面都有明显的优势。德国内斯公司研制的微波室系统，加热温度为72～85℃，时间为1～8 min，杀菌效果十分理想，特别适用于已包装的面包、果酱、香肠、糕饼、点心以及贮藏中杀灭虫卵等。微波处理的食品保质期达6个月以上。

目前，我国食品工业中大多采用热杀菌技术，致使产品质量和档次不高，因此要加速我国食品生产技术更新，提高产品档次及国际市场竞争力，就必须采用更为适当的食品杀菌技术。而冷杀菌技术在未来食品工业中将起到重要作用，并将带动整个食品行业的发展。

二、常用的加热灭菌技术

加热是消毒和灭菌方法中应用最广泛、效果较好的方法。由于微生物对高温较敏感，所以可采用高温进行杀菌，又称热力灭菌。高温的致死作用主要是它引起蛋白质、酶、核酸和脂类等生物大分子发生降解或改变其空间结构等，从而将其破坏或凝固变性，使其失去生物学活性，导致微生物细胞死亡。根据热能的来源不同，高温杀菌可分干热灭菌法和湿热灭菌法两类，根据具体情况选择应用。在实践中行之有效的灭菌或消毒的方法主要有以下几种。

(一)干热灭菌

干热灭菌是一种利用火焰或热空气杀死微生物的方法，一般适用于不怕火烧或烘烤的金属制品和玻璃器皿。干热灭菌具有简便易行的优点，但适用范围有限。

1. 灼烧法

灼烧法是将待灭菌物品在酒精灯火焰上灼烧至红热，使所带微生物碳化成灰。这是一种最简便快捷的干热灭菌法。主要用于实验室接种环(针)、玻璃棒、试管或三角瓶口以及某些金属器械的灭菌，也用于发酵罐接种时在接种口周围的环火保护。但仅适用于体积较小的玻璃或金属器皿，如各种金属制的小工具、试管口、玻璃棒等。

二维码 2-5　接种环的灼烧灭菌

2. 烘烤法

在烘箱中利用热空气进行灭菌的方法称为烘烤法。由于空气的传热性能及穿透力不及饱和蒸汽，加之菌体在干热脱水条件下不易被热能杀死，所以烘烤灭菌需要较高的温度和较长的时间。烘烤法适用于体积较大的玻璃、金属器皿及其他耐干燥物品的灭菌，如培养皿、三角瓶、吸管、烧杯及比较大的金属工具。

(二)湿热灭菌

湿热灭菌法就是利用水蒸气的热量将物品灭菌。同样温度下，湿热灭菌比干热灭菌更有效。这是由于一方面水蒸气穿透力强，易于传导热量，使被灭菌的物品外部和深层的温度能在短时间内达到一致；另一方面，蛋白质的含水量与其凝固温度成反比，因此湿热更易破坏蛋白质的氢键结构，从而加速其变性凝固。此外，由于蒸汽在被灭菌的物品表面凝结，释放出潜热，能迅速提高待灭菌物品的温度，缩短灭菌所需的时间。总之，湿热灭菌具有经济和快速等特点，广泛用于培养基和发酵设备等的灭菌。湿热灭菌常用的方法有煮沸灭菌、间歇灭菌、巴氏灭菌和高压蒸汽灭菌等。

1. 煮沸灭菌法

煮沸灭菌法即将物品在水中100℃煮沸15～20 min即可杀死所有微生物的繁殖体(营养体)，但不能杀死芽孢。若要杀死芽孢一般要煮沸1～2 h，或在水中加2%～5%苯酚或1%～2%的碳酸钠。该法适用于饮用水、食品，以及器材、器皿和衣服等小型物品的灭菌。

2. 间歇灭菌法

间歇灭菌法又称丁达尔灭菌法，它是在灭菌器或蒸笼中利用100℃流通蒸汽维持30 min杀死繁殖体，但不能杀死芽孢。故常将第一次杀菌后的物品置于室温或恒温箱内(28～37℃)，待其芽孢萌发形成繁殖体，再重复两次以上杀菌过程，连续灭菌3 d，即可杀死全部微生物和芽孢。此法用于不耐高温的基质，如含糖培养基、牛乳等的灭菌。

3. 巴氏灭菌法

巴氏灭菌法，是指在100℃以下杀死食品中所有病原菌和多数腐败菌的营养体的措施，其目的是杀死其中的病原菌(如牛乳中的结核分枝杆菌、布鲁氏杆菌、沙门氏菌等)，并尽可能减少食品营养成分和风味的损失。根据巴氏灭菌的具体温度和时间可有两种方法：①低温长时灭菌法(LTLT)，即采用63℃、30 min进行间歇灭菌；②高温短时灭菌法(简称HTST)，即采用72℃、15 min间歇灭菌或15～30 s连续灭菌。此法用于不耐高温的食品，如牛乳、酱油、食醋、果汁、啤酒、果酒和蜂蜜等的灭菌。

4. 超高温瞬时灭菌法(UHT)

超高温瞬时灭菌法采用130～150℃，2～3 s进行连续灭菌。此法特点是既可杀死全部微生物包括细菌芽孢，又可最大限度减少营养成分的破坏。UHT广泛用于各种果汁、牛乳、花生乳、酱油等液态食品的灭菌。在实际生产应用中，UHT常常和无菌包装技术联系在一起，使食品保持无菌状态，可以无须冷藏而在常温下长期保存。

5. 连续灭菌法

连续灭菌法又称连续加压蒸汽灭菌法，是指将培养基在发酵罐外利用流动式连续灭菌器，按需要连续不断地加热、保温和冷却，然后送入发酵罐的过程。培养基和发酵罐分别单独灭菌。一般采用135～140℃加热5～15 s，然后在维持罐内继续保温5～8 min。此法既达到了灭菌目的，又减少了营养物质的损失，与加压实罐分批式灭菌法(培养基在发酵罐内一同灭菌，条件为121℃、30 min)相比，减少了升温、加热灭菌和冷却过程所需的时间，提高了发酵罐的利用率，且劳动强度低，适合自动化操作。

6. 高压蒸汽灭菌法

高压蒸汽灭菌法又称常规加压蒸汽灭菌法，可在短时间内杀死全部微生物包括细菌芽孢。一般采用0.1 MPa(121℃)维持15～30 min。罐头工业中要根据食品的种类和杀菌对象、罐装量的多少等决定杀菌方法。实验室条件下该方法常用于培养基、各种缓冲液、玻璃器皿、金属器械和工作服等灭菌。

三、常用的化学控菌技术

化学物质可以作为微生物的营养物质被利用，也可抑制微生物的代谢活动，还可以破坏微生物的细胞结构和各种生命活动，具有杀菌或抑菌作用。

化学表面消毒剂的种类繁多，其作用原理各不相同(表2-7)，包括酸类、碱类、氧化剂、重金属盐类、有机化合物等。选择化学消毒剂的原则：应选择杀菌力强，价格低廉，能长期贮存，无腐蚀作用，对人和其他生物无毒性或刺激性较小的化学物质。

表2-7 常用的表面消毒剂及其应用

类型	名称	浓度	作用原理	杀菌对象	应用范围
酸类	乳酸	0.33～1.0 mol/L	破坏细胞膜和蛋白质	病原菌、病毒	房间熏蒸消毒
	醋酸	5～10 mL/m^3	破坏细胞膜和蛋白质	病原菌	房间熏蒸消毒
碱类	石灰水	1%～3%	破坏细胞结构和酶系统	细菌、芽孢、病毒	粪便或地面
	生石灰乳	5%～10%	破坏细胞结构和酶系统	细菌、芽孢、病毒	粪便或地面
	Na_2CO_3	2%～3%	破坏细胞结构和酶系统	细菌、芽孢、病毒	食品设备用具
	KOH或NaOH	1%～4%	破坏细胞结构和酶系统	细菌、芽孢、病毒	食品设备用具

1. 酸类

强酸(如盐酸、磷酸)通过H^+产生杀菌效应，但因腐蚀性强，不宜作消毒剂；一般有机酸(如乳酸、醋酸等)电离度比无机酸小，但其杀菌作用要比无机酸强。其原因是酸类对微生物的作用，不仅决定于 H^+ 浓度，而且与酸游离的阴离子和未电离的分子本身有关，因而有机酸的杀菌作用取决于整个分子和部分解离的阴离子。食品工业已广泛利用有机酸防腐和消毒，并可增进某些食品的风味，如酸乳发酵、酸渍蔬菜等。乳酸的杀菌作用强于苯甲酸、酒石酸或盐酸。0.6%浓度的乳酸能杀死伤寒沙门氏菌，2.25%浓度能杀死大肠杆菌，7.5%浓度能杀死金黄色葡萄球菌。利用 0.33～1.0 mol/L 乳酸熏蒸或喷雾房间对病毒有杀死作用。醋酸有破坏微生物细胞膜和蛋白质的作用，利用醋酸 5～10 mL/m^3 对房间熏蒸消毒，可防止和控制呼吸道传染。

常用的酸类食品化学防腐剂包括：苯甲酸及其钠盐、山梨酸及其钾盐、丙酸及其钙盐、脱氢醋酸及其钠盐等。

2. 碱类

碱类具有杀菌和去油污作用，其杀菌能力取决于电离后的 OH^- 浓度，浓度越高，杀菌力越强。氢氧化钾的电离度最大，杀菌力最强；氢氧化铵的电离度小，杀菌力也弱。其杀菌机理：OH^- 在室温条件下可水解蛋白质和核酸，使微生物的细胞结构和酶系统受到破坏，同时还可分解菌体中的糖类，引起细胞死亡。G^+ 菌、G^- 菌、芽孢和病毒对碱类敏感。食品工业中常用1%～3%石灰水、5%～10%生石灰乳、2%～3% Na_2CO_3 溶液、1%～4% NaOH 或 KOH 等作为环境、冷库、机械设备与用具等的消毒剂。

3. 氧化剂

氧化剂的杀菌主要是利用氧化作用。氧化剂不稳定，释放游离氧或新生态氧作用于蛋白质结构中的氨基、羧基或酶的活性基团，导致细胞因代谢障碍而死亡。常用的强氧化剂有：高锰酸钾、过氧化氢、氯气、漂白粉、过氧乙酸、二氧化氯、臭氧、碘酒等。

(1)高锰酸钾。能释放游离氧与蛋白质、酶结合，氧化其活性基团而使其失活。0.1%高锰酸钾能杀死除结核杆菌以外的所有细菌的繁殖体，2%～5%的溶液于 24 h 内杀死芽孢。酸性溶液中杀菌力增强，但有机物存在时，高锰酸钾被还原成二氧化锰而杀菌效果降低，故应现用现配制，久置失效。常用 0.1%浓度的高锰酸钾对皮肤、容器、果蔬表面消毒。

(2)过氧化氢。过氧化氢遇有机物分解放出新生态氧，使蛋白质活性基团被氧化而失活，具有杀菌、除臭和清洁作用。3%浓度过氧化氢几分钟就能杀死一般细菌，0.1%浓度在 60 min 内杀死大肠杆菌、伤寒沙门氏菌和金黄色葡萄球菌，1%浓度 60℃下保持 1 min 即可杀死 50%的芽孢。过氧化氢作用不持久，且受有机物的影响，杀菌作用减弱。过氧化氢无毒，常用 3%浓度消毒皮肤伤口，20%以上浓度消毒食品包装材料。

(3)氯气。氯原子侵入细胞，取代蛋白质氨基中的氢而使其发生变性。氯气在水中生成次氯酸，次氯酸再分解产生新生态氧[O]，氧化蛋白质和酶，破坏细胞膜。水中保持 0.2～0.5 mg/L 浓度的氯气对生活饮水、饮料用水和游泳池水具有杀菌作用。

(4)漂白粉，即为次氯酸钙[$Ca(OCl)_2$]，含有效氯 28%～35%。浓度为 0.5%～1.2%时，5 min 内可杀死多数细菌，用于消毒饮用水、果蔬和用具。饮用水中余氯含量达 0.2 mg/L 以上有消毒效果。5%的溶液可在 1 h 内杀死芽孢。用于环境消毒必须加大剂量和提高浓度。

(5)过氧乙酸(CH_3COOOH，PAA)。PAA 是一种高效广谱杀菌剂，能分解产生醋酸、过氧化氢、水和氧，快速杀死细菌、酵母、霉菌和病毒。PAA 适用于各种塑料、玻璃制品、棉布、人造纤维等制品的消毒及食品包装材料如超高温灭菌乳、饮料的利乐包等的灭菌，也适用于水果、蔬菜、禽蛋表面的消毒。0.2%的PPA消毒皮肤,0.3%~0.5%用于消毒餐具和注射器。PAA虽有强杀菌力,且几乎无毒,但因有较强腐蚀性和刺激性而使用受到局限。

(6)二氧化氯。ClO_2溶液为氯气和漂白粉的换代产品,对细菌(含芽孢杆菌)、霉菌、病毒、藻类都有迅速、彻底的杀灭作用。其杀菌机理:氧化蛋白质和酶的活性基团,破坏细胞膜和酶的结构。ClO_2消毒后的器具无须清洗即可使用。其消毒效果在pH 6.0~10.0时较强,且具有持续效果长、用量省、对设备腐蚀性小等特点。目前我国常以2%浓度的ClO_2广泛用于生活用水及食品加工设备、管道和用具的消毒。

(7)碘酒。碘与蛋白质中的酪氨酸发生卤化反应和氧化反应而使酶蛋白失活。2.5%的碘溶解于70%~75%酒精中配成碘酊,即成为皮肤、小伤口和医用器械的有效消毒剂。1%的碘酒或1%的碘甘油液可杀死一般细菌、真菌和病毒。

4.有机化合物

常用的杀菌剂有醇类、酚类和醛类等能使蛋白质变性的有机化合物。

(1)醇类。乙醇杀菌机理:①脱水剂。乙醇侵入菌体细胞,解脱蛋白质表面的水膜,使其失去活性,引起细胞代谢障碍。②蛋白质变性剂。乙醇能破坏蛋白质肽键而使其变性。③脂溶剂。溶解细胞膜脂类而破坏细胞膜。无水乙醇杀菌能力低,其原因是高浓度乙醇接触菌体后迅速脱水,引起菌体表面蛋白质凝固而形成保护膜,阻止乙醇分子继续渗入。将无水乙醇稀释至70%~75%有较强杀菌作用。如果在70%乙醇中加入1%硫酸或氢氧化钠,可以增强其杀菌效果。70%的乙醇常用于皮肤、医疗器械、玻璃棒、载玻片的消毒。

(2)酚类及其衍生物。其杀菌作用是使蛋白质变性,破坏细胞膜的通透性,使细胞内含物溢出导致细菌死亡。2%~5%的酚溶液能在短时间内杀死细菌繁殖体,杀死芽孢需更长时间。病毒和真菌孢子对酚有抵抗力。3%~5%的酚溶液可用于消毒地面、家具和器皿。媒酚皂(甲酚皂溶液)是肥皂乳化的甲酚,杀菌效力比酚大4倍,常用2%的甲酚皂溶液消毒皮肤,5%的甲酚皂溶液用于消毒医疗器械和地面,适用于医院的环境消毒,不适于食品加工场所和用具的消毒。

(3)醛类。甲醛气体溶于水成甲醛溶液,又称福尔马林。37%~40%的甲醛溶液对细菌和真菌都有杀菌效力。其杀菌机理:甲醛破坏蛋白质的氢键,并与菌体蛋白质的氨基结合,引起蛋白质变性而致死。0.1%~0.2%的甲醛溶液能杀死细菌的繁殖体,5%浓度则能杀死芽孢。一般用10%甲醛溶液熏蒸无菌室、接种箱空间和物体表面消毒。熏蒸的要求是:甲醛6 g/m^{3}熏蒸8~12 h,可以采用加热或加入高锰酸钾的方法促进甲醛蒸发。甲醛对人体有害,且有较强的刺激性,不适宜对食品生产场所的消毒。

5.表面活性剂

表面活性剂又称去污剂或清洁剂。具有降低液体表面张力效应的物质称为表面活性剂。根据清洁剂(表面活性剂)的解离特性,可将之分成3大类:①阴离子型表面活性剂,包括肥皂、十二烷基磺酸钠、十二烷基硫酸钠等,其亲水部分在水中电离产生阴离子残基。②阳离子型表面活性剂,如季铵盐类化合物,在水中电离产生阳离子残基。③非离子型表面活性剂,由脂肪酸、脂肪醇或羟基酚类化合物的极性末端与乙烯的氧化产物聚合而成,在水中不电离,主要作为乳化剂。

肥皂的杀菌作用很弱,主要用作清洁剂,它使物质表面的油脂乳化,形成无数小滴,靠机械作用在除去物体表面污物的同时,除去表面微生物。

新洁尔灭、度米芬、清毒净等为季铵盐类化合物，杀菌谱广，能杀死 G^+ 菌、G^- 菌、真菌的营养细胞和病毒，但对芽孢杆菌仅有抑制作用，其水溶液不能杀死结核杆菌、绿脓假单胞菌。其杀菌机理：化合物的正电荷与菌体表面负电荷结合，破坏细胞膜结构，改变细胞膜的通透性，促使细胞内含物外溢，抑制酶活性，并引起菌体蛋白变性。杀菌作用易被有机物和阴离子表面活性剂（如肥皂）降低。

新洁尔灭兼有杀菌和清洁作用，因具有低毒、无刺激、无腐蚀、可溶、性能稳定等特性而被广泛使用，可用于皮肤消毒以及食品工厂的设备消毒。常将5%的新洁尔灭原液稀释使用，以0.05%浓度用于创面消毒，0.1%浓度用于皮肤和手术器械等的消毒。对设备消毒通常要求新洁尔灭浓度为150～250 mg/L，温度可大于40℃，消毒时间大于2 min。

6. 重金属盐类

重金属盐类对微生物都有毒害作用。其杀菌机理：重金属离子容易与微生物细胞蛋白质结合而使其发生变性或沉淀，并能与酶的—SH结合而使酶失活，影响其正常代谢。汞、银、铜等盐类有很强的杀菌作用。微生物浸在0.1%～0.5%的金属盐溶液中，几分钟即死亡。实验室中常用0.1%氧化汞溶液进行物体表面和非金属器皿的消毒。由于其对金属有腐蚀作用，对人及动物有剧毒，因此在使用上受到限制。常用含汞的有机化合物如硫柳汞、米他酚等代替氧化汞，这些物质也可杀死多数细菌且毒性低，常用于皮肤、手术部位的消毒和生物制品如血清和疫苗的防腐保存。重金属盐类对人体有毒害作用，因此重金属盐类严禁用于食品加工中的防腐或消毒。

思政园地

规范生产，严格消毒，增强社会责任感

1985年，当时加利福尼亚州很多孕妇与婴儿在食用Jalisco公司生产的“墨西哥风味软奶酪”产品后出现了很严重发热、肺炎、腹泻等症状。事故最终造成142个病例，其中52人死亡，成为美国历史上死亡人数最多的食品安全事故。经调查，事故发生的原因是刚从奶牛身上挤出来的生牛奶没有经过规范灭菌处理就直接使用，导致单增李斯特菌污染。由此可见，食品消毒（杀菌）技术的选择和规范操作对食品安全有着非常重要的意义。

实验2-4　高压灭菌锅的使用

任务准备

1. 材料

锥形瓶或试管装牛肉膏-蛋白胨培养基。

2. 仪器

手提式高压蒸汽灭菌器，立式高压蒸汽灭菌器，电热恒温培养箱。

任务实施

一、安排学生课前预习

学生通过查阅资料和观看图片等完成预习报告。预习报告内容包括:(1)实验目的。(2)实验原理。(3)实验步骤。(4)思考题:①手提式高压蒸汽灭菌锅的基本构造。②怎样使手提式高压蒸汽灭菌锅的温度保持在121℃?③灭菌完成后,什么时候可以打开灭菌锅?

二、检查学生预习情况

小组讨论,根据预习内容用集体的智慧确定实验步骤。

三、知识储备

1. 基本原理

二维码 2-6　高压蒸汽灭菌的原理

高压蒸汽灭菌技术属于湿热灭菌。所谓湿热灭菌是利用饱和蒸汽灭菌,湿热蒸汽比干热空气穿透力大,易使菌体蛋白质、核酸发生变性而杀灭微生物。高压蒸汽灭菌法适用于各种耐热、耐湿物品的灭菌,如生理盐水、玻璃器皿、金属器械、辅料、工作服、培养基传染性污染物等。高压蒸汽灭菌是在密闭的高压蒸锅中进行的。通过加热,使灭菌锅夹层的水沸腾而产生蒸汽。待蒸汽将锅类的冷空气从排气阀中排尽后,关闭排气阀,继续加热,此时由于蒸汽不能溢出,从而增加了灭菌锅内的压力,使沸点增高,得到高于100℃的温度,当连续加热产生蒸汽时,随着蒸汽压力加大,温度也逐渐上升。当锅内蒸汽达到平衡时,其中产生的蒸汽为饱和蒸汽。饱和蒸汽含热量高,穿透力强,导致菌体蛋白质凝固变性,能迅速杀死细菌和芽孢。高压蒸汽灭菌法通常采用121℃持续15～30 min或115℃持续40 min。

2. 高压蒸汽灭菌器的基本构造

高压蒸汽灭菌器有卧式、手提式及立式等不同类型(图2-14),但其基本构造大致相同。

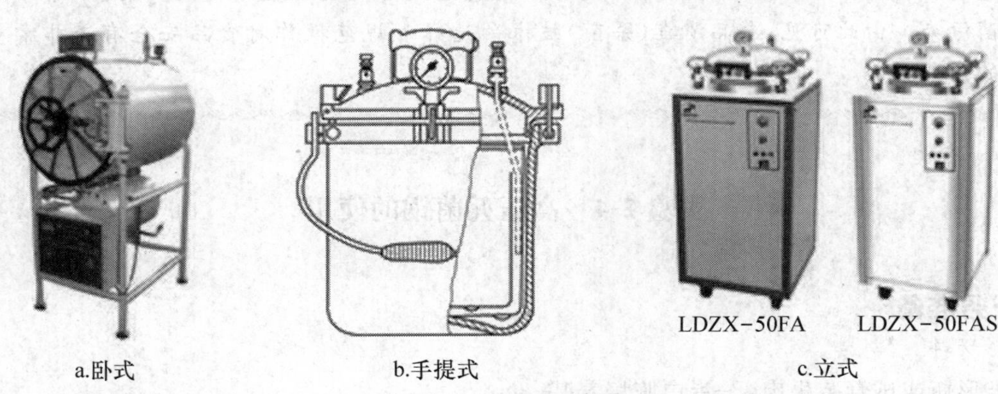

图 2-14　高压蒸汽灭菌器

(1)外锅。供装水发生蒸汽之用,有的灭菌器外锅装有水位玻管用以判断装水量。

(2)内锅。也称为灭菌室,是放置灭菌物品的空间。

(3)压力表。压力表上一般有两种单位：压力单位（kg/cm^2、kPa 或 MPa）以及温度单位(℃)。

(4)温度计。使用温度计或温度表。

(5)排气阀。用于排除冷空气，保证灭菌压力。

(6)安全阀。利用可调节的弹簧控制活塞，超过额定压力时即可自行放气减压。

3. 注意事项

(1)高压蒸汽灭菌器使用前必须检查水量，以防灭菌锅烧干而引发安全事故。

(2)灭菌过程中，必须完全排尽锅内冷空气，否则会影响灭菌效果。

(3)灭菌结束后，一定要压力降到"0"时，才能打开排气阀，开盖取物。否则就会因锅内压力突然下降，使容器内培养基冲出分装容器，造成棉塞沾染培养基而发生污染，或烫伤操作者。

四、学生实验

(一)高压锅的使用步骤

1. 加水

手提式灭菌器须先将内锅取出，向外锅内加入适量的水，使水面与三角搁架相平。立式灭菌器一般都有水位玻管，将水加至上、下水位线之间。

二维码 2-7　高压灭菌锅的故障处理

2. 装锅

放回内锅，将待灭菌的培养基或其他物品疏松摆放其内，盖上锅盖，对角线式拧紧锅盖上的螺旋。

3. 加热排气

用电源或其他热源加热。打开排气阀，待大量热蒸汽冒出约 2 min，完全排净冷空气后再将其关闭。

4. 升压

排气后关闭排气阀，使灭菌器内处于密闭状态。随着热蒸汽的不断增多，锅内蒸汽压也随之加大，温度逐渐上升，直至压力达到所需压力。升压要缓而稳，不能忽快忽慢甚至降压。

5. 保压

待压力升至所需的压力时，调节热源维持恒压直至所需灭菌时间。一般培养基需在 103 kPa(121℃)压力下，维持 30 min 左右。可以通过拔插插头的方法维持温度在 121℃，当温度高于 121℃低于 122℃时，拔下插头；当温度降到 121℃时，插上插头；也可准备一个插排，直接通过按动插排的开关来控制温度。不同物品应采用不同的压力和时间。

6. 降压

完成灭菌后关闭热源，压力徐徐下降，一定要待压力自然下降至"0"时才能打开排气阀和锅盖，取出灭菌物品。

7. 灭菌效果检查

将取出的灭菌培养基放入 37℃恒温培养箱内培养 24 h，经检查若无杂菌生长，即可待用。

五、任务考核指标

高压灭菌锅的使用技能考核内容和指标见表2-8。

表2-8 高压灭菌锅的使用技能考核表

考核内容	考核指标	分值
高压灭菌	加水量	10
	物品装锅	10
	加盖	10
	接通电源	10
	排气	10
	保温控制及保温时间	20
	出锅条件	20
	高压灭菌锅保养	10
合计		100

拓展知识

巴氏灭菌法的产生

巴斯德是19世纪法国一位杰出的科学家，微生物学的奠基人。巴氏灭菌法的产生来源于巴斯德解决啤酒变酸问题的努力。当时，法国酿酒业面临着一个令人头疼的问题，那就是啤酒在酿出后会变酸，根本无法饮用，而且这种变酸现象还时常发生。巴斯德受人邀请去研究这个问题。经过长时间的观察，他发现啤酒变酸的罪魁祸首是乳酸杆菌。营养丰富的啤酒简直就是乳酸杆菌生长的天堂。采取简单的煮沸的方法是可以杀死乳酸杆菌的，但是，这样一来啤酒也就被煮坏了。

巴斯德尝试使用不同的温度来杀死乳酸杆菌，而又不会破坏啤酒本身。最后，巴斯德的研究结果是：以50～60℃的温度加热啤酒半小时，就可以杀死啤酒里的乳酸杆菌和芽孢，而不必煮沸。这一方法挽救了法国的酿酒业。

巴氏灭菌法是一种湿热灭菌法。通常，我们有两种做法，一是在61.7～62.8℃下加热30 min(低温长时间处理)，二是在71.6℃或更高温度下加热15 min(高温短时间处理)。如果加压，一般效果会更好。通常，我们喝的袋装牛奶就是采用巴氏灭菌法生产的。工厂采来鲜牛奶，先进行低温处理，然后用巴氏灭菌法进行灭菌。用这种方法生产的袋装牛奶通常可以保存较长时间。当然，具体的处理过程和工艺要复杂得多，不过总体原则就是这样。需要指出的是，喝新鲜牛奶(指刚刚挤出的牛奶)反而是不安全的，因为它可能包含对人身体有害的细菌。此外，巴氏灭菌法也不是万能的，经过巴氏灭菌法处理的牛奶仍然要储存在较低的温度下(一般<4℃)，否则还是有变质的可能性。随着科学技术的进步，人们还使用超高温灭菌法(高于100℃，但是加热时间很短，对营养成分破坏小)对牛奶进行处理。经过这样处理的牛奶的保质期更长，纸盒包装的牛奶大多是采用这种方法。

练习题

一、选择题

1. 用作消毒剂的乙醇，常用的浓度为(　　)。

A. 100%　　B. 95%　　C. 75%　　D. 50%

2. 下列哪一项是干热灭菌的灭菌条件(　　)。

A. 130～140℃，2 h　　B. 160～170℃，2 h 以上

C. 170～180℃，1 h 以上　　D. 250℃，45 min

3. 下列哪一项是高压蒸汽灭菌的灭菌条件(　　)。

A. 121℃，30 min　　B. 160℃，10 min

C. 100℃，20 min　　D. 110℃，20 min

4. 动物免疫血清的除菌宜采用(　　)。

A. 高压蒸汽灭菌　　B. 干烤　　C. 过滤除菌　　D. 紫外线

二、填空题

1. 普通的琼脂培养基消毒灭菌可采用____________方法。

2. 紫外线杀菌机理是干扰细菌的__________合成。

三、问答题

1. 什么是灭菌、消毒、无菌和防腐？

2. 常用的灭菌与消毒的方法有哪些？

3. 高压蒸汽灭菌过程中，应该注意哪些问题？

二维码 2-8

项目二练习题参考答案

四、实验练习

用废报纸练习包扎培养皿、试管、移液管。

项目三

食品微生物应用技术

本项目学习目标

二维码 3-1

项目一　课程 PPT

[知识目标]

1. 熟悉微生物的营养类型、摄取营养方式、微生物的生长规律。

2. 理解培养基配制的原则、菌种的保藏原理及菌种的退化与复壮。

3. 掌握菌种分离、纯化、接种、保藏的方法。

[技能目标]

1. 能熟练掌握常规培养基的配制、无菌接种等技术。

2. 能够进行细菌的分离纯化和常用菌种的保藏。

[素质目标]

1. 在学习和实践的过程中,培养学生较强的无菌操作、规范操作与安全操作的良好意识与习惯。

2. 恪守职业道德,培养学生的辩证思维能力,充分发挥食品微生物对人类有利的一面,激发学生的学习兴趣和为人类造福的科学使命感。

3. 融入团队合作和团队互助的意识,培养学生科学严谨、爱岗敬业、勤学好问、善于思考的精神及创新思维和发展能力。

项目概述

微生物从周围环境中吸收各种营养物质，以满足合成细胞、提供能量和调节代谢的需要。培养基作为微生物的“食物”对微生物生长至关重要。若微生物长期生长在不适宜条件下，易发生退化，需要进行复壮提纯，因此要对菌种进行分离、纯化、保藏以满足试验、科研和生产所需。

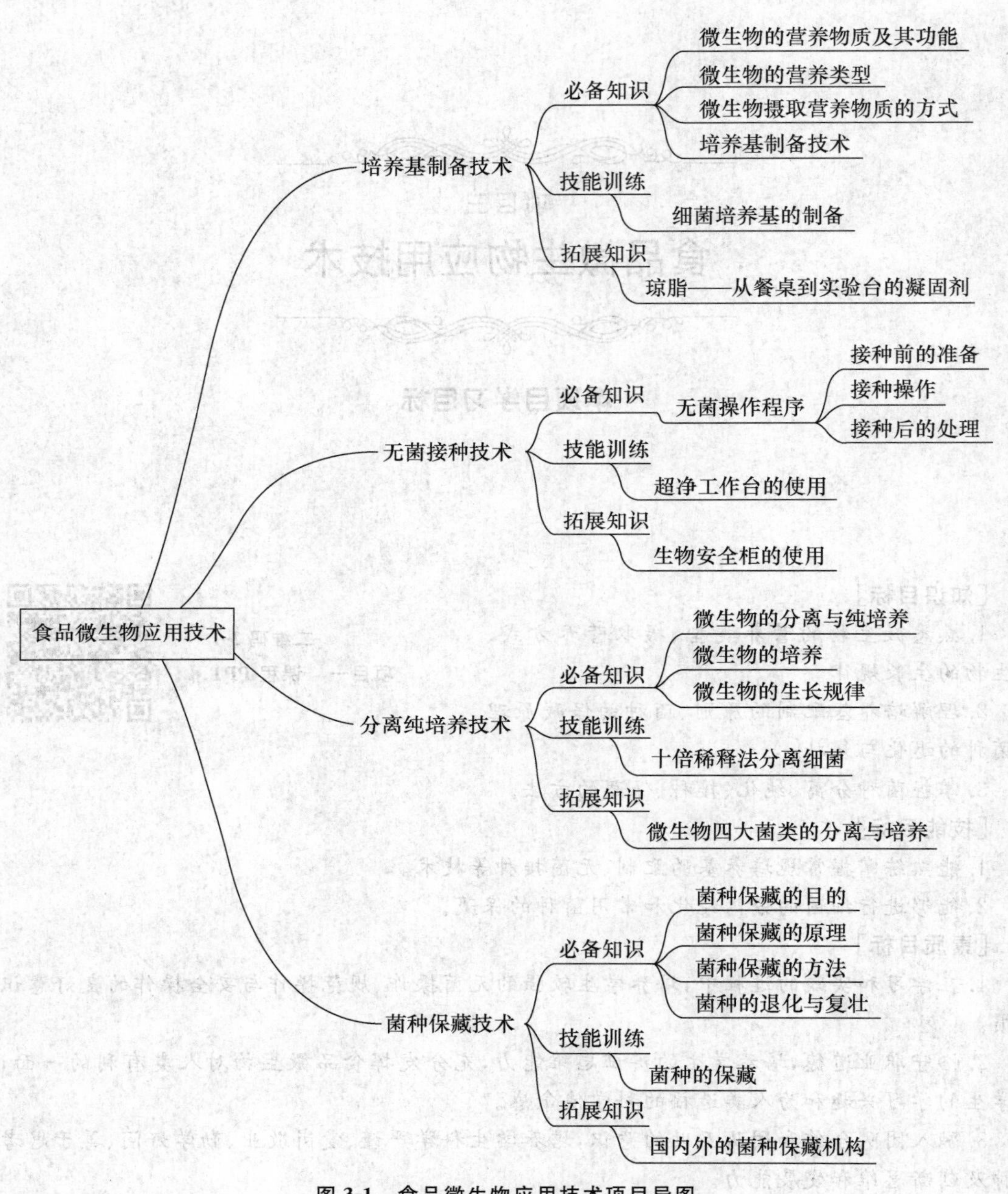

图 3-1 食品微生物应用技术项目导图

任务一　培养基制备技术

任务目标

熟悉微生物的营养类型和微生物摄取营养的方式，理解培养基配制的原则，明确培养基的类型及用途，能够制备斜面和平板培养基。

相关知识

培养基是人工配成的适合不同微生物生长繁殖或积累代谢产物需要的营养基质。它作为微生物的"食物"对微生物起着至关重要的作用，是对微生物进行研究与应用的基础，所以培养基的配制技术是食品微生物学中必须掌握的一项基本技术。要配成比较理想的培养基，首先应该明确微生物所需的各种营养及其功能，其次应根据微生物的营养类型、培养目的以及配制培养基的原则，选择价格便宜、来源广泛的材料配制培养基，以满足科研与生产所需。

一、微生物的营养物质及其功能

微生物对营养物质的需要有六大类，即水分、碳源、氮源、能源、生长因子（生长因素）和无机盐。

（一）水分

微生物细胞含水量占细胞鲜重的70%～90%。其中一部分为结合水，不易结冰和蒸发，是细胞物质的组成部分；另一部分为自由水，呈游离状态，是微生物吸收、转化营养物质和排出代谢物的介质和基本溶剂；是维持细胞膨压的必要条件；是调节细胞温度的热导体；此外还是氢、氧两种元素的供体。微生物细胞内自由水与结合水的比例大约为4∶1，若水分不足，将会影响整个机体的代谢。因此，微生物适宜在潮湿环境或水中生长，培养微生物时应供给足够的水分，而保藏某些食品和物品时则用干燥法抑制微生物的生命活动。

（二）碳源

能给微生物细胞生长或代谢提供碳元素的营养物质统称为碳源。碳元素既是构成微生物细胞成分的主要元素，又是物质分解和贮藏的重要原料，还是大多数微生物代谢所需的能量来源。

微生物能利用的碳源种类很多，从空气中的CO_2（无机碳源）到天然有机含碳化合物（有机碳源）均能被利用（表3-1）。微生物根据利用碳源的类型分为自养型微生物和异养型微生物。自养型微生物能以CO_2作为主要碳源或唯一碳源，合成碳水化合物，进而转化为复杂的多糖、类脂、蛋白质和核酸等细胞物质。异养型微生物以有机碳化合物为碳源，其中糖类（单糖、寡糖和多糖）是利用最广泛的碳源，一般微生物都能利用糖类作为碳源和能源，但同种微生物对不同糖类物质的利用存在差异，如大肠杆菌在葡萄糖和乳糖或半乳糖同时存在的培养基中生长时，先利用葡萄糖，后利用乳糖或半乳糖。

表 3-1 微生物的碳源

种类	碳源物质	备注
糖类	葡萄糖、果糖、麦芽糖、蔗糖、淀粉、半乳糖、乳糖、甘露糖、纤维二糖、纤维素、半纤维素、甲壳素、木质素等	单糖优于双糖，己糖优于戊糖，淀粉优于纤维素，纯多糖优于杂多糖
有机酸	乳酸、柠檬酸、延胡索酸、低级脂肪酸、高级脂肪酸、氨基酸等	较难进入细胞，进入后会导致细胞内 pH 下降。当环境中缺乏碳源物质时，氨基酸可被微生物作为碳源利用
醇类	乙醇	在低浓度条件下被某些酵母菌和醋酸菌利用
脂类	脂肪、磷脂	主要利用脂肪，在特定条件下将磷脂分解为甘油和脂肪酸而加以利用
烃类	天然气、石油、石油馏分、液状石蜡等	微生物细胞表面有一种特殊吸收系统，可将难溶的烃充分乳化后吸收利用
CO_2	CO_2	自养微生物所利用
碳酸盐	$NaHCO_3$、$CaCO_3$ 等	自养微生物所利用
其他	芳香族化合物、氰化物、蛋白质、核酸等	当环境中缺乏碳源物质时，可被微生物作为碳源而降解利用(对环保有重要作用)

(三)氮源

能给微生物生长繁殖提供所需氮元素的营养物质称为氮源。氮元素是核酸和蛋白质的重要组成元素，含量仅次于碳和氧。

微生物能利用的氮源种类相当广泛，从 N_2、无机氮化合物到复杂的有机氮化合物均能被利用，但不同微生物能利用的氮源有差异(表 3-2)。有些氮源不仅提供氮素还能提供能源，如 NH_3、硝酸盐等在氧化过程中放出能量。同一微生物对不同的氮源利用有一定差异。

表 3-2 微生物的氮源

种类	氮源物质	备注
蛋白质类	蛋白质及其不同程度降解产物(胨、肽、氨基酸等)	大分子蛋白质难进入细胞，一些真菌和少数细菌能分泌胞外蛋白酶，将大分子蛋白质降解利用，而多数细菌只能利用相对分子量较小的降解产物。牛肉膏、酵母膏、蛋白胨常用作实验室氮源，豆饼粉、花生饼粉、鱼粉、蚕蛹粉、玉米浆、麸皮等常用作发酵工业生产氮源
氨及铵盐	NH_3、$(NH_4)_2SO_4$ 等	容易被微生物吸收利用，是实验室常用氮源
硝酸盐	KNO_3 等	容易被微生物吸收利用，是实验室常用氮源
分子氮	N_2	固氮微生物可利用，但当环境中有化合态氮源时，固氮微生物就失去固氮能力
其他	嘌呤、嘧啶、脲、胺、酰胺、氰化物	大肠杆菌不能以嘧啶作为唯一氮源，在氮限量的葡萄糖培养基上生长时，可通过诱导作用先合成分解嘧啶的酶，然后再分解并利用。嘧啶可不同程度地被微生物作为氮源加以利用

(四)能源

能源是能给微生物的生命活动提供最初能量来源的营养物或辐射能。

异养微生物的能源就是碳源。化能自养型微生物的能源是还原态的无机物，如 NH_4^+、

NO_2^-、S、H_2S、H_2、Fe^{2+}等，能氧化利用这些物质的主要是一些原核微生物，如亚硝酸细菌、硝酸细菌、硫化细菌、硫细菌、氢细菌和铁细菌等。光能营养型微生物的能源是辐射能。

(五)无机盐

无机盐能为微生物生长提供除碳源、氮源以外的各种必需矿物元素，是微生物生长必不可少的一类营养物质。它们在机体中的主要生理功能是作为酶活性中心的组成部分、维持生物大分子和细胞结构的稳定性、调节并维持细胞渗透压的平衡、调节细胞氢离子浓度和氧化还原电位等，此外还能作为某些微生物生长的能源物质。无机盐及其生理功能如表 3-3 所列。

微生物生长所需的磷、硫、钾、钠、钙、镁、铁等元素的浓度一般为 10^{-4}～10^{-3} mol/L(培养基中含量)，称为大量元素。微生物的生长所需的钴、锌、钼、铜、锰、镍、硒等元素的浓度较低，一般为 10^{-8}～10^{-6} mol/L(培养基中含量)，称为微量元素，微量元素缺乏会导致微生物细胞生理活性降低甚至停止生长，微量元素含量超标则会有抑制或毒害微生物的作用。

表 3-3　无机盐及其生理功能

元素	供给形式	生理功能
磷	KH_2PO_4、K_2HPO_4	核酸、核蛋白、磷脂、辅酶及 ATP 等高能分子的成分，作为缓冲系统调节培养基 pH
硫	$(NH_4)_2SO_4$、$MgSO_4$	含硫氨基酸(胱氨酸、半胱氨酸、甲硫氨酸)、维生素的成分，谷胱甘肽可调节胞内氧化还原电位
镁	$MgSO_4$	己糖磷酸化酶、异柠檬酸脱氢酶、核酸聚合酶等活性中心组分，叶绿素和细菌叶绿素成分，有稳定核糖体、细胞膜的作用
钙	$CaCl_2$、$Ca(NO_3)_2$	某些酶的辅因子，维持酶(如蛋白酶)的稳定性，芽孢和某些孢子形成所需，建立细菌感受态所需
钠	NaCl	细胞运输系统组分，维持细胞渗透压，维持某些酶的稳定性，某些酶的辅因子，维持细胞渗透压，调控细胞膜透性，参与细胞内物质运输系统的组成
钾	KH_2PO_4、K_2HPO_4	某些嗜盐细菌核糖体的稳定因子
铁	$FeSO_4$	细胞色素及某些酶的组分，某些铁细菌的能源物质，合成叶绿素、白喉毒素所需

(六)生长因子

生长因子又称生长因素，是一类微生物生长所必需且需要量很小，但自身又不能合成或合成量不足以满足机体生长所需要的有机化合物。通常主要包括维生素、氨基酸和各种碱基(嘧啶或嘌呤)三大类。不同微生物所需生长因子的量与种类各不相同。生长因子不提供能量，多为酶的组成成分，与微生物代谢有密切关系。

少数微生物能过量地合成和分泌某些维生素等生长因子，因此可用作生长因子的生产菌。如可用谢氏丙酸杆菌、甲烷菌等生产维生素 B_{12} 等。

二、微生物的营养类型

依据微生物获取能源、碳源、氢或电子供体方式的不同将微生物分为 4 种营养类型：光能自养型、光能异养型、化能自养型和化能异养型(表 3-4)。

表 3-4 微生物的营养类型

营养类型	能源	供氢体	基本碳源	实例
光能自养型	光	无机物	CO_2	蓝细菌、紫硫细菌、绿硫细菌、藻类
光能异养型	光	有机物	CO_2、简单有机物	红螺菌科的细菌
化能自养型	无机物	无机物	CO_2	硝化细菌、硫化细菌、铁细菌、氢细菌等
化能异养型	有机物	有机物	有机物	绝大多数细菌和所有真核微生物

注：表中无机物指 NH_4^+、NO_2^-、S、H_2S、H_2、Fe^{2+} 等。

（一）光能自养型

光能自养型微生物含有色素，能利用光能作为能源进行光合作用，以 CO_2 为唯一或主要碳源，以水或还原态无机物（H_2S、$Na_2S_2O_3$ 等）为供氢体合成自身所需细胞物质。光能自养型微生物的光合作用分为产氧光合作用和不产氧光合作用两种类型。

1. 产氧光合作用

藻类和蓝细菌细胞内含有叶绿素，能与高等植物一样利用光能分解水产生氧气并还原 CO_2 为有机碳化物，其反应通式为：

$$H_2O + CO_2 \xrightarrow[\text{叶绿体}]{\text{光能}} (CH_2O) + O_2 \uparrow$$

2. 不产氧光合作用

光合细菌（绿硫细菌、紫硫细菌）与蓝细菌不同，光合细菌吸收光能，以 H_2S 和硫酸盐为供氢体，同化 CO_2，产生 S 元素。代表性反应为：

$$H_2S + CO_2 \xrightarrow[\text{光合色素}]{\text{光能}} (CH_2O) + H_2O + 2S$$

（二）光能异养型

凡能利用光能、以简单有机物（有机酸、醇等）为碳源和供氢体同化 CO_2 的微生物称为光能异养型微生物。

$$2(CH_3)_2CHOH + CO_2 \xrightarrow[\text{光合色素}]{\text{光能}} 2CH_3COCH_3 + (CH_2O) + H_2O$$

光能异养型微生物虽然能利用 CO_2，但必须在有机物存在的条件下才能生长，人工培养时还需提供生长因子。目前已用这类微生物（红螺菌）来处理高浓度有机废水以净化环境。

（三）化能自养型

以无机化合物氧化时释放的能量为能源，以 CO_2 或碳酸盐为碳源，合成细胞物质的微生物叫化能自养型微生物。由于无机物氧化产生能量有限，因此，这类微生物一般生长迟缓。这类细菌包括硫化细菌、硝化细菌、氢细菌和铁细菌等。如氧化亚铁硫杆菌可把 FeO 氧化成 Fe^{3+}，并放出能量：

$$Fe^{2+} \longrightarrow Fe^{3+} + e + Q$$

（四）化能异养型

以有机物为碳源、能源和供氢体的微生物称为化能异养型微生物。绝大多数细菌、放线菌、全部真菌和原生动物以及专性寄生的病毒均属于此类型。它们在自然界分布广、种类多、数量大，几乎能利用全部的天然有机物和各种人工合成的有机聚合物。

上述微生物的4种营养类型的划分并非是绝对的，它们在不同生长条件下往往可以相互转变。如红螺菌在有光和厌氧条件下为光能营养型；而在黑暗中与有氧条件下能够利用有机物氧化所产生的化学能生长，因而是化能营养型。自养与异养的区别不在于能否利用CO_2，而在于是否以CO_2或碳酸盐为唯一的碳源。

三、微生物摄取营养物质的方式

根据营养物质运输过程特点，目前一般认为，除原生动物外，其他各大类有细胞的微生物从外界摄取营养物质的方式有单纯扩散、促进扩散、主动运输和基团移位4种类型（表3-5），其中主动运输最为广泛。

表3-5　4种运输营养物质方式的特点比较

比较项目	单纯扩散	促进扩散	主动运输	基团移位
特异载体蛋白	无	有	有	有
运送速度	慢	快	快	快
运送方向	顺浓度梯度	顺浓度梯度	逆浓度梯度	逆浓度梯度
运送分子特异性	无	有	有	有
能量消耗	不消耗	不消耗	消耗	消耗
溶质分子结构	不变	不变	不变	改变
平衡时内外浓度	内外相等	内外相等	内部浓度高得多	内部浓度高得多
载体饱和效应	无	有	有	有
运送抑制剂	无	有	有	有
运送对象	O_2、CO_2、水、某些无机离子及一些水溶性小分子（甘油、乙醇等）	氨基酸、单糖、维生素及无机盐等	无机离子（K^+，SO_4^{2-}，PO_4^{3-}）、糖类（乳糖、葡萄糖）、氨基酸和有机酸等	糖、脂肪酸、核苷、碱基等

（一）单纯扩散

单纯扩散又称被动扩散，营养物质顺浓度梯度，以扩散的形式进入细胞内，是最简单的物质运输方式。单纯扩散是一物理过程，运输过程中营养物质的分子结构不发生任何变化，动力来自细胞内外的浓度差，因而不消耗能量，当细胞内外浓度差不断缩小最终达到平衡时，扩散亦随之终止（图3-2）。这是一些气体、水、水溶性小分子、少数氨基酸和盐类物质的主要方式运输。

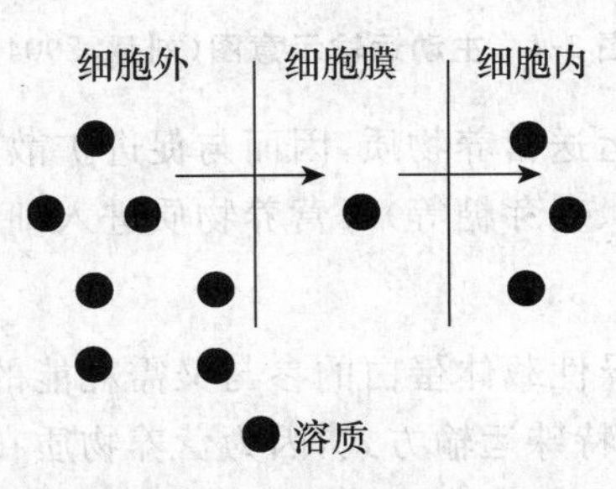

图3-2　单纯扩散示意图（刘慧，2004）

(二)促进扩散

营养物质(溶质)在运输过程中必须借助细胞膜上的特异性载体蛋白和顺浓度梯度进入细胞内。营养物质首先与膜上特异载体蛋白(又称渗透酶)发生可逆性结合,并从膜的一侧运送到另一侧,然后通过载体蛋白变构而将营养物质释放。动力也是来自细胞内外的浓度差,因而也不消耗能量,但能把膜外高浓度的溶质快速扩散到膜内直至达到胞内外的浓度平衡(图 3-3)。通过促进扩散进入细胞的营养物质主要有氨基酸、单糖、维生素及无机盐等。

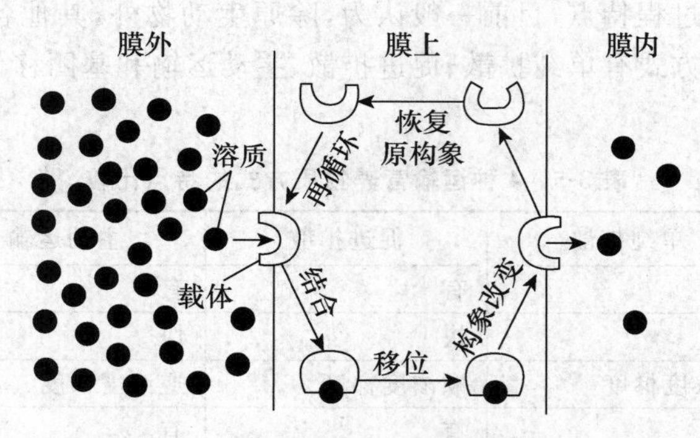

图 3-3 促进扩散示意图(刘慧,2004)

常见于真核微生物,如葡萄糖通过该途径进入酵母菌细胞;原核微生物中较少见,但甘油可经促进扩散方式进入沙门氏菌和志贺氏菌等肠道菌体内。

(三)主动运输

通过细胞膜上特异性载体蛋白的构型变化,同时消耗能量,使膜外低浓度物质进入细胞内的一种物质运送方式(图 3-4)。这是微生物物质运送的主要方式。

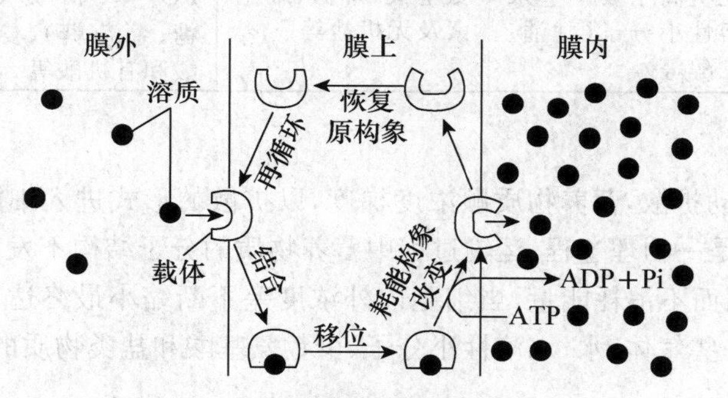

图 3-4 主动运输示意图(刘慧,2004)

主动运输可以逆浓度梯度运送营养物质,因而与促进扩散不同,必须消耗能量。这是许多无机离子、糖类(如葡萄糖、乳糖、麦芽糖等)等营养物质进入细胞内的方式。

(四)基团移位

基团移位是一类既需要特异性载体蛋白的参与又需耗能的物质运输方式。这是一种类似主动运输,又与主动运输不同的特殊运输方式,因为营养物质在运送过程中需由一个复杂的运输系统来完成,并在运输前后还会发生分子结构的改变(图 3-5)。基团移位主要运送各种糖类、核苷酸和嘌呤等物质。

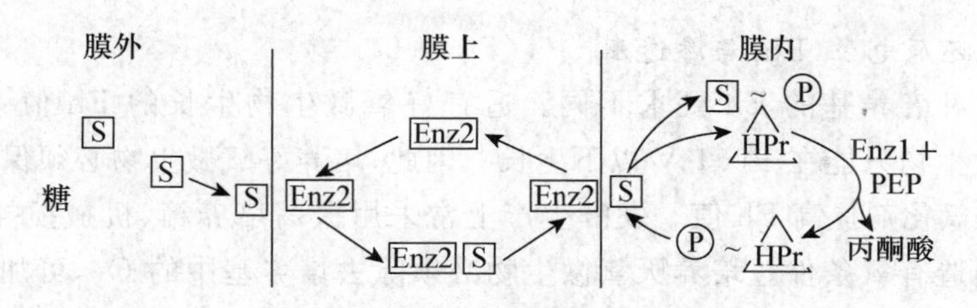

图 3-5　基团移位示意图

四、培养基制备技术

(一)培养基的配制原则

无论是以微生物为实验材料进行科学研究,还是利用微生物生产生物制品,都必须在培养基上培养微生物,这是微生物学研究和微生物发酵生产的基础。在配制培养基时一般遵循以下原则。

1. 营养适宜

不同微生物对各营养要素的种类、数量和比例要求不同,因此,在配制培养基时首先要考虑的原则就是根据不同微生物的营养特点来配制培养基。自养型微生物的培养基应由简单的无机物质组成;异养型微生物的培养基中至少应含有一种有机物质和加入生长因子才能满足其生长需要;自生固氮菌,培养基里无须加入氮源,否则其会丧失固氮能力。

2. 目的明确

针对不同的培养对象及目的,选取或设计不同营养特点的培养基。如果是以收获大量菌体为目的,宜采用营养丰富、全面的培养基;如果是为了得到某种代谢产物,则应考虑生产菌的生理生化、遗传特性以及该代谢产物的化学成分等因素,从而最大限度地提高目的代谢产物的产量。

3. 营养协调

营养协调是指各营养物质之间应有恰当的比例。对于大多数异养型微生物而言,所需各种营养要素的量大约为:水>碳源>氮源>磷、硫>钾、镁>生长因子。在各种营养要素的比例中,碳氮比(C/N)最为重要。C/N 是指培养基中碳源和氮源含量之比。严格而言,C/N 是指培养基中 C、N 原子的物质的量之比。为方便计算和测定,人们常以培养基中还原糖与粗蛋白的含量之比来表示。不同微生物类群乃至不同菌株对 C/N 的要求都可能有差异。如细菌和酵母菌约为 5∶1,霉菌约为 10∶1。

4. 酸碱度适当

各种微生物都有其生长最适 pH,霉菌和酵母最适 pH 为 4.5～6.0、细菌为 7.0～8.0、放线菌为 7.5～8.5,其他特殊微生物所需 pH 差异很大。酸碱度不但影响微生物的生长繁殖,同时也会影响代谢产物的种类和产量。因此应根据培养目的确定培养基的 pH。此外,微生物在生长繁殖过程中,由于营养物质的利用以及代谢产物的形成和积累,常常会导致培养基 pH 改变,进而抑制微生物的生长甚至导致死亡。因此,在设计和配制培养基时,通常需加入一些缓冲物质来防止培养基 pH 的大幅波动。

常用的缓冲物质为磷酸盐类和碳酸钙两类,氨基酸、肽、蛋白质也有缓冲剂的作用。在实验室中常以蛋白胨、牛肉膏、氨基酸为天然缓冲系统配制培养基。

5. 调节氧化还原电位(Eh)与渗透压

各种微生物对培养基的 Eh 要求不同。适宜好氧微生物生长的 Eh 值一般为＋0.3～＋0.4 V,厌氧微生物只能在＋0.1 V 以下生长。因此,培养好氧微生物必须保证氧的供应,可在培养基中加入氧化剂提高 Eh 值。发酵生产上常采用振荡培养箱、机械搅拌式发酵罐等专门的通气设备创造有氧条件。培养厌氧微生物必须除去培养基中的 O_2,可加入维生素 C、巯基乙酸、半胱氨酸、谷胱甘肽、Na_2S、铁屑等还原剂降低 Eh 值。

微生物环境中的渗透压可以通过培养基中养料的浓度来调节。培养基中营养物质的浓度过大,会使渗透压过高,使细胞发生质壁分离而抑制微生物生长。低渗溶液则使细胞吸水膨胀而易破裂,因此,配制培养基时要掌握营养物质的浓度。常在培养基中加入适量的 NaCl 以提高渗透压。

6. 用料经济

在能够满足生产菌营养需要的前提下,应尽可能选用价格低廉、来源广泛和配制方便的材料。通用原则是"以粗代精,以野代家,以废代好,以简代繁,以烃代粮,以纤代糖,以氮代朊,以国产代进口"。如麸皮、米糠、富含淀粉的野生植物的根茎与果实、农作物秸秆以及酿造业的废渣都可用作培养基的主要原料。

(二)培养基的类型

由于分类标准不同,培养基的种类繁多,一般根据微生物种类、营养物质来源、物理状态及用途等将培养基分为以下类型。

1. 按微生物的种类分

可将培养基分成:细菌培养基、放线菌培养基、霉菌培养基和酵母菌培养基。

在实验室中,培养异养型细菌用牛肉膏蛋-白胨培养基,培养自养型细菌用无机合成培养基,培养放线菌用高氏 1 号合成培养基,培养酵母菌用麦芽汁培养基,培养霉菌则一般用查氏合成培养基。

2. 按培养基的成分分

可分为天然培养基、合成培养基、半合成培养基。

(1)天然培养基。用化学成分尚不清楚或化学成分不恒定的各种动物、植物和微生物组织或其浸出液为材料制作的培养基称为天然培养基(表 3-6)。实验室配制天然培养基的原料常用单糖、双糖、牛肉膏、酵母膏、米汁、麦芽汁、蛋白胨、牛奶、血清等,用于生产上的天然原料有鱼粉、羽毛浸汁、马铃薯、玉米粉、麸皮、花生饼粉、土壤浸液、稻草浸汁、胡萝卜汁、椰子汁等天然有机物。该类培养基的优点是取材广泛方便,营养丰富,经济简便,微生物生长迅速,适合各种异养微生物生长,其缺点是成分不完全清楚,成分和含量不稳定,重复性差。仅适用于实验室的一般粗放性实验和工业生产中制作种子和发酵培养基。

表 3-6 几种天然培养基原料的特性

原材料	制作方法	营养功能
牛肉膏	瘦牛肉加热、抽提并浓缩而成	提供碳素、氮素、无机盐和生长因子
蛋白胨	酪素、明胶或鱼粉等蛋白经酸或酶水解而成	提供碳素、氮素、无机盐和生长因子
酵母膏	酵母水抽提物浓缩而成	提供大量 B 族维生素、氨基酸、嘌呤与微量元素

续表3-6

原材料	制作方法	营养功能
玉米浆	用亚硫酸浸泡玉米淀粉时的废水，经减压浓缩而成	提供可溶性蛋白质、多肽、氨基酸、还原糖和B族维生素
糖蜜	制糖业中糖结晶后的废液	主要含蔗糖，还有氨基酸、维生素等
琼脂	从某些海藻（有几十种红藻）中加热提取出来的复杂糖类	是配制固体培养基时最常用的凝固剂，无营养价值

(2)合成培养基。即用已知成分的化学试剂配制而成的培养基。如培养细菌的葡萄糖铵盐培养基、培养放线菌的高氏1号培养基、培养霉菌的查氏培养基等。其特点是成分精确、重复性好，但价格昂贵、配制麻烦、营养不及天然培养基丰富而微生物生长缓慢，在实验室里用于微生物分类鉴定、营养需求、代谢、生物量测定、菌种选育及遗传分析等研究。

(3)半合成培养基。介于以上两种培养基之间的一种培养基。通常是在天然培养基基础上适当加入无机盐类，或在合成培养基基础上加入某些天然有机成分。半合成培养基能更有效地满足微生物的营养要求，微生物生长良好，配制方便，成本低廉，发酵工业和实验室中广泛应用，如细菌培养基、真菌用的马铃薯蔗糖培养基。

3. 按培养基用途分

根据培养基的特殊用途可分为基础培养基、加富培养基、选择培养基和鉴别培养基。

(1)基础培养基。根据大多数微生物的基本营养需要配制的一种培养基，称为基础培养基。最常用的是牛肉膏蛋白胨培养基，必要时可加入少数几种特殊成分来满足某一具体微生物生长需要，例如培养某种营养缺陷型菌株，先配制基础培养基，之后再加入缺陷型菌株需要的那种营养成分即可。

(2)加富培养基。又称增殖培养基或富集培养基，是在基础培养基中加入某些特殊营养物质（如血液、血清、酵母浸膏、动植物组织液等）制成的一类营养丰富的培养基。用于培养营养要求比较苛刻的异养型微生物。还可以从多种微生物混杂的材料中富集和分离出所需要的微生物，因为在加富培养基中含有某种待分离微生物所需的特殊营养物质，使某种微生物能在其中生长得比其他微生物更快，以逐渐淘汰掉其他微生物。

二维码 3-2　几种常见的培养基

(3)选择培养基。利用分离对象对某些化学物质的抗性或生理特性设计的、能抑制或限制其他微生物生长而使分离对象正常生长的营养基质称为选择性培养基。

一种类型的选择培养基是依据某些微生物的特殊营养需求设计的，例如，利用以纤维素或液状石蜡作唯一碳源的选择培养基，分离出能分解纤维素或液状石蜡的微生物；利用以蛋白质为唯一氮源的选择培养基，可以分离产胞外蛋白酶的微生物。另一类型的选择培养基是利用微生物对某种化学物质的敏感性不同设计的，在培养基中加入某种化合物，可以抑制或杀死其他微生物，分离到能抗这种化合物的微生物。例如，在培养基中加数滴10%的酚，以抑制细菌和霉菌的生长，可以从混杂的微生物群体中分离出放线菌。在培养基中加入染料亮绿或结晶紫、牛（猪）胆盐可以抑制 G^+ 菌的生长，从而达到分离 G^- 菌的目的。除化学抑制剂外，温度、pH、氧化还原电位和渗透压等也能作为某些微生物选择培养的条件。

(4)鉴别培养基。在营养基质中加入能与微生物代谢产物发生显色反应的指示剂,从而用肉眼辨别目的微生物的培养基称为鉴别培养基(表 3-7)。

表 3-7 常用的鉴别培养基

培养基名称	加入化学物质	微生物代谢产物	培养基特征性变化	主要用途
酪素培养基	酪素	胞外蛋白酶	蛋白水解圈	鉴别产蛋白酶菌株
明胶培养基	明胶	胞外蛋白酶	明胶液化	鉴别产蛋白酶菌株
油脂培养基	食用油、吐温、中性红指示剂	胞外脂肪酶	由淡红色变为深红色	鉴别产脂肪酶菌株
淀粉培养基	可溶性淀粉	胞外淀粉酶	淀粉水解圈	鉴别产淀粉酶菌株
H_2S试验培养基	醋酸铅	H_2S	产生黑色沉淀	鉴别产 H_2S 菌株
糖发酵培养基	溴甲酚紫	乳酸、醋酸、丙酸等	由紫色变为黄色	鉴别肠道细菌
远藤氏培养基	碱性复红、亚硫酸钠	酸、乙醛	带金属光泽深红色菌落	鉴别水中大肠菌群
伊红-亚甲蓝培养基	伊红、亚甲蓝	酸	带金属光泽深紫色菌落	鉴别水中大肠菌群

4.按培养基的物理状态分

可分为液体培养基、固体培养基和半固体培养基。

(1)液体培养基。将培养基各组分溶解到定量的水中制成的培养液称为液体培养基。通过振荡或搅拌,培养基中通气量增加,营养物质分布均匀,微生物能与营养物质充分接触,有利于生长繁殖和产生代谢产物,广泛应用于科研与生产,是现代微生物发酵培养基的主要类型。

(2)固体培养基。液体培养基中加入一定量的凝固剂,外观呈固体状态称为固体培养基。琼脂是最常用、最优良的凝固剂,制作培养基时添加量为 1.5%～2%。其融化温度为 96℃,凝固温度为 40℃,不易被微生物利用,透明度好,能反复凝固和融化。常将融化的琼脂培养基装入试管或平皿制成斜面或平板用于微生物分离、鉴定、活菌计数、菌种保藏等方面。

生产上用天然固体原料(如麸皮、米糠、棉籽壳等)加水制成的培养基也属固体培养基,用于白酒、酶制剂、抗生素、食用菌、微生物农药等的固态发酵。

(3)半固体培养基。在液体培养基中加入少量琼脂(0.2%～0.7%)制成半固体状态的培养基,主要用于微好氧细菌的培养或细菌运动性观察、趋化性研究、分类鉴定及测定噬菌体效价等运动力的确定。

(三)常规培养基的制备方法

1.选择培养基配方和类型

根据所需微生物种类和培养目的选择培养基配方和类型。

2.制备培养基基本步骤

具体步骤如图 3-6 所示。

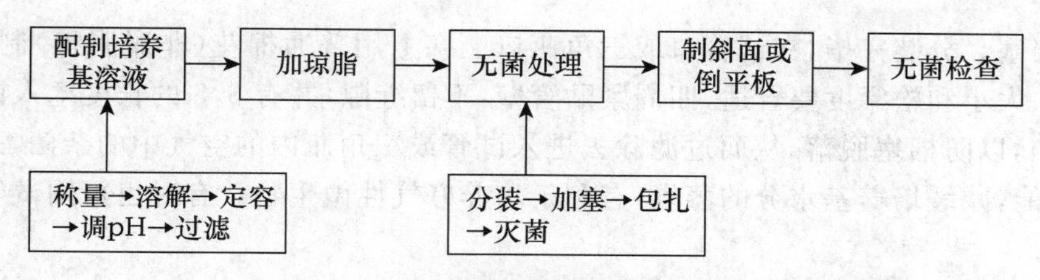

图 3-6　培养基制备的基本步骤

3. 制备培养基操作流程

(1)称量药品。根据培养基配方依次准确称取各种药品,放入适当容器(搪瓷缸、不锈钢锅或烧杯)中。加入的一般培养基配方用 1 000 mL 培养基中所含各种成分的质量(g)来表示。配制时应先估计实际需要培养基的用量,而后按比例计算各种药品的用量。

(2)加热溶解。在盛有药品的适当容器(搪瓷缸、不锈钢锅或烧杯)中加入少量自来水或蒸馏水(约占总量的 1/2),然后放在有石棉网的电炉上小火加热,并用玻棒搅拌,待药品完全溶解后,停止加热,再补充水分至所需量。

(3)调节 pH。取适当范围的精密 pH 试纸一小条,用玻璃棒蘸取少许待测培养基滴在试纸上,与比色板对照颜色,测定所配培养基的 pH。如培养基偏酸或偏碱时,可用 1 mol/L NaOH 溶液或 1 mol/L HCl 溶液逐滴缓慢加入,边加边搅拌,并随时用 pH 试纸检测,直至达到所需 pH 范围为止。

(4)熔化琼脂。如需制成固体培养基,应在已配好的液体培养基呈沸腾状态下加入 1.5%～2.0%琼脂条(用剪刀切碎)或琼脂粉,并用玻璃棒不断搅拌,同时注意控制火力,以免糊底烧焦及防止溢出。继续加热至琼脂全部熔化,最后补足因蒸发而失去的水分。在制备用三角瓶盛固体培养基时,一般也可先将一定量的液体培养基分装于三角瓶中,然后按 1.5%～2.0%的量将琼脂直接加入各三角瓶中,不必加热熔化,而是灭菌和加热熔化同步进行,以节省时间。

(5)过滤。趁热(60℃以上)用滤纸或多层(4 层)纱布在玻璃漏斗中过滤,使培养基清澈透明,以利某些实验结果的观察。一般无特殊要求,此步可省略。

(6)分装。按实验要求,可将配制的培养基分装入试管内或三角瓶内。分装装置见图 3-7。分装时,用左手拿住空试管(一般 3～4 个)中部,并将漏斗下的玻璃管嘴插入试管内,以右手拇指及食指开放弹簧夹,中指及无名指夹住玻璃管嘴,使培养基直接流入试管或三角瓶内。注意勿使培养基沾在管(瓶)口上,以免沾污棉塞而引起污染。

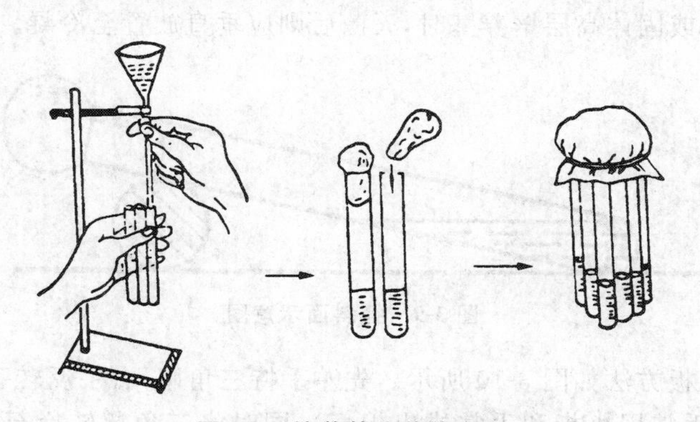

图 3-7　培养基分装装置图

(7)加棉塞。分装完毕,在试管口或三角瓶口上塞上用普通棉花(非脱脂棉)制作的棉塞,棉塞的形状、大小和松紧度要合适,四周紧贴管壁,不留缝隙,并有3/5的长度塞入试管口或瓶口内(图3-8),以防棉塞脱落,从而过滤除去进入试管或三角瓶内的空气中的杂菌,并保证有良好的通气性能,减缓培养基水分的蒸发,有利于培养好气性微生物。有时也可用试管帽或塑料塞代替棉塞。

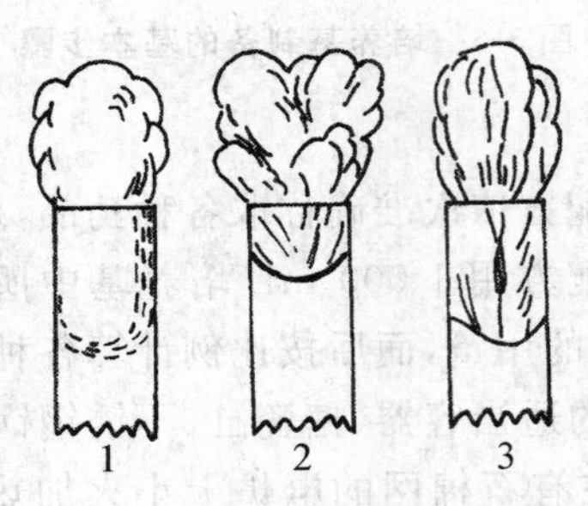

1.正确　2.过松过浅　3.过紧有缝

图3-8　棉塞外观

(8)包扎标记。包扎时,对于中号试管可每10～15支用线绳捆扎好,再在棉塞外包一层牛皮纸,以防止灭菌时冷凝水润湿棉塞,其外再用一道线绳扎紧,并用记号笔注明培养基名称、配制日期、组别和姓名等。三角瓶加塞后,每只单独用牛皮纸包好,用线绳以活结形式扎紧,使用时容易解开,并用记号笔注明培养基名称、配制日期、组别和姓名等。

(9)灭菌。将上述包好的培养基,放入高压蒸汽灭菌锅内,按各种培养基规定的灭菌时间和温度进行灭菌,以保证灭菌效果和不破坏培养基的营养成分。通常对普通营养培养基用0.10 MPa(121℃)高压蒸汽灭菌20～30 min,牛乳培养基用0.07 MPa(115℃)灭菌20 min。注意培养基中含有糖类、尿素、氨基酸、酶、维生素、抗生素、血清等成分时,因它们在高温下易分解、变性,故应单独使用滤菌器过滤除菌,再按规定的温度和用量加入已灭菌的培养基中。如因特殊情况不能及时灭菌,则应暂存于冰箱中。

(10)斜面和平板培养基的制作

①摆斜面。将灭菌或熔化琼脂培养基的试管趁热将试管口端斜置于另一玻璃试管(或长木条)上,使之凝固成斜面,即为斜面培养基(图3-9)。斜面长度一般以不超过试管长度的1/2为宜。如制作半固体或固体高层培养基时,灭菌后则应垂直放置至冷凝。

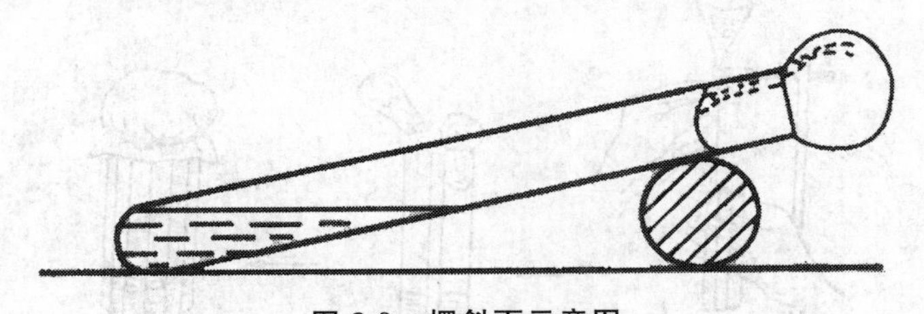

图3-9　摆斜面示意图

②倒平板。倒平板方法如图3-10所示。先左手持三角瓶,右手反转手掌用中指和无名指拔出棉塞(或不翻转手掌用小指和手掌拔出棉塞),同时将三角瓶转换至右手,而后左手拿平皿,以大拇指和中指将皿盖打开一缝,至瓶口刚好伸入。三角瓶口经火焰烧灼后,倾入灭菌或

熔化、冷却至 55～60℃的培养基约 15 mL(勿使瓶口靠在平皿壁上,以免污染皿壁),迅速盖好皿盖,置于桌上,轻轻旋转平皿,使培养基均匀分布于整个平皿底部,冷凝后即为平板培养基。有时凝固后的培养基表面有冷凝水,可将平皿盖打开,倒置于 37℃温箱中,除去冷凝水,否则将影响平板分离培养效果。为防止冷凝水过多,亦可将培养基冷却至 45～50℃再倒平板。

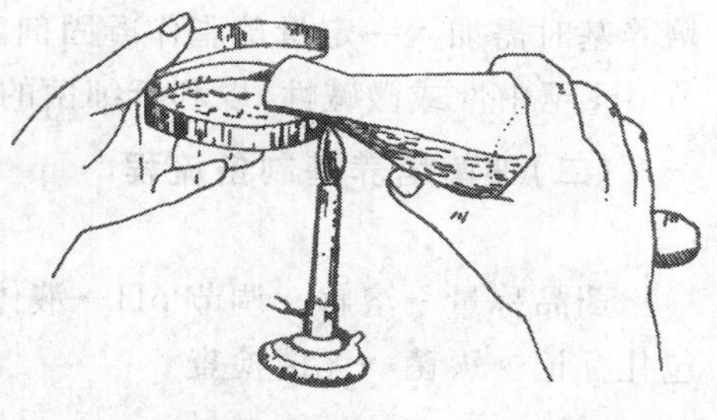

图 3-10 倒平板

(11)无菌检验。为了检查培养基灭菌是否彻底,抽取制备好的培养基 1～2 管(瓶),置于 37℃温箱中培养 24～48 h 后,无菌生长即可使用。

实验 3-1 细菌培养基的制备

任务准备

1. 仪器与设备

天平或电子天平(0.01 g)、高压蒸汽灭菌锅、电热鼓风干燥箱、电炉。

2. 器材与试剂

称量纸、玻璃棒、pH 试纸、记号笔、棉花、纱布、线绳、牛皮纸、报纸、刻度搪瓷杯、药匙、分装架、试管架、剪刀、移液管、试管、烧杯、量筒、三角瓶、培养皿、玻璃漏斗、酒精灯等;1 mol/L NaOH 溶液、1 mol/L HCl 溶液。

3. 培养基

待配各种培养基的组成成分或配方粉剂培养基、琼脂。

任务实施

一、安排学生课前预习

学生通过查阅资料和观看视频、图片等完成预习报告。预习报告内容包括:(1)实验目的。(2)实验原理。(3)实验步骤。(4)思考题:①培养细菌用的常规培养基是如何做到无菌的?②制备培养基为什么要调节 pH?如何调节培养基的 pH?调节时应注意哪些问题?③配制固体和半固体培养基时,需在液体培养基中添加多少琼脂?

二、检查学生预习情况

(1)学生对培养基制作流程是否掌握。

(2)学生对实验中无菌操作理解的情况如何。

分小组讨论,共同确定制备细菌培养基的实验步骤及小组成员分工情况。

三、知识储备

(一)实验原理

牛肉膏-蛋白胨培养基是一种应用最广泛和最普通的细菌基础培养基,它含有一般细菌生长繁殖所需要的最基本营养物质,如碳源、氮源、磷酸盐、维生素、生长因子等。在配制固体培养基时需加入一定量琼脂作凝固剂。此培养基多用于培养细菌，制作时需用稀酸或稀碱调节 pH 至中性或微碱性，以利于细菌的生长繁殖。

（二）细菌培养基制备流程

药品称量→溶解→调节 pH→液体培养基→加琼脂→固体培养基→过滤分装→加棉塞→包扎标记→灭菌→无菌检查

（三）注意事项

(1)培养基用水的选择。制备合成培养基时必须用蒸馏水，因蒸馏水不含杂质。配制天然培养基与半合成培养基时可用自来水。但自来水中常含 Ca^{2+}、Mg^{2+}，易与其他成分形成沉淀。加热溶解后注意最后补足因蒸发而失去的水分。

(2)及时灭菌。任何一种培养基一经制成就应及时彻底灭菌，以备培养细菌使用。一般培养基的灭菌采用高压蒸汽灭菌。

(3)配制培养基的过程中。注意防止产生沉淀、光热分解和杂菌感染等现象而造成营养成分的损失。加热溶解培养基原料物质时，一般先加无机物后加有机物；难溶物质可先分别溶解后再加入；易受高温破坏的试剂单独配制，过滤灭菌后，在使用前加入。

四、学生分组实验

(1)称量药品。根据培养基配方依次准确称取各种药品，或按照配方粉剂培养基瓶签说明用量准确称取。放入适当容器(搪瓷缸、不锈钢锅或烧杯)中。

(2)加热溶解。在盛有药品的搪瓷缸、不锈钢锅或烧杯中加入少量自来水或蒸馏水(约为总量的 1/2)，然后放在有石棉网的电炉上小火加热，并用玻棒搅拌，待药品完全溶解后，停止加热，再补充水分至所需量。

(3)调节 pH。若使用配方粉剂培养基，可以省略调节 pH、过滤等环节。

(4)熔化琼脂。如需制成固体或半固体培养基，按比例加剪碎的琼脂条或琼脂粉，并用玻棒不断搅拌，加热至琼脂全部熔化。若使用配方粉剂培养基时，琼脂粉已提前搭配好，不必另外加琼脂。

(5)过滤。趁热(60℃以上)用滤纸或多层(4 层)纱布在玻璃漏斗中过滤，使培养基清澈透明，以利某些实验结果的观察。一般无特殊要求，此步可省略。

(6)分装。按实验要求，可将配制的培养基分装入试管内或三角瓶内。

(7)加棉塞、硅胶塞或试管帽。分装完毕，在试管口或三角瓶口上塞上普通棉花、硅胶塞或试管帽。

(8)包扎标记。用牛皮纸包扎好，并用记号笔注明培养基名称、配制日期、组别和姓名等。

(9)将上述包好的培养基放入高压蒸汽灭菌锅内，按各种培养基规定的灭菌时间和温度进行灭菌。

(10)斜面和平板培养基的制作。

①摆斜面。灭菌或熔化琼脂培养基的试管，趁热将其口端斜置于另一玻璃试管(或长木条)上，使之凝固成斜面，即为斜面培养基。

②倒平板。无菌操作，将三角瓶口经火焰烧灼后，倾入灭菌或熔化、冷却至 55～60℃的培

养基约 15 mL(勿使瓶口靠在平皿壁上,以免沾染皿壁),迅速盖好皿盖,置于桌上轻轻旋转平皿,使培养基均匀分布于整个平皿底部,冷凝后即为平板培养基。

(11)无菌检验。抽取制备好的培养基 1～2 管(瓶/皿),置于 37℃温箱中培养 24～48 h 后,检查培养基灭菌是否彻底,无菌生长即可使用。

(12)实验完毕后的工作。实验器具清洗归位,试验台面整理。

五、小组交叉总结

二维码 3-3　培养基的制备视频

小组成员相互点评培养基制备过程,查漏补缺,并分小组进行总结。

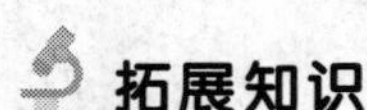

拓展知识

琼脂——从餐桌到实验台的凝固剂

琼脂是从石花菜等海藻中提取的胶体物质,是应用最广的凝固剂。利用固体培养基分离培养微生物的技术,首先是由德国细菌学家罗伯特·科赫及其助手建立的。最早用来培养微生物的人工配制的培养基是液体的。用液体培养基分离并获得微生物非常困难,需要大量稀释,工作烦琐,易被污染。

1881 年,科赫发表论文介绍利用马铃薯片分离微生物的方法,其做法是:用灼烧灭菌的刀片将煮熟的马铃薯切成片,然后用针尖挑取微生物样品在马铃薯片表面划线接种,经培养后可获得微生物的纯培养。上述方法的缺点是一些细菌在马铃薯培养基上生长状态较差。几乎在同时,科赫的助手 Prederick Loeffier 发展了利用牛肉膏蛋–白胨培养基培养病原细菌的方法,科赫决定采取方法固化此培养基。科赫是一个业余摄影家,是他首先拍出细菌的显微照片,具有利用银盐和明胶制备明胶片的丰富经验,科赫将制备胶片方面的知识应用到微生物学研究方面,他将明胶和牛肉膏–蛋白胨培养基混合后铺在玻璃板上,让其凝固,然后采取与马铃薯片表面划线接种同样的方法在其表面接种微生物,获得纯培养。但由于明胶熔点低,而且容易被一些微生物分解,其使用受到限制。有意思的是,科赫一名助手的妻子 Fannie Eilshemius Hesse,具有丰富的厨房经验,当她听说明胶作为凝固剂遇到的问题后,提议以厨房中用来做果冻的琼脂代替明胶。1882 年,琼脂就开始作为凝固剂用于固体培养基的配制,于是琼脂从餐桌走向了实验台,为微生物学发展起到重要作用,一百多年来,一直沿用至今,是制备培养基最好的凝固剂。

任务二　无菌接种技术

任务目标

熟悉无菌操作技术,掌握斜面接种、液体接种、穿刺接种及平板接种等常用的微生物接种方法。会使用超净工作台。

相关知识

接种是用接种环或接种针分离微生物,或将纯种微生物在无菌操作条件下由一个培养器皿移植到盛有已灭菌并适宜该菌生长繁殖所需要的培养基的另一器皿中。无论微生物的分离、培养、纯化或鉴定以及有关微生物的形态观察和生理研究都必须进行接种,它是微生物实验及科学研究中的一项最基本的操作技术,接种的关键是严格进行无菌操作,如操作不慎引起污染,则实验结果不可靠,影响下一步工作的开展。因此接种必须在无菌条件下进行。

一、接种前的准备

(一)准备实验用具

将接种用的相关物品、用具整齐有序地放入超净工作台或接种箱中备用。常用的接种工具有接种针、接种环、接种铲、无菌玻璃涂棒、无菌移液管、无菌滴管或移液枪等,接种环和接种针一般采用易于迅速加热和冷却的镍铬合金等金属制备,使用时用火焰灼烧灭菌。

(二)接种设备预处理

为了获得微生物纯培养物,微生物接种操作中首先应创造无菌操作条件,一般接种操作在无菌室、超净工作台和酒精灯火焰旁进行。

超净工作台在接种操作前 30 min 开启紫外线灯,20 min 前开启风机;接种箱用气雾消毒剂熏蒸 30 min 后使用。

必要时,进行无菌程度检测,一般采用平板法在两个时间点进行,一是在灭菌使用前;二是在操作完毕后。具体方法是取普通肉汤琼脂平板和马铃薯蔗糖平板各 3 个,置于无菌室各工作位置上,开盖暴露 30 min,然后倒置培养,测细菌总数应置于 37℃恒温培养 48 h,测霉菌总数应置于 28℃恒温培养 5 d。如每个皿内菌落不超过 4 个,则认为无菌程度良好;如果长出的杂菌多为霉菌,则表明室内湿度过大,应先通风干燥,然后用 5%苯酚全面喷洒室内,再用甲醛熏蒸;如杂菌以细菌为主,可采用甲醛与乳酸交替熏蒸,效果较好。

二、接种操作

根据不同的生产、实验目的及培养方式可以采用不同的接种工具和接种方法。常用的接种方法有斜面接种、液体接种、穿刺接种和平板接种等。

接种操作时应注意以下操作要点:所有使用器皿均需严格灭菌;接种用的培养基均需事先做无菌培养试验;双手用 75%酒精或新洁尔灭擦拭消毒;操作过程不离开酒精灯火焰;操作要正确、迅速;接种工具使用之前和之后需经火焰烧灼灭菌,才能用于接种或放在桌上;棉塞不能乱放,操作时始终夹持于手指中,棉塞回塞时应松紧适宜。

(一)斜面接种

斜面接种是从已长好微生物的菌种试管中挑取少许菌种转接到空白无菌斜面培养基上的过程。试管斜面接种主要用于菌种的活化、扩大及保藏。具体操作步骤如下。

(1)点燃酒精灯。

(2)将菌种管及新鲜空白斜面向上,用大拇指和其他四指握在左手中,使中指位于两试管之间的部位,无名指和大拇指分别夹住两试管的边缘,管口齐平,管口稍上斜(图 3-11)。

(3)用右手先将试管帽或试管塞拧转松动,以利于接种时拔出。

(4)右手拿接种环柄,将接种环垂直插入酒精灯火焰外焰中烧红,再斜向横持接种环,使其金属杆部分来回通过火焰数次(图 3-12)。凡接种时要进入试管的部分都要经过酒精灯火焰的充分灼烧灭菌。以下操作都要使试管口靠近火焰旁(即无菌区)进行。

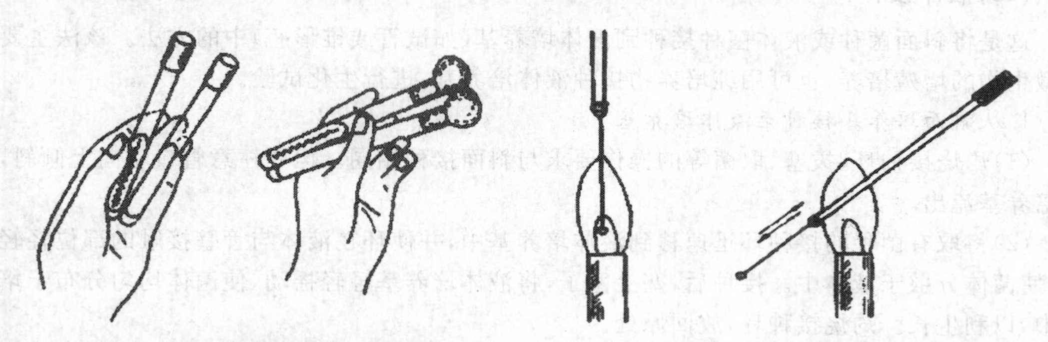

图 3-11　斜面接种时试管的两种拿法　　　　图 3-12　接种环的灭菌

(5)用右手小指、无名指和手掌边拔出试管帽或棉塞并夹住,棉塞下部应露在手外,勿放桌上以免污染。

(6)将试管口迅速在火焰上微烧一周,然后将灼烧过的接种环伸入菌种管内,在管壁上停留片刻(或轻触一下没长菌的培养基部分),使其冷却以免烫死菌体,用环轻轻取少许菌种,慢慢退出,在火焰旁迅速将接种环伸入另一支空白斜面中,从斜面底部开始,在斜面上轻轻以波浪形划线至斜面顶部,将菌种接种于其上。注意勿将培养基划破,不要使菌体玷污管壁。

(7)退出接种环,灼烧试管口,烘烤棉塞并在火焰旁将试管帽或棉塞塞上。

(8)接种完毕,接种环上的余菌必须烧灼灭菌。斜面接种无菌操作过程见图 3-13。

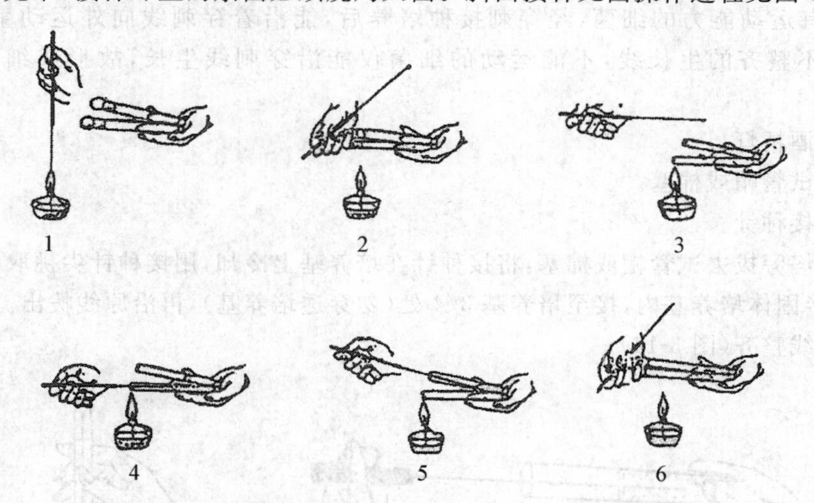

1. 接种环灭菌;2. 开启棉塞;3. 管口灭菌;4. 挑起菌苔;5. 接种;6. 塞好棉塞

图 3-13　斜面接种无菌操作程序

(9)将所接种的斜面贴上标签(贴在试管前 1/3 斜面向上的部位),注明菌种名称、接种日期、接种者姓名。置适温下培养观察。

(二)液体接种

这是将斜面菌种或液体菌种接种到液体培养基(如试管或锥形瓶)中的方法。该法主要用于微生物的增殖培养,也可用纯培养物接种液体培养基,进行生化试验。

1.从斜面培养基接种至液体培养基

(1)灼烧接种环、拔塞、取菌等的操作要求与斜面接种相同。但要注意管口略向上倾斜,以免培养基流出。

(2)将取有菌种的接种环迅速移到液体培养基中,并使环在液体与管壁接触的部位轻轻摩擦,使菌体分散于液体中。接种后,塞上塞子,将液体培养基轻轻摇动,使菌体均匀分布于培养基中,以利生长。灼烧接种环,放回原处。

(3)贴上标签,注明菌种名称、接种日期、接种者姓名。适当条件下培养观察。

2.从液体培养基接种至液体培养基

指菌种培养在液体培养基内,将其转接到新鲜的液体培养基中。此时不能用接种环,而须用灭菌的移液管、滴管或移液枪。普通实验室通常使用移液管。先将移液管上端的包裹纸稍松动,截去1/3长度,左手拿菌种管,右手拿移液管,在火焰旁拔出菌种管塞,同时从包裹纸套内拔出移液管,迅速伸入菌种管内吸取一定量的菌液,转接到新鲜培养基中。接种完毕,灼烧管口,迅速塞好管口,进行培养。沾有菌的移液管插入原包裹纸套内,经高压灭菌后再行清洗(注意不要直接放到实验台上,以免污染桌面)。

(三)穿刺接种

这是常在半固体培养基上用来接种厌氧菌,检查细菌的运动能力或保藏菌种的一种接种方法。具有运动能力的细菌,经穿刺接种培养后,能沿着穿刺线向外运动生长,故形成较粗且边沿不整齐的生长线,不能运动的细菌仅能沿穿刺线生长,故形成细而整齐的生长线。

(1)点燃酒精灯。

(2)转松试管帽或棉塞。

(3)灼烧接种针。

(4)在火焰旁拔去试管帽或棉塞,将接种针在培养基上冷却,用接种针尖挑取少量菌种,再穿刺接种到半固体培养基内,接至培养基3/4处(勿穿透培养基),再沿原线拔出。穿刺时要求手稳,使穿刺线整齐(图3-14)。

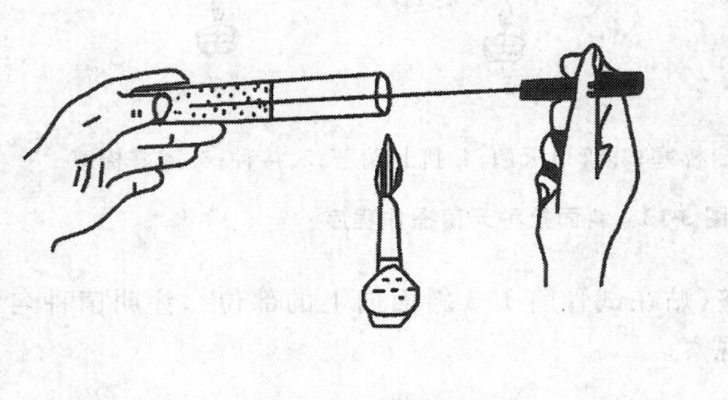

a.水平式穿刺

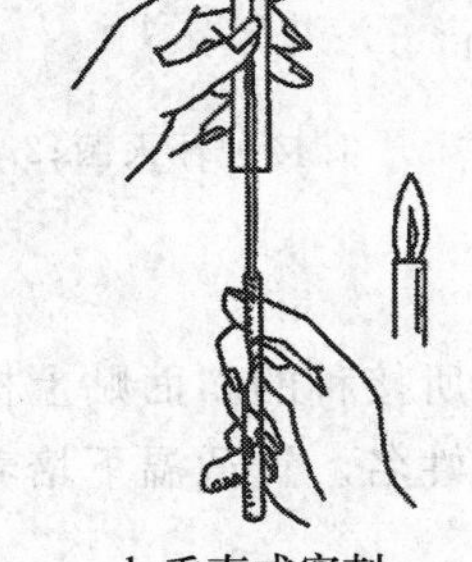

b.垂直式穿刺

图3-14 穿刺接种操作图

(5)试管口经火焰灭菌后,塞上棉塞或盖上试管帽。灼烧接种针上的残菌。

(6)贴上标签,注明菌种名称、接种日期、接种者姓名。在适宜条件下培养并观察。

二维码 3-4　穿刺接种视频

(四)平板接种

平板接种就是用接种环将菌种接至平板培养基上,或用无菌吸管将定量菌液接种至平板培养基上的方法。此法主要用于观察菌落形态、分离纯化菌种、平板活菌计数以及在平板上进行各种试验。

在平板接种前,首先要学会倒平板,根据揭皿盖的方式不同可分为皿加法与手持法。平板接种的方法有多种,根据实验的不同要求,可分为以下几种。

1.从斜面培养基接种至平板

(1)划线法。无菌操作,自斜面用接种环直接取出少量菌体,或先用无菌水制成菌悬液,用接种环取一环菌液,接种在平板边缘的一处,烧去多余菌体,再从接种有菌的部位在平板表面自左至右轻轻地连续划线或分区划线(注意勿划破培养基)。经培养后在沿划线处长出菌落,以便观察或得到单一菌落。

(2)点种法。一般用于观察霉菌的菌落。在无菌操作下,用接种针从斜面或孢子悬液中取少许孢子,以三角形三个项点的形式轻轻点种于平板培养基上(图 3-15)。霉菌的孢子易飞散,用孢子悬液点种效果好。

2.从液体培养基接种至平板

用无菌移液管或者滴管吸取一定体积的菌液移至平板培养基上,然后用无菌玻璃涂棒将菌液均匀涂布在整个平板上(图 3-16)。或者将菌液加入培养皿中,然后再倾入融化并冷却至45～50℃的固体培养基,轻轻摇匀,平置,待凝固后倒置培养。这种方法在稀释分离菌种时常用。

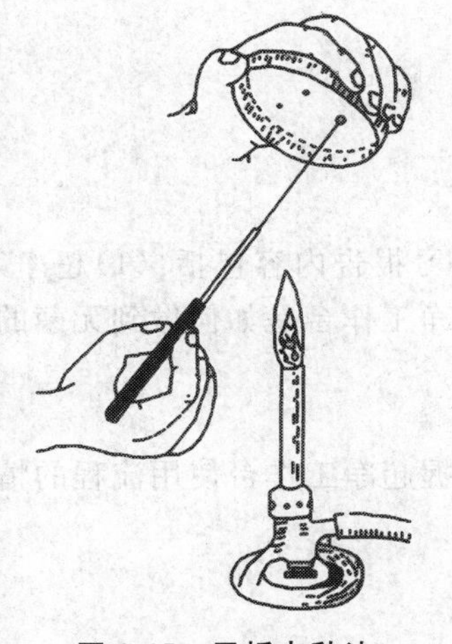

图 3-15　平板点种法

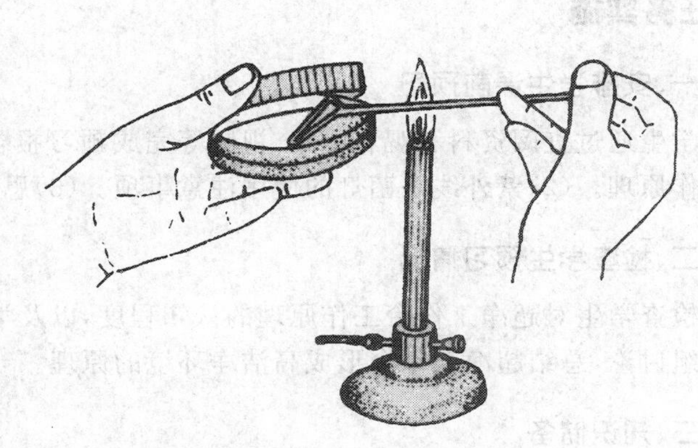

图 3-16　平板涂布法

3.从平板接种至斜面培养基

一般是将在平板培养基上经分离培养得到的单菌落,在无菌操作下分别接种到斜面培养基上，以便做进一步扩大培养或保存之用。接种前先选择好平板上的单菌落，并做好标记。左手拿平板，右手拿接种环，在火焰旁操作，灼烧接种环后将接种环在空白培养基处冷却，挑取菌落，在火焰旁稍等片刻，此时左手将平板放下，拿起空白斜面，按斜面接种法接种。注意接种过程中勿将菌烫死，接种时操作应迅速，防止污染杂菌。

4. 其他平板接种法

根据实验的不同要求，可以有不同的接种方法。如做抗菌谱试验时，可用接种环取菌在平板上与抗生素划垂直线；做噬菌体裂解试验时可在平板上将菌液与噬菌体悬液混合涂布于同一区域等。

接种时，由于打开器皿就可能引起器皿内部被环境中的其他微生物污染，因此微生物实验的所有操作均应在无菌条件下进行，其无菌操作的要点是在酒精灯火焰附近进行熟练操作，或在接种箱、无菌室的无菌环境下进行操作。接种箱或无菌室内的空气可在使用的前一段时间内用紫外光灯或化学药剂灭菌，有的无菌室通过无菌空气保持无菌状态。

三、接种后的处理

接种结束，接种用具应进行灭菌、归位与整理，关闭超净工作台等。用过的培养基应进行高压灭菌后，方可洗刷、清洁。

实验 3-2　超净工作台的使用

任务准备

1. 仪器与设备

超净工作台。

2. 材料与试剂

75%酒精。

任务实施

一、安排学生课前预习

学生通过查阅资料和观看图片、视频等完成预习报告。预习报告内容包括：(1)超净工作台工作原理。(2)紫外线杀菌灯的使用注意事项。(3)思考：超净工作台是如何做到无菌的？

二、检查学生预习情况

检查学生对超净工作台工作原理的认知程度，以及学生掌握超净工作台使用流程的情况。分小组讨论，总结超净工作台形成高洁净环境的原理。

三、知识储备

(一)实验原理

超净工作台是微生物实验室常用的无菌操作设备，其操作区内装有紫外线灯及日光灯各 1 支，工作台工作时，台内空气经过过滤，由风机压入静压箱内，再经高效空气过滤器过滤，洁净的气流以一定的均匀断面和风速通过操作区，将尘埃颗粒带走，从而形成高度洁净的工作环境。

(二)注意事项

(1)使用工作台时，应提前 30 min 开启紫外线灯杀菌，工作时关闭紫外线灯，开启日光灯，启动风机。

(2)操作区内不要放置不必要的物品，以减少对操作区清洁气流流动的干扰。进行操作时，要尽量避免做干扰气流流动的动作。

四、学生操作

(1)用 2%新洁尔灭或 75%酒精抹拭台面和用具。

(2)插上电源，通过控制面板，打开紫外线灯 30 min 以上照射灭菌。

(3)关闭紫外线灯 15 min 后，开启日光灯，启动风机。

(4)将玻璃面罩调整至合适位置，并用 75% 的酒精认真擦拭双手，待双手酒精挥发后点燃酒精灯。

(5)操作完毕，将放入的物品取出，擦净台面，依次关闭日光灯、鼓风机和电源开关，关闭控制面板电源。

五、小组交叉总结

小组成员相互点评，查漏补缺，并分小组进行总结。

二维码 3-5　超净工作台使用视频

拓展知识

生物安全柜的使用

生物安全柜是一种负压的净化工作台，正确操作生物安全柜，能够完全保护工作人员和受试样品并防止交叉污染的发生。使用生物安全柜的技术要点：

(1)操作生物安全柜前应将本次操作所需的全部物品移入安全柜，避免双臂频繁穿过气幕破坏气流；并且在移入前用 75%酒精擦拭表面消毒，以避免污染。

(2)打开风机 5～10 min，待柜内空气净化并气流稳定后再进行实验操作。将双臂缓缓伸入安全柜内，至少静止 1 min，使柜内气流稳定后再进行操作。

(3)安全柜内不放与本次实验无关的物品。柜内物品摆放应做到清洁区、半污染区与污染区基本分开，操作过程中物品取用方便，且三区之间无交叉。物品应尽量靠后放置，但不得挡住气道口，以免干扰气流正常流动。

(4)操作时应按照从清洁区到污染区的顺序进行，以避免交叉污染。为防可能溅出的液滴，可在台面上铺一用消毒剂浸泡过的毛巾或纱布，但不能覆盖住安全柜格栅。

(5)柜内操作期间，严禁使用酒精灯等明火，以避免火焰的热量产生气流，干扰柜内气流稳定；且明火可能损坏 HEPA 滤器。

(6)工作时尽量减少背后人员走动以及避免快速开关房门，以防止安全柜内气流不稳定。

(7)在实验操作时，不可打开玻璃视窗，应保证操作者脸部在工作窗口之上。在柜内操作时动作应轻柔、舒缓，防止影响柜内气流。

(8)生物安全柜应定期进行检测与保养,以保证其正常工作。工作中一旦发现安全柜工作异常,应立即停止工作,采取相应处理措施,并通知相关人员。

(9)工作完成后,关闭玻璃窗,保持风机继续运转 10～15 min,同时打开紫外灯,照射 30 min。

(10)生物安全柜应定期进行清洁消毒,柜内台面污染物可在工作完成且紫外灯消毒后用 2% 的 84 消毒液擦拭。柜体外表面则应每天用 1% 的 84 消毒液擦拭。

(11)柜内使用的物品应在消毒后再取出,以防止将病原微生物带出而污染环境。

任务三 分离纯培养技术

任务目标

熟悉微生物的纯培养技术及微生物的生长规律,明确影响微生物生长的因素,理解不同微生物的培养方法。能够用十倍稀释法分离纯化细菌。

相关知识

在微生物学中,在人为规定的条件下培养、繁殖得到的微生物群体称为培养物,而只有一种微生物的培养物称为纯培养物。由于在通常情况下纯培养物能较好地被研究、利用且能保证实验结果的重复性,因此把特定的微生物从自然界混杂存在的状态中分离、纯化出来的纯培养技术是进行微生物学研究的基础。

一、微生物的分离和纯培养

为了研究某种微生物的特性,或者在发酵工业生产中,为了大量培养和利用某微生物,必须把它们从混杂的微生物群体中分离出来,从而获得某一菌株的纯培养物。这种获得只含有某一种或某一株微生物纯培养的过程,称为微生物的分离与纯化。

(一)用固体培养基分离纯培养

不同微生物在特定培养基上生长形成的菌落或菌苔一般都具有稳定的特征。大多数细菌、酵母菌,以及许多真菌和单细胞藻类能在固体培养基上形成孤立的菌落,采用适宜的平板分离法较易得到纯培养物。平板分离微生物一直是各种菌种分离的最常用手段。

1. 稀释倒平板法

先将待分离的材料用无菌水作一系列的稀释(如 1∶10、1∶100、1∶1 000、1∶10 000 等),然后分别取少许不同稀释液(0.5～1.0 mL)于无菌培养皿中,倾入已熔化并冷却至 50℃左右的琼脂培养基,迅速旋摇,充分混匀。待琼脂凝固后,即成为可能含菌的琼脂平板。在恒温箱中倒置培养一定时间后,在琼脂平板表面或培养基中即可出现分散的单个菌落。每个菌落可能是由一个细胞繁殖形成的。挑取单个菌落,一般再重复该法筛选 1～2 次,结合显微镜检测个体形态特征,便可得到真正的纯培养物。

用稀释倒平板法有两个缺点:①一些严格好氧菌因被固定在琼脂中间,缺乏溶氧而生长受影响,形成的菌落微小,难于挑取;②在倾入熔化琼脂培养基时,若温度过高,易烫死某些热敏感菌,过低则会引起琼脂太快凝固,不能充分混匀。

2. 涂布平板法

微生物实验中更常用的纯种分离方法是涂布平板法。该法是将已熔化并冷却至约 50℃的琼脂培养基,先倒入无菌培养皿中,制成无菌平板。待琼脂充分冷却凝固后,将一定量(约 0.1 mL)的某一稀释度的样品悬液滴加在平板表面,再用三角形无菌玻璃涂棒涂布,使菌液均匀分散在整个平板表面,倒置于恒温箱培养后挑取单个菌落(图 3-17)。

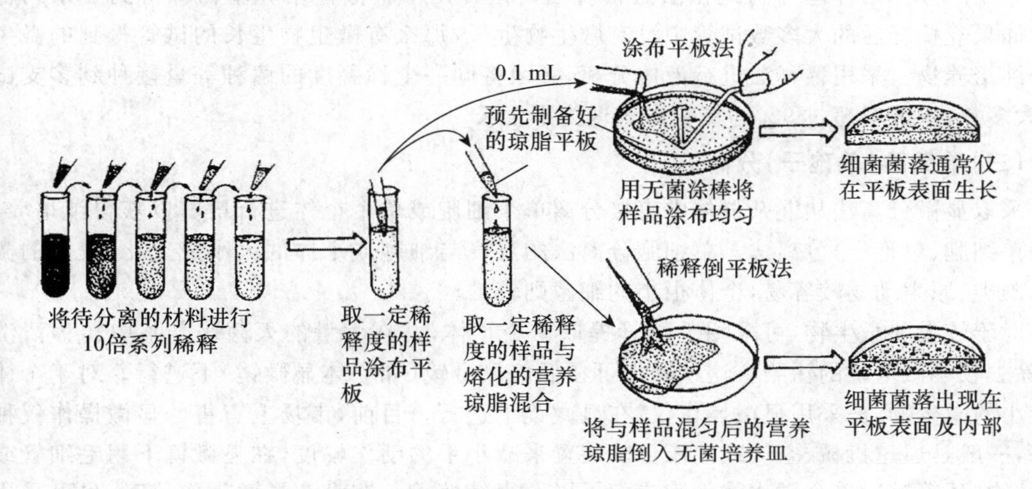

图 3-17　稀释后用平板分离细菌单菌落

3. 平板划线法

先制备无菌琼脂培养基平板,待充分冷却凝固后,用接种环以无菌操作蘸取少量待分离的含菌样品,在无菌琼脂平板表面进行有规则的划线。划线的方式有连续划线、平行划线、扇形划线、分区划线或其他形式的划线(图 3-18)。通过在平板上进行划线稀释,微生物细胞数量将随着划线次数的增加而减少,并逐步分散开来。经培养后,可在平板表面形成分散的单个菌落。但单个菌落并不一定是由单个细胞形成的,需再重复划线 1～2 次,并结合显微镜检测个体形态特征,才可获得真正的纯培养物。

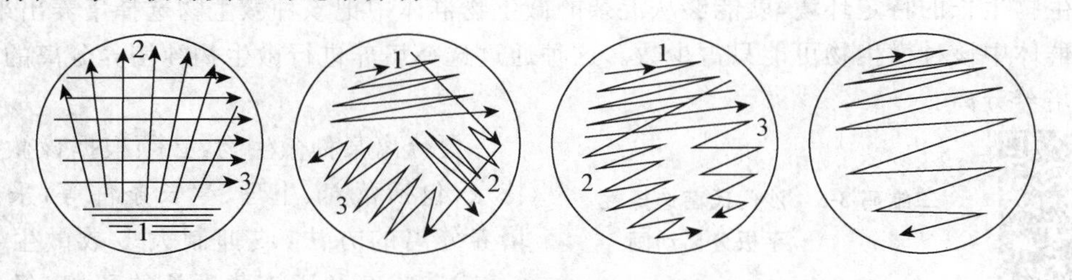

图 3-18　几种划线方法示意图

4. 稀释摇管法

对于厌氧微生物的分离可用稀释摇管培养法。先将一系列盛有无菌琼脂培养基的试管加热使琼脂熔化后冷却并保持在 50℃左右,将待分离的材料用这些试管进行梯度稀释,试管迅速摇动均匀,冷凝后,在琼脂柱表面倾倒一层灭菌液体石蜡和固体石蜡的混合物,将培养基和空气隔开,培养后,菌落形成在琼脂柱的中间。进行单菌落的挑取和移植时,需先用一只灭菌针将石蜡盖取出,再用一只毛细管插入琼脂和管壁之间,吹入无菌无氧气体,将琼脂柱吸出,置于培养皿中,用无菌刀将琼脂柱切成薄片进行观察和菌落的移植。

(二)液体培养基分离纯培养

一些细胞较大的细菌、许多原生动物和藻类等不能在固体培养基上生长,这些微生物需要用液体培养基分离来获得纯培养物。

常用的液体培养基分离纯化法是稀释法。菌种用一种液体培养基稀释得到一系列稀释度。如果经稀释后的大多数试管中没有微生物生长,那么有微生物生长的试管得到的微生物就是纯培养物。采用稀释法进行液体分离,必须将同一个稀释度的菌种等量接种到多支试管中,大多数(一般应超过 95%)试管中表现为不生长。

(三)单细胞(单孢子)分离

采取显微分离法从混杂群体中直接分离单个细胞或单个个体进行培养以获得纯培养物,称为单细胞(单孢子)分离法。单细胞分离法的难度与细胞或个体的大小成反比,较大的微生物如藻类、原生动物较容易,个体很小的细菌则较难。

对于较大的微生物,可采用毛细管提取单个个体,并在大量的灭菌培养基中转移清洗几次,除去较小微生物的污染。这项操作可在低倍显微镜(如立体显微镜)下进行。对于个体相对较小的微生物,需采用显微操作仪,在显微镜下进行。目前,市场上有售的显微操作仪种类很多,一般是通过机械、空气或油压传动装置来减小手的动作幅度,在显微镜下用毛细管或显微针、钩、环等挑取单个微生物细胞或孢子以获得纯培养。在没有显微操作仪时,也可采用一些变通的方法在显微镜下进行单细胞分离,例如将经适当稀释后的样品制备成小液滴在显微镜下观察,选取只含一个细胞的液滴来进行纯培养物的分离。单细胞分离法对操作技术有比较高的要求,多限于高度专业化的科学研究中采用。

(四)选择培养分离

在自然界中微生物群落大多由多种微生物组成的,从中分离出所需的特定微生物是十分困难的,尤其当某种微生物所存在的数量与其他微生物相比非常少时,单采用一般的平板分离法几乎是不可能分离到该种微生物的。如果某种微生物的生长需要是已知的,设计一套适合该种微生物生长的特定环境,就能够从混杂的微生物群体中把该种微生物选择培养出来,尽管在混杂群体中该种微生物可能只占少数。这种通过选择培养进行微生物纯培养分离的技术称为选择培养分离。

二维码 3-6　沙门氏菌选择性平板分离动画

要分离某种微生物,必须根据该微生物的特点,包括营养、生理、生长条件等,采用选择培养分离的方法,或抑制大多数微生物的生长,或造成有利于该菌生长的环境,经过一定时间培养后使该菌在群落中的数量上升,再通过平板稀释等方法对它进行纯培养分离。

(五)分离微生物菌种初步鉴定

二维码 3-7　沙门氏菌在选择性平板(XLD)分离培养后的菌落特征

根据上述各种分离纯化方法得到的菌种,还需依据其形态进行初步鉴定。

如从微生物群体中经分离生长在平板上的单个菌落并不一定保证是纯培养。因此,纯培养的确定除观察其菌落特征之外,还要结合显微镜检测个体形态特征后才能确定，有些微生物的纯培养要经过一系列的分离纯化过程和多种特征鉴定才能得到。

二、微生物的培养

微生物的生长，除了受本身的遗传特性影响外，还受到许多外界因素的影响，如温度、水分、氧气、pH 等。微生物的种类不同，培养的方式和条件也不尽相同。

（一）影响微生物生长的因素

1. 温度

在一定的温度范围内，每种微生物都有最低生长温度、最适生长温度和最高生长温度。在生长温度三基点内，微生物都能生长，但生长速率不一样。微生物只有处于最适生长温度时，生长速度才最快。低于最低生长温度，微生物不会生长，温度太低，甚至会死亡。超过最高生长温度，微生物也要停止生长，温度过高，也会死亡。一般情况下，每种微生物的生长温度三基点是恒定，但也常受其他环境条件的影响而发生变化。根据微生物最适生长温度的不同，可将它们分为 3 个类型：①嗜冷微生物，最适生长温度多数在－10～20℃。②中温微生物，最适生长温度一般在 20～45℃。③嗜热微生物，最适生长温度在45℃以上。

2. 水分

水分是微生物进行生长的必要条件。芽孢和孢子的萌发需要水分。微生物不能脱离水而生存，但微生物只能在水溶液中生长，而不能生活在纯水中。

3. 氧气

按照微生物对氧气的需要情况，可分为 5 个类型。

(1)需氧微生物。这类微生物需要氧气，没有氧气便不能生长，但是高浓度的氧气对需氧微生物也是有毒的。很多需氧微生物不能在氧气浓度大于大气中氧气浓度的条件下生长。绝大多数微生物都属于这个类型。

(2)兼性需氧微生物。这类微生物在有氧气存在或无氧气存在情况下都能生长，只是代谢途径不同。在无氧条件下进行发酵作用，例如酵母菌的无氧乙醇发酵。

(3)微量需氧微生物。这类微生物是需要氧气的，但只在氧气浓度较低的条件下生长最好。这可能与它们含有在强氧化条件下失活的酶有关。

(4)耐氧微生物。这类微生物在生长过程中不需要氧气，但也不怕氧气存在，不会被氧气所杀死。

(5)厌氧微生物。这类微生物在生长过程中不需要氧气，氧气的存在对它们生长产生毒害，微生物不是被抑制，就是被杀死。

（二）培养方法

1. 根据培养时是否需要氧气

(1)好氧培养。也称“好气培养”，这类微生物在培养时需要氧气，否则就不能生长良好。在实验室中，斜面培养是通过棉花塞从外界获得无菌的空气。三角烧瓶液体培养多数是通过摇床振荡，使外界的空气源源不断地进入瓶中。

(2)厌氧培养。也称“厌气培养”，这类微生物在培养时，不需要氧气。在厌氧微生物的培

养过程中,最重要的是除去培养基中的氧气。一般可采用下列几种方法:

①降低培养基中的氧化还原电位。常将还原剂如谷胱甘肽、硫基醋酸盐等加入培养基中,便可达到目的。有的将一些动物的死的或活的组织如牛心、羊脑加入培养基中,也可适合厌氧菌的生长。

②化合去氧。有很多方法,如用焦性没食子酸吸收氧气;用磷吸收氧气;用好氧菌与厌氧混合培养吸收氧气;用植物组织如发芽的种子吸收氧气;用产生氢气与氧化合的方法除氧。

③隔绝阻氧。深层液体培养;用液状石蜡封存;半固体穿刺培养。

④替代驱氧。用二氧化碳驱代氧气;用氮气驱代氧气;用真空驱代氧气;用氢气驱代氧气;用混合气体驱代氧气。

2.根据培养基的物理状态

(1)固体培养。将菌种接至疏松而富有营养的固体培养基中,在合适的条件下进行微生物培养的方法。

(2)液体培养。在实验中,通过液体培养可以使微生物迅速繁殖,获得大量的培养物,在一定条件下,还是微生物选择性增菌的有效方法。

三、微生物的生长规律

(一)微生物的个体生长和群体生长

微生物的个体生长是指微生物的细胞物质有规律、不可逆增加,而导致的细胞体积扩大、质量增加的生物学过程。当各细胞组分按恰当的比例增加时,达到一定程度后就会发生繁殖,从而引起个体数目的增加,这时原有的个体已经发展成一个群体。随着群体中各个个体的进一步生长,就引起了这一群体的生长。个体生长是一个逐步发生的量变过程,群体生长实质是新的生命个体增加的质变过程。微生物学研究中,群体的生长才有意义,一般提到"生长"也多指群体生长。当某一群体中所有个体细胞都处于同样生长和分裂周期中,群体的生长特性可间接反映出个体生长规律。

(二)微生物的生长繁殖规律

如将少量细菌纯培养物接种到新鲜的液体培养基,在适宜的条件下培养,定期取样测定单位体积培养基中的菌体细胞数,可发现群体生长规律。以培养时间为横坐标,以计数获得的细胞数的对数为纵坐标作图,可得到一条定量描述液体培养基中微生物生长规律的曲线,该曲线称为典型生长曲线(图3-19)。

由图3-19可见,细菌生长曲线可划分为延滞期、对数期、稳定期和衰亡期四个时期。生长曲线各个时期的特点,反映了所培养的细菌细胞与其所处的环境间进行物质与能量交流,以及细胞与环境间相互作用与制约的动态变化。

1.延滞期

延滞期又称适应期、缓慢期或调整期,是指把少量微生物接种到新培养液中后,在开始的一段时间内,细胞数目不增加的时期。该时期的特点是生长速率常数为零;细胞形态变大或增大;细胞内RNA尤其是rRNA含量增高,原生质呈嗜碱性;合成代谢活跃(核糖体、酶类的合成加快,易产生诱导酶);对不良条件抵抗能力降低。其形成原因是微生物调整代谢,

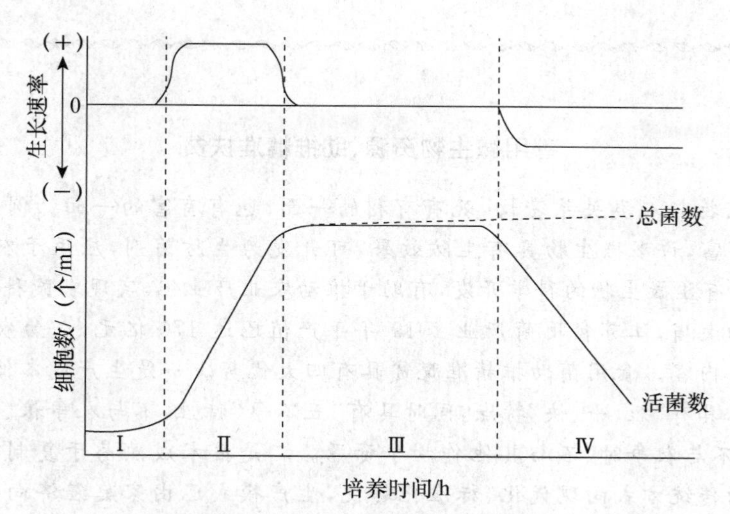

Ⅰ：延滞期；Ⅱ：对数期；Ⅲ：稳定期；Ⅳ：衰亡期

图 3-19　典型生长曲线(袁贵英,2017)

合成新的酶系和中间代谢产物以适应新环境。可通过增加接种量、最适菌龄接种、调整培养基成分等方法缩短延滞期的时间。在发酵工业中,为了提高生产效率,常常要采取以对数期的菌体作种子菌、适当增大接种量或种子培养基接近发酵培养基等措施缩短延滞期,以降低生产成本。

2. 对数期

对数期又称指数期,指微生物在培养过程中以几何级数速度分裂的一段时期。该时期的特点是活菌数和总菌数接近,酶系活跃,代谢旺盛,生长速率最大,代时最短,群体的形态与生理特征最一致,抗不良环境的能力强。其形成原因是细胞适应了新环境,开始大量分裂,营养充足,pH 等理化条件适宜,有害代谢产物少。对数期的微生物是研究生理、代谢等的良好材料,是增殖噬菌体的最适菌龄,也是用作发酵种子的最佳种龄,在发酵工业中,常常通过补加营养物质延长对数期。

3. 稳定期

稳定期又称最高生长期或恒定期,是活细胞数保持相对稳定的时期。该时期的特点是活菌数保持相对稳定,总菌数达最高水平,细菌次级代谢物和代谢副产物大量积累,稳定期中后期是生产收获时期。其形成原因是营养的消耗,营养物的比例失调,有害代谢产物积累,pH、温度等理化条件变化。在发酵工业中,常通过补充营养、调节 pH 等理化条件、收集产物等措施形成连续培养,延长稳定期。

4. 衰亡期

衰亡期是总活菌数明显下降的时期。该时期的特点是细菌死亡数大于增殖数,活菌数明显减少,群体衰落,细胞出现多形态、大小不等的畸形,变成衰退型,细胞死亡增多,出现自溶现象。其形成原因是不利的外界环境引起细胞内的分解代谢大大超过合成代谢,继而导致菌体死亡。在发酵工业中,为缩短周期,避免细胞溶解物造成产物提取困难,大多在稳定期中后期停止发酵,避免进入衰亡期。

思政园地

善用微生物资源,助推精准扶贫

食品微生物与人类关系密切,既有有利的一面,也有有害的一面。例如,我国微生物资源十分丰富,许多微生物具有生防效果,可开发为生防菌剂,应用于农业有害生物的防控;一些有益微生物的科学开发,有助于推动农业产业化,实现农民科技致富,作为食用菌产业的大省,江苏食用菌产业2019年年产值已达170亿元,成为农业产业扶贫中的一项重要内容。食用菌助推精准脱贫具有四大优势。一是生产成本低、周期短、见效快、收益稳,具有"短、平、快"特点,同时具有"五不争"特性:不与人争粮、不与粮争地、不与地争肥、不与农争时、不与其他作物争资源。二是技术成熟易于复制,目前食用菌生产技术已由传统方式向现代化、标准化转变,生产模式已由家庭经济向规模化、工厂化转型,产业链分工日益成熟,农民经简单培训后即可从事生产经营。三是点草成金效益显著,食用菌以木屑、农作物秸秆、畜禽粪便及其他农业废弃物为栽培基料,投入产出比高,亩均净效益约3万元,是水稻的20倍,随着黑皮鸡枞、羊肚菌等珍稀野生菌的人工驯化及规模化生产,经济效益将进一步提升。四是循环利用节能环保,通过转化农业生产废弃物、作物秸秆和动物粪便,实现变废为宝;通过菌类发酵杀灭废弃物中的病原,减轻作物病虫害,减少农药使用,实现化害为利。

实验3-3 十倍稀释法分离细菌

任务准备

1. 菌源

选定采土地点后,铲去表层土2~5 cm,取5~10 cm处的土样,放入灭菌的牛皮纸袋中备用。土样采集后应及时分离,否则应放在4℃冰箱中暂存。

2. 仪器与设备

恒温培养箱、天平。

3. 器材与试剂

1 mL无菌吸管、无菌培养皿、盛9 mL无菌水的试管、盛90 mL无菌水并带有玻璃珠的三角烧瓶(150 mL)、无菌生理盐水、75%酒精棉球。

4. 培养基及其他用品

牛肉膏-蛋白胨琼脂培养基、三角形无菌玻璃涂棒、接种环、无菌称量纸、药勺、试管架、记号笔。

任务实施

一、安排学生课前预习

学生通过查阅资料和观看视频等完成预习报告。预习报告内容包括:(1)实验目的。

(2)实验原理。(3)实验步骤。(4)思考题:①操作时为什么一个稀释度换一支无菌吸管？管尖为什么不能接触下一个稀释度的液面？②如何确定平板上某单个菌落是否为纯培养？③如果接种后经培养未长出菌落或菌苔，是何原因？

二、检查学生预习情况

检查学生十倍稀释法分离细菌流程是否掌握，以及学生对细菌菌落认知和理解的情况。小组讨论，用集体的智慧确定实验步骤。

三、知识储备

(一)实验原理

想从含有多种微生物的样品中直接辨认出，并且取得某种所需微生物的个体，进行纯培养，是很困难的。随着对样品稀释倍数的增加，稀释液中细菌数量越来越少，而每一种个体细菌经培养后形成单个菌落，菌落又是可以识别和加以鉴定的。因此，将样品中不同微生物个体在特定的培养基上培养出不同的单一菌落，再从选定的某一菌落中取菌并移植到新的培养基中去，就可以达到分离纯化的目的。

(二)实验流程

实验流程:倒平板→制备梯度稀释液→涂布→培养→挑取单菌落→保存。从土壤中分离微生物的操作过程见图 3-21。

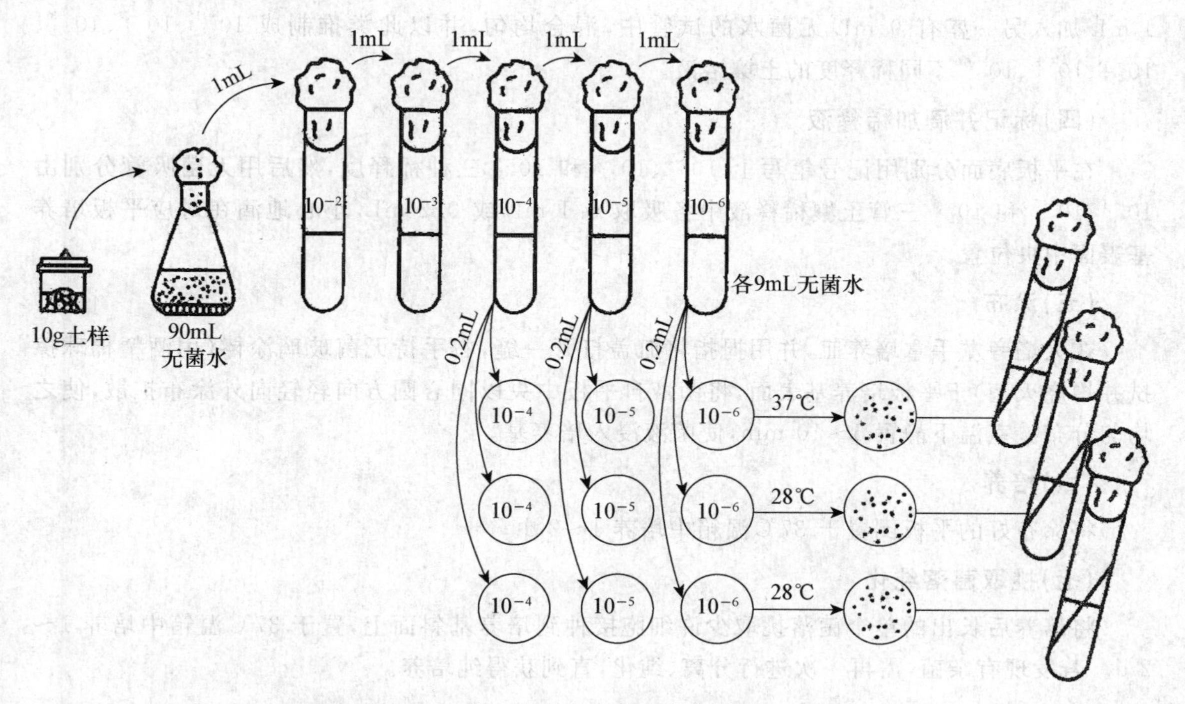

图 3-21　从土壤中分离微生物的操作过程

(三)注意事项

(1)十倍稀释时,管尖不能接触下一个稀释度的液面,一个稀释度换一支无菌吸管。

(2)每皿倾注培养基 15～20 mL,倒入量以铺满皿底为限。

(3)涂布后室温下静置 5～10 min,使菌液浸入培养基,再进行培养。

(4)选择的稀释度应适宜,整个过程注意无菌操作。

四、学生分组实验

(一)试验准备

将实验所需物品摆放在合适位置,并检查物品是否齐全。

(二)倒平板

右手持盛培养基的三角瓶置火焰旁边,用左手将瓶塞轻轻地拔出,瓶口保持对着火焰;然后左手拿培养皿并将皿盖在火焰附近打开一缝,迅速将冷却至 55～60℃的培养基 15～20 mL 倒入灭菌平皿中,加盖后轻轻摇动培养皿,使培养基均匀分布在培养皿底部,然后平置于桌面上,彻底待凝后使用。共制作 3 个平板。

(三)制备土壤稀释液

称取土样 10 g,放入盛 90 mL 无菌水并带有玻璃珠的三角烧瓶中,振摇约 20 min,使土样与水充分混合,将细胞分散。用一支 1 mL 无菌吸管从中吸取 1 mL 土壤悬液加入盛有 9 mL 无菌水的大试管中充分混匀(可使用旋涡振荡器),然后用无菌吸管从此试管中吸取 1 mL 加入另一盛有 9 mL 无菌水的试管中,混合均匀,并以此类推制成 10^{-1}、10^{-2}、10^{-3}、10^{-4}、10^{-5}、10^{-6} 不同稀释度的土壤溶液。

(四)标记并滴加稀释液

在平板底面分别用记号笔写上 10^{-4}、10^{-5} 和 10^{-6} 三种稀释度,然后用无菌吸管分别由 10^{-4}、10^{-5} 和 10^{-6} 三管土壤稀释液中各吸取 0.1 mL 或 0.2 mL,小心地滴在对应平板培养基表面中央位置。

(五)涂布

在火焰旁左手拿培养皿,并用拇指将皿盖打开一缝,右手持无菌玻璃涂棒(用酒精棉球擦拭并灼烧灭菌)于平板培养基表面,将菌液自平板中央以同心圆方向轻轻向外涂布扩散,使之均匀分布。室温下静置 5～10 min,使菌液浸入培养基。

(六)培养

将涂布好的平板倒置于 37℃温箱中培养 1～2 d。

(七)挑取菌落纯化

将培养后长出的单个菌落挑取少许细胞接种到培养基斜面上,置于 37℃温箱中培养 1～2 d。若发现有杂菌,需再一次进行分离、纯化,直到获得纯培养。

(八)实验完毕后的工作

实验器具灭菌、清洗归位,整理试验台面。

五、结果记录

二维码 3-8 十倍稀释法分离细菌视频

观察分离纯化的细菌菌落，并描述菌落的特征。

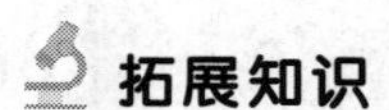

拓展知识

微生物四大菌类的分离和培养

土壤是微生物生活的大本营，它所含微生物无论是数量还是种类都是极其丰富的。因此，土壤是我们开发利用微生物资源的重要基地，可以从中分离、纯化得到许多有价值的菌株。

细菌或放线菌皆喜中性或微碱性环境，但细菌比放线菌生长快。分离放线菌时，一般在样品稀释液或高氏1号培养基中添加数滴10%的酚液。酵母菌和霉菌都喜酸性环境，在分离酵母菌和霉菌时只要选择好适宜的培养基和pH，即可抑制细菌的生长。一般在培养基临用前需添加灭菌的乳酸，以降低培养基的pH至3.5，或添加链霉素抑制细菌的生长。在分离霉菌时，为了抑制菌丝蔓延生长，在马丁氏培养基中还可加入去氧胆酸钠。微生物四大菌类的分离培养基、培养温度、培养时间见表3-8。

表 3-8 微生物四大菌类的分离和培养

样品来源	分离对象	分离方法	选择稀释度	培养基名称	培养温度/℃	培养时间/d
土样	细菌	倾注、涂布、划线	10^{-5}，10^{-6}，10^{-7}	牛肉膏-蛋白胨	37	1～2
土样	放线菌	倾注、涂布、划线	10^{-3}，10^{-4}，10^{-5}	高氏1号	28	5～7
土样	霉菌	倾注、涂布、划线	10^{-2}，10^{-3}，10^{-4}	马丁氏、马铃薯-蔗糖	28～30	3～5
果园土样或老面	酵母菌	倾注、涂布、划线	10^{-4}，10^{-5}，10^{-6}	马丁氏、马铃薯-蔗糖	28～30	2～3

任务四 菌种保藏技术

任务目标

理解菌种保藏的目的和原理，明确菌种保藏的不同方法及其优缺点。能够对细菌进行低温保藏。

相关知识

一、菌种保藏的目的

微生物在使用和传代过程中容易发生污染、变异甚至死亡，因而常常造成菌种的衰退，并有可能使优良菌种丢失。菌种保藏的重要意义就在于尽可能保持其原有性状和活力的稳定，确保菌种不死亡、不变异、不被污染，以满足研究、交换和使用等诸方面的需要。

菌种保藏对于基础研究和实际生产具有特别重要的意义。在基础研究中，菌种保藏可以保证研究结果获得良好的重复性。对于实际应用的生产菌种，可靠的保藏措施可以保证优良菌种长期高产稳产。

二、菌种保藏的原理

首先，应挑选典型菌种或典型培养物的优良纯种，最好采用它们的休眠体，如分生孢子、芽孢等；其次，应根据微生物生理、生化特点，人为创造有利于休眠的环境条件，如低温、干燥、缺氧、缺营养物以及添加保护剂或酸度中和剂等，使微生物长期处于代谢不活泼、生长繁殖受抑制的休眠状态，以达到菌种保藏的目的。

水分对生化反应和一切生命活动至关重要，因此，干燥尤其是深度干燥，在菌种保藏中占有首要地位。五氧化二磷、无水氯化钙和硅胶是良好的干燥剂，当然，高度真空则可以同时达到驱氧和深度干燥的双重目的。

除水分外，低温是菌种保藏中的另一重要条件。微生物生长的温度下限约在－30℃，可是在水溶液中能进行酶促反应的温度下限则在－140℃左右。这就是为什么在有水分的条件下，即使把微生物保藏在较低的温度下，还是难以较长期地保藏它们的一个主要原因。因此，低温必须与干燥结合，才具有良好的保藏效果。在低温保藏中，细胞体积大小和细胞壁的有无影响菌体对低温的敏感性，一般体积大和无壁者较敏感。冷冻保藏前后的降温与升温速度对不同生物影响不同。细胞内的水分在低温下会形成破坏细胞结构的冰晶体，而速冻可减少冰晶体的产生。在实践中发现，较低温度保藏其效果更为理想，如液氮温度(－196℃)比干冰温度(－70℃)好，－70℃又比－20℃好，而－20℃比4℃好。冷冻时加入保护剂，例如人血白蛋白、脱脂牛奶、糊精、甘油或聚乙烯吡咯烷酮等，均可与细胞表面结合而防止细胞膜的冻伤。

三、菌种保藏的方法

菌种保藏的方法很多。任何一种方法都要求既能长期地保持原有菌种的存活率、优良性状和纯度，同时又经济简便。一般每种菌株至少应采用两种不同的保藏方法，其中之一应为真空冷冻干燥保藏或液氮保藏(减少遗传变异的最好方法)。在实际工作中要根据菌种本身的特性与具体条件而定。

(一)斜面保藏法

将各类微生物菌种接种在不同成分的斜面培养基上，待菌种生长丰满后置4℃左右冰箱中保藏，每隔一定时间移植到新鲜斜面后继续保藏，如此连续不断。此法保藏简单，存菌率高，具有较好的保藏效果，所以许多生产单位和研究机构对经常使用的微生物多采用此法保藏。

(二)沙土管或硅胶管保藏法

本法主要适用于保藏产芽孢菌及形成孢子的霉菌与放线菌，是指把菌种接种到如土壤、细沙、硅胶、滤纸片、麸皮等适当载体上后于干燥条件下进行保藏的方法。细菌芽孢用沙土管保藏，霉菌孢子多用麸皮管保藏法。

(三)冷冻真空干燥保藏法

冷冻干燥保藏法具备低温、干燥、真空3个保藏菌种的条件,微生物存活率高,变异率低。保藏时间可长达1～20年。但手续比较麻烦,需一定设备。由于在较低的温度下菌液呈冻结状态,并且减压使水分升华而干燥,微生物在这种条件下易于死亡,故需加入牛奶、血清等物质作保护剂。

(四)液氮超低温保藏法

液氮超低温保藏法是把保藏的菌种分散在保护剂中,或者把琼脂平板上生长好的培养物条块原封不动地置于保护剂中,经预冻后保藏在液氮超低温(−196℃)中。这是目前比较理想的一种菌种保藏方法,已被国外某些菌种保藏机构作为常规的方法应用。美国的ATCC已于1965年开始应用。我国的微生物菌种保藏中心也正在积极地创造条件,准备或已采用液氮超低温保藏法。此法适用于各种菌种的保藏,特别适于难以用冷冻真空干燥等方法保藏的菌种。例如,在培养基上只形成菌丝体而不产生孢子的真菌等,用液氮超低温保藏能取得理想的效果。此法在较长时间的保藏期内菌种的变异较小,但是投资的费用较大,并要有一个可靠的氮源。

(五)矿油保存法

此法适用于不产生芽孢的细菌、酵母菌和霉菌。保藏时间达一年以上。菌种在琼脂斜面上或在半固体琼脂试管中生长后,在试管中再加入无菌液体石蜡,使其覆盖在培养基上面,这样就使菌种和培养基与外界空气隔绝,并可防止培养基水分蒸发,管口可用固体石蜡封口,低温保存,至少可以保存6个月至1年。

(六)纯种制曲法

这是根据我国传统的制曲经验改进以后的方法。此法适宜保藏产生大量孢子的各种霉菌和某些放线菌,保藏时间可长达一至数年。

(七)活体保藏法

此法适于难以用常规方法保藏的动植物病原菌及病毒。

各种菌种保藏方法的原理、适用范围、保藏期及技术特点见表3-9。

表3-9　各种菌种保藏方法的比较

保藏方法	基本原理	适用范围	保藏期	技术特点
斜面保藏法	低温	除病毒外的各类微生物	3～6个月	简便、保存时间短,易污染退化
沙土管保藏法	低温、干燥与缺乏营养	芽孢杆菌、霉菌和放线菌等	1～10年	简便、保存时间长,易退化变异
冻冰干燥保藏法	低温、干燥与缺氧	各类微生物	5～15年	长时高效,技术要求高
液氮超低温保藏法	超低温保护剂	各类微生物	＞15年	繁而高效,对只产菌丝体的真菌特适用,但费用高
纯种制曲	干燥、低温	产生大量孢子的霉菌	1～3年	简便,保存时间短

四、菌种的退化与复壮

微生物菌种遗传性状的稳定性是相对的，变异是绝对和不可避免的。当变异导致生产菌种典型性状改变，如生长缓慢、生产能力下降、不良环境条件抵抗力下降或对营养需求改变等称为菌种的退化。生产中，我们常常要将退化的菌种及时复壮，以恢复菌种的优良性状。

（一）菌种衰退的表现

(1)菌落和细胞形态改变。每一种微生物在一定的培养条件下都有一定的形态特征，如果典型的形态特征逐渐减少，就表现为衰退。如菌落颜色的改变，畸形细胞的出现，又如苏云金芽孢杆菌的芽孢和伴孢晶体变得小而少等。

(2)生长速度缓慢，产孢子越来越少。如“5406”在平板培养基上的菌苔变薄，生长缓慢（半个月以上才长出菌落），不产生丰富的橘红色的孢子层，有时甚至只长些黄绿色的基内菌丝。

(3)代谢产物生产能力下降，即出现负突变。例如，黑曲霉糖化力、放线菌抗生素发酵单位下降以及各种发酵代谢产物量减少等，在生产上是十分不利的。

(4)致病菌对宿主侵染能力下降。如白僵菌对宿主致病能力的降低等。

(5)对外界不良条件（包括低温、高温或噬菌体侵染等）抵抗能力下降。如抗噬菌体菌株变为敏感菌株等。

值得指出的是，有时培养条件的改变或杂菌污染等原因会造成菌种衰退的假象，因此在实践工作中一定要正确判断菌种是否退化，这样才能找出正确的解决办法。

（二）菌种衰退的原因

菌种衰退不是突然发生的，而是从量变到质变的逐步演变过程。开始时，在群体细胞中仅有个别细胞发生自发突变（一般均为负突变），不会使群体菌株性能发生改变。经过连续传代，群体中的负突变个体达到一定数量，发展成为优势群体，从而使整个群体表现为严重的衰退。经分析发现，导致这一现象的原因有以下几方面。

1. 基因突变

基因突变导致菌种DNA损伤，从而造成其遗传性状的改变。若是负突变则直接导致菌种退化；正突变则可能获得高产量突变菌株，而一旦发生回复突变或新的负突变则会失去高产能力并导致菌种的退化。

2. 多次传代

菌种传代的次数越多，变异的频率越高。通常退化性的变异是大量的，而进化性的变异是个别的。当群体中负突变的个体比例逐步升高并占据优势时，整个群体就会表现为退化。

3. 环境改变

环境条件通常是指培养基成分、温度、湿度、pH和通气条件等，它们对菌种的生长和代谢能力影响较大。环境条件所诱发的生理变化随着逐代积累也可成为可遗传的，此即培养条件下人工选择的结果。

（三）防止菌种退化的措施

用一定的方法和手段使已退化菌种恢复原有性状与生产能力的过程称为菌种的复壮。稳定和保持菌种的优良性状，防止菌种退化的主要措施如下：

1. 分离纯化

菌种的退化过程是一个从量变到质变的过程。群体发生退化时，其中还有未退化的个体存在，它们往往是经过环境选择更具有生命力的部分。采取单细胞纯种分离的方法可以获得未退化的个体。

2. 控制传代次数

为防止菌种多次传代导致退化，在生产实践中，经过分离纯化与生产性能测定的菌种第一代应采用良好的方法保藏，尽量多保藏第一代菌种，控制菌种的传代次数。

3. 提供良好的培养条件

即按菌种的需要改变培养基成分，寻找有利于菌种培养和提高其生产能力的条件等防止菌种退化。如培养营养缺陷型菌株时应保证适当的营养成分，尤其是生长因子；培养一些抗性菌时应添加一定浓度的药物于培养基中，使回复的敏感型菌株的生长受到抑制，而生产菌能正常生长；控制好碳源、氮源等培养基成分和 pH、温度等培养条件，使之有利于正常菌株生长，限制退化菌株的数量，防止衰退。

4. 利用不易衰退的细胞移种传代

在放线菌和霉菌中，由于它们的菌丝细胞常含几个细胞核，甚至是异核体，因此用菌丝接种就会出现不纯和衰退，而孢子一般是单核的，用它接种时，就不会发生这种现象。在实践中，若用灭过菌的棉团轻巧地对放线菌进行斜面移种，由于避免了菌丝的接入，因而达到了防止衰退的效果。

5. 选用有效的保藏方法

在生产中，常需要根据菌种的类型采用有效的保藏方法，从而尽量避免菌种的退化。例如，啤酒酿造中常用的酿酒酵母，保持其优良发酵性能最有效的保藏方法是－70℃低温保藏，其次是 4℃低温保藏。

防止菌种退化最好的方法是在菌种形态特征与生产性能尚未退化前即经常有意识地进行菌种的分离纯化和生产性能测定工作，从生产中不断选种，以保持或提高菌种的生产性能。

(四)菌种复壮操作技术

1. 菌悬液的制备

用无菌生理盐水或缓冲液将斜面菌体或孢子洗下制成菌悬液，经一定程度稀释后在平板上进行菌落计数。

2. 平板分离

根据计数结果，定量稀释后制成菌浓度为每毫升 50～200 个的菌悬液，取 0.1 mL 注入平皿，再倒入适量培养基，摇匀，制成混菌平板，培养后长出分离的单菌落。

3. 纯培养

选取分离培养后长出的各型单菌落，接种斜面后培养。

4. 初筛

将成熟的斜面菌种对应接入发酵瓶，摇床发酵一段时间后测定各菌落生产性能(如抗生素发酵单位)。

5. 复筛

挑选初筛中高单位菌株的 5%～20%进行摇瓶复试。最好使用母瓶与发酵瓶：二级发酵，重复 3～5 次后分析确定产量水平。初、复筛都需同时以正常生产菌种做对照实验，复筛出的菌株产量应比对照菌株提高 5%以上，并经糖、氮代谢检验，合格后在生产罐上试验。

6. 菌种保藏

将复筛后得到的高单位菌株制成沙土管、冷冻管或用其他方法保藏。

实验 3-4　菌种的保藏

任务准备

1. 菌种

大肠杆菌、枯草杆菌、啤酒酵母。

2. 仪器与设备

灭菌锅、冰箱、恒温培养箱、干燥箱。

3. 器材与试剂

液状石蜡、固体石蜡、标签、10 mm×70 mm 试管、吸管、接种环(针)、酒精灯、记号笔、牛皮纸等。

4. 培养基

肉汤-蛋白胨斜面、半固体培养基。

任务实施

一、安排学生课前预习

学生通过查阅资料和观看图片等完成预习报告。预习报告内容包括:(1)菌种保藏的原理。(2)菌种保藏中,液状石蜡的作用是什么?(3)半固体法适合保藏哪一类微生物?(4)思考题:经常使用的细菌菌株,使用哪种保藏方法比较好?

二、检查学生预习情况

检查学生对菌种保藏原理的认知程度。分析比较各种菌种保藏方法的优缺点情况。分小组讨论,总结不同菌种保藏法的优势,用集体的智慧确定实验步骤。

三、知识储备

(一)实验原理

微生物具有容易发生变异的特性,因此,在保藏中,要使微生物的代谢处于最不活泼或相对静止状态,才能在一定时间内不发生变异而又保持生活能力。低温保藏细菌菌种具有经济简便的特点,是微生物实验室常用的一种短期保藏菌种的方法。

(二)斜面低温保藏菌种关键点

(1)斜面菌种应生长丰满。

(2)存放温度不宜太低,否则斜面培养基结冰脱水,会加速菌种死亡或退化。存放于 4℃ 左右的冰箱为宜。

(3)定期转种菌种。每隔 3 个月需要重新转管培养一次,形成芽孢的细菌可隔 6 个月转管一次。

(三)液状石蜡保藏菌种关键点

(1)应使用灭菌石蜡并检查灭菌效果。

(2)无菌操作滴入灭菌液状石蜡,滴入的油面应高出斜面顶端1～1.5 cm,使菌体与空气隔绝。

(3)固体石蜡封口后,直立于低温干燥处保藏。

(4)使用时先恢复培养,从液状石蜡中挑取菌体,移接到斜面培养基上进行活化培养后使用。一般需转种两次以上以获得良好菌种。

(四)半固体穿刺保藏菌种关键点

(1)穿刺时,从柱体培养基中心自上而下刺入。

(2)勿刺到管底。

四、学生操作

(一)准备工作

(1)准备好工具、菌种等。

(2)液状石蜡灭菌。取液状石蜡装入三角瓶中加棉塞、包纸,另将10 mL吸管若干支也包装好,在250 kPa压力下灭菌1 h,然后将灭菌液状石蜡在105～110℃烘箱内干燥1 h,使其中的水分蒸发掉。

(二)斜面低温保藏

(1)贴标签。将注有菌株名称、接种日期和操作人的标签贴在试管斜面正上方。

(2)接种。将待藏菌种用斜面接种法(从斜面底部自下而上"之"字形密集划线)移种至标明菌名的相应试管斜面上。

(3)培养。37℃下恒温培养15～24 h。

(4)收藏。将生长丰满的斜面菌种,8支一捆,用牛皮纸包扎或用熔化的固体石蜡熔封棉塞后,存放于4℃左右的冰箱中。

(三)液状石蜡保藏

(1)贴标签、接种、培养的操作方法同斜面保藏。

(2)灌注液状石蜡。用无菌吸管吸取灭菌的液状石蜡注入待保藏的菌种斜面上,油面应高出斜面顶端1～1.5 cm,塞上橡皮塞。

(3)保藏。将试管直立或用固体石蜡封口后直立于低温干燥处或4℃冰箱保藏(有的微生物在室温下保藏时间比冰箱中还要长)。

(四)半固体穿刺保藏

(1)贴标签。同斜面保藏。

(2)穿刺接种。用接种针从原菌种斜面上挑取少量菌体,从半固体培养基中心自上而下刺入,直到接近管底(勿刺到管底),然后沿原穿刺途径慢慢抽出接种针。

(3)培养。于37℃恒温培养48 h。

(4)保藏。培养好的菌种直接放入4℃冰箱保藏。

二维码3-9　细菌的低温保藏视频

(五)实验完毕后的工作

实验器具灭菌、清洗归位,实验台面整理。

五、数据记录及处理

观察并使用生长培养良好到的菌种进行保藏，记录好接种的菌种名、接种日期等。

拓展知识

国内外的菌种保藏机构

菌种是宝贵的自然资源，各国都非常重视菌种的保藏工作，纷纷建立菌种保藏机构。全世界的菌种保藏机构在300个以上，如美国菌种保藏中心（ATCC）、英国国立标准菌种收藏所（NCTC）、世界微生物保存联盟（WFCC）等，这些机构都出售和交换菌种并出版菌种目录。1979年7月，我国成立了中国微生物菌种保藏管理委员会（CCCCM），委托中国科学院负责全国菌种保藏管理业务，制定了组织和管理条件，以便更好地利用微生物资源为我国的经济建设、科学研究和教育事业服务。

练习题

一、单选题

1. 既能给微生物提供碳源，又能提供能源的物质是（　　）。

A. 蛋白质　　B. 糖类　　C. 无机盐　　D. 生长因子

2. 微生物摄取营养物质方式有四种，其中（　　）是物质运送的主要方式。

A. 单纯扩散　　B. 促进扩散　　C. 主动运输　　D. 基团转位

3. 硝化细菌的营养类型是（　　）。

A. 光能自养菌　　B. 光能异养菌　　C. 化能自养菌　　D. 化能异养菌

4. 牛肉膏蛋白胨培养基属于什么用途的培养基。（　　）

A. 基础培养基　　B. 营养培养基　　C. 选择培养基　　D. 鉴别培养基

5. 下列属于选择性培养基的是（　　）。

A. 营养琼脂培养基　　B. 糖发酵培养基

C. 7.5%氯化钠肉汤　　D. 伊红-亚甲蓝培养基

6. 下列不是用固体培养基分离纯化细菌的是（　　）。

A. 稀释倒平板法　　B. 涂布平板法　　C. 平板划线法　　D. 单细胞分离法

7. 经常使用低温短期保藏菌种，一般置于（　　）冰箱保藏。

A. 4℃　　B. −4℃　　C. 37℃　　D. −18℃

8. 对细菌进行革兰氏染色或鉴定时，应取（　　）培养物。

A. 延滞期　　B. 对数期　　C. 稳定期　　D. 衰亡期

9. 平板划线接种细菌时，常用的接种工具是（　　）。

A. 接种环　　B. 接种铲　　C. 滴管　　D. 玻璃涂棒

10. 在培养基的配制过程中，有如下步骤：①熔化，②调pH，③加棉塞，④包扎，⑤培养基的分装，⑥称量，其正确的顺序为（　　）。

A. ①②⑥⑤③④　　B. ⑥①②⑤③④

C. ⑥①②⑤④③　　D. ①②⑤④⑥③

二、多选题

1. 下列物质中哪些能给细菌提供碳源。( )

A. 葡萄糖 B. 果糖 C. 麦芽糖 D. 蔗糖

2. 下列物质中哪些能给细菌提供氮源。( )

A. 葡萄糖 B. 硝酸盐 C. 蛋白质类 D. 氨及铵盐

3. 下列属于细菌生长繁殖条件的是( )。

A. 充足的营养 B. 适宜的温度

C. 适宜的数量 D. 必要的气体环境

4. 微生物从外界摄取营养物质时,下列哪些运输方式需要载体蛋白参与。( )

A. 单纯扩散 B. 促进扩散 C. 主动运输 D. 基团移位

5. 划线法是进行微生物分离时的常规接种法,下面描述不正确的是( )。

A. 将含菌材料均匀地分布在固体培养基表面

B. 在培养基表面划线,随着线段延长细菌逐渐减少

C. 将含菌材料用接种针在培养基表面几个点接种

D. 用接种针蘸菌液在培养基表面均匀密集划线

三、填空题

1. 能给微生物细胞生长或代谢提供碳元素的营养物质统称为______源。

2. 能给微生物细胞生长繁殖提供所需氮素的营养物质称为______源。

3. 把微生物生长繁殖所需要的各种营养物质合理地配合在一起,制成的营养基质称为______。

4. 固体培养基常用的凝固剂一般为______。

5. 超净工作台在接种操作前______min 开启紫外线灯进行消毒。

6. 按培养基的物理状态分______、______和______。

7. 微生物接种方法主要有______、______、______和______等。

8. 按微生物对氧气的需求情况,可分为分______、______、______、______和______五个类型。

9. 在人为规定的条件下培养、繁殖得到的微生物群体称为培养物,而只有一种微生物的培养物称为______培养物。

10. 试管斜面接种主要用于菌种的______、______及______。

四、问答题

1. 培养基配制原则有哪些?在配制培养基的操作过程中应注意哪些问题?

2. 何为无菌操作技术?为什么说无菌操作是保证微生物研究工作正常进行的关键?

3. 详述平板划线分离操作过程和斜面接种方法。如果接种后经培养未长出菌落或菌苔,是何原因?

4. 简述菌种保藏的目的和原理。菌种保藏的常用方法有哪些?

5. 菌种退化的原因是什么?简要说明菌种的复壮操作技术。

二维码 3-10

项目三练习题参考答案

项目四

环境和食品中微生物的检测

本项目学习目标

[知识目标]

1. 了解自然界微生物的分布及其相互关系。
2. 掌握微生物常见的检测指标和检测方法。
3. 掌握常见食品的微生物检测方法。

二维码 4-1
项目四 课程 PPT

[技能目标]

1. 会用平板法完成水和食品中菌落总数的检测。
2. 能够根据国标,进行大肠菌群测定。
3. 熟练掌握食品中病原微生物快速检测系统的操作。

[素质目标]

1. 恪守职业道德,履行职能,适应企业现代管理,具有企业6S管理理念。
2. 能够在学习和实践中,培养学生的竞争协作精神、创新思维和发展能力。
3. 具有无菌和生物安全意识与习惯,养成爱护仪器设备和保持工作与学习场所干净整洁的良好习惯。

项目概述

微生物分布广泛，在环境中无处不在。在食品加工过程中，需要对某些微生物进行检验，评估其卫生状况和致病性，保证食品安全。食品微生物检验主要分为细菌总数、大肠菌群、致病微生物的检验。

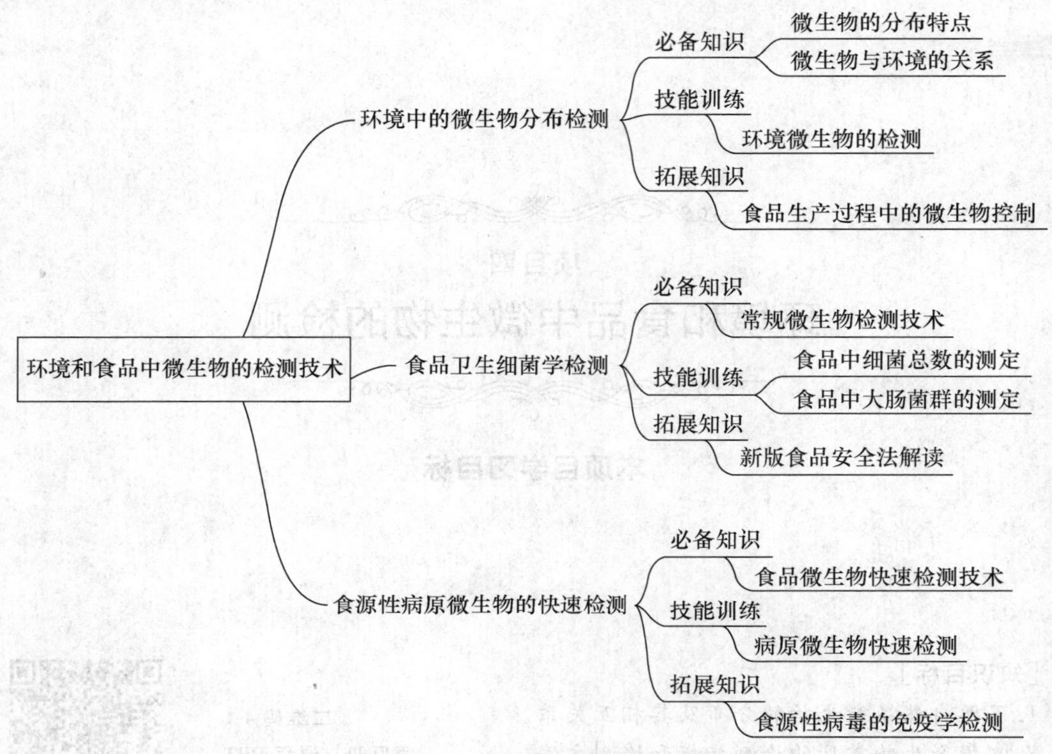

图 4-1 环境和食品中微生物的检测技术项目导图

任务一 环境中微生物的分布检测

任务目标

明确微生物的分布特点，熟悉微生物与环境的关系。能够控制环境中的微生物，保证无菌操作的顺利进行。

相关知识

一、微生物的分布特点

在人类存在或不存在的地区都存在大量微生物，它们作为自然的重要成员，经过不断的进化，逐步适应了陆地、空气、水等特定的生活环境，形成了相对固定的微生物群落。

(一)土壤中的微生物

由于土壤具备了微生物生长繁殖及生命活动所需要的营养物质、水分、空气、酸碱度、渗透压和温度等诸多条件，所以成了微生物生活最适宜的环境。土壤中微生物种类多、数量大，是人类最丰富的“菌种资源库”。

土壤微生物是其他自然环境（如空气和水）中微生物的主要来源，其中细菌最多，占土壤微生物总量的70%～90%，放线菌、真菌次之，藻类和原生动物等较少。

土壤微生物的分布主要受到营养状况、含水量、氧气、温度和pH等因素的影响，集中分布于土壤表层和土壤颗粒表面。另外土壤具有高度的异质性，在它内部包含有许多不同的微环境，因而甚至在微小土壤颗粒中也存在着不同的生理类群（表4-1）。

表4-1 典型花园土壤不同深度土壤的微生物菌落数 CFU/g

深度/cm	细菌	放线菌	真菌	藻类
3～8	9 750 000	2 080 000	119 000	25 000
20～25	2 179 000	245 000	50 000	5 000
35～40	570 000	49 000	14 000	500
65～75	11 000	5 000	6 000	100
135～145	1 400	—	3 000	—

（二）水体微生物

水体环境主要包括湖泊、池塘、溪流、河流、港湾和海洋。水体中微生物的数量和分布主要受到营养水平、温度、光照、溶解氧、盐分等因素的影响。含有较多营养物或受生活污水、工业有机污水污染的水体有大量的细菌，如港湾（河流入海口）具有较高的营养水平，其水体中也有较高的微生物含量。

1.淡水微生物

淡水中的微生物多来自土壤、空气、污水、腐败的动植物尸体及人类的粪便等，尤其是土壤中的微生物。淡水中主要有细菌、放线菌、真菌、病毒、藻类和原生动物等，其种类和数量一般要比土壤少得多。

微生物在淡水中的分布常受许多环境因素影响，最重要的一个因素是营养物质，其次是温度、溶解氧等。微生物在深水中还具有垂直分布的特点。水体内有机物含量高，则微生物数量大，中温水体内微生物数量比低温水体内多；深层水中的厌氧菌较多，而表层水中好氧菌较多。

水中微生物的含量和种类对该水源的饮用价值影响很大。在饮用水的微生物学检验中，不仅要检查其总菌数，还要检查其中所含的病原菌数。由于水中病原菌含量少，且检测手续复杂，故一般以来源相同、数量又多的大肠菌群作指示菌，通过检查指示菌的数量来判断水源被粪便污染的程度，从而间接推测其他病原菌存在的概率。

2.海水微生物

海水含有相当高的盐分，一般为3.2%～4%，含盐量越高，则渗透压越大。海洋微生物多为嗜盐菌，并能耐受高渗透压。深海（1 000 m以下）中的微生物还能耐受低温（2～3℃）、低营养和很高的静水压。

接近海岸和海底淤泥表层的海水中和淤泥上，菌数较多；离海岸越远，菌数越少。一般在河口、海湾的海水中，细菌数约为10^5个/mL，而远洋的海水中，只有10～250个/mL。许多海洋细菌能发光，称为发光细菌。这些细菌在有氧存在时发光，对一些化学药剂与毒物较敏感，故可用于监测环境污染情况。

(三)大气环境中的微生物

空气并不适合微生物的生长繁殖,但有些微生物可以产生休眠体,能在空气中存在相当长的时间,在空气中仍能找到多种微生物。空气中的微生物来源于土壤、水体和其他微生物源,主要种类是霉菌和细菌,霉菌常见种类是曲霉、木霉、青霉、毛霉、白地霉和色串孢等,细菌有球菌、杆菌和一些病原菌。微生物在空气中的分布很不均匀,所含数量取决于所处环境和飞扬的尘埃量(表 4-2)。

表 4-2 不同地点空气中的微生物数量

地点	微生物数量(CFU/m³ 空气)
北极地区(北纬 80°)	0
海洋上空	1～2
市区公园	200
城市街道	5 000
宿舍	20 000
畜舍	1 000 000～2 000 000

(四)工农业产品中的微生物

1. 农产品上的微生物

各种农产品上均有微生物生存,粮食尤为突出。据统计,全世界每年因霉变而损失的粮食占总产量的 2%左右。粮食和饲料上的微生物以曲霉属、青霉属和镰孢(霉)属的一些种为主,其中以曲霉危害最大,青霉次之。有些真菌可产生真菌毒素,有的真菌毒素是致癌物,其中以部分黄曲霉菌株产生的黄曲霉毒素最为常见。黄曲霉毒素是一种强烈的致肝癌毒物,对热稳定(300℃时才能被破坏),对人、家畜、家禽的健康危害极大。

2. 食品上的微生物

由于在食品的加工、包装、运输和贮藏等过程中,都不可能进行严格的无菌操作,因此经常遭到细菌、霉菌、酵母菌等的污染,在适宜的温度、湿度条件下,它们会迅速繁殖。其中有的是病原微生物,有的还能产生毒素,从而引起食物中毒或其他严重疾病的发生,所以食品的卫生就显得格外重要。

要有效地防止食品的霉腐变质,除在加工制作过程中必须注意清洁卫生外,还要控制保藏条件,尤其要采用低温、干燥、密封等措施。此外,也可在食品中添加少量无毒的化学防腐剂,如苯甲酸、山梨酸、脱氢醋酸、丙酸或二甲基延胡索酸等。

3. 引起工业产品霉腐的微生物

许多工业产品是部分或全部由有机物组成的,因此易受环境中微生物的侵蚀,引起生霉、腐烂、腐蚀、老化、变形与破坏,即便是无机物如金属、玻璃也会因微生物活动而产生腐蚀与变质,使产品的品质、性能、精确度、可靠性下降。

霉腐微生物通过产生各种酶系来分解产品中的相应组分,从而产生危害,如纤维素酶破坏棉、麻、竹、木等材料;蛋白酶分解革、毛、丝等产品;一些氧化酶和水解酶可破坏涂料、塑料、橡胶和黏结剂等合成材料。此外,微生物还可通过菌体的大量繁殖和代谢产物对工业产品产生危害,如霉腐微生物在矿物油中生长后,不仅产生的大量菌体会阻塞机件,而且其代谢产物还会腐蚀金属器件;硫细菌、铁细菌和硫酸盐还原菌会对金属制品、管道和船舰外壳等产生腐蚀;霉腐的菌体和代谢产物属于电解质,对电信、电机器材来说会危及其电学性能。

(五)正常人体及动物体上的微生物

正常人体及动物体上都存在着许多微生物,数量大,种类较稳定,且一般是有益无害的微生物种群,称为正常菌群。例如,动物的皮毛上经常有葡萄球菌、链球菌和双球菌等,在肠道中存在着大量的拟杆菌、大肠杆菌、双歧杆菌、乳杆菌、粪链球菌、产气荚膜梭菌、腐败梭菌和纤维素分解菌等,它们都属于动物体上的正常菌群。

人体在健康的情况下与外界隔绝的组织和血液是不含菌的,而身体的皮肤、黏膜以及一切与外界相通的腔道,如口腔、鼻咽腔、消化道和泌尿生殖道中存在有许多正常的菌群。胃中含有盐酸,pH 较低,不适于微生物生活,除少数耐酸菌外,进入胃中的微生物很快被杀死。人体肠道呈中性或弱碱性,且含有被消化的食物,适于微生物的生长繁殖,所以肠道特别是大肠中含有很多微生物。

(六)极端环境中的微生物

在自然界中,存在着一些可在绝大多数微生物所不能生长的高温、低温、高酸、高碱、高盐、高压或高辐射强度等极端环境下生活的微生物,被称为极端环境微生物或极端微生物。微生物对极端环境的适应,是自然选择的结果,是生物进化的动因之一。对食品工业作用比较显著的主要是嗜热菌和嗜冷菌。

1. 嗜热菌

嗜热菌广泛分布在草堆、厩肥、温泉、煤堆、火山地、地热区土壤及海底火山附近等。它们的最适生长温度一般在 50～60℃,有的可以在更高的温度下生长,如热熔芽孢杆菌可在 92～93℃下生长。专性嗜热菌的最适生长温度在 65～70℃,超嗜热菌的最适生长温度在 80～110℃。大部分超嗜热菌都是古生菌。

嗜热菌代谢快、酶促反应温度高、代时短等特点是嗜温菌所不及的,在发酵工业、城市和农业废物处理等方面均具有特殊的作用。嗜热细菌耐高温 DNA 聚合酶为 PCR 技术的广泛应用提供了基础,但嗜热菌的良好抗热性也造成了食品保存上的困难。

2. 嗜冷菌

嗜冷菌分布在南北极地区、冰窖、高山、深海等低温环境中。嗜冷菌可分为专性和兼性两种。嗜冷菌是导致低温保藏食品腐败的根源,但其产生的酶在日常生活和工业生产上具有应用价值。

二、微生物与环境的关系

自然界中微生物极少单独存在,总是较多种群聚集在一起,当微生物的不同种类或微生物与其他生物出现在一个限定的空间内,它们之间互为环境,相互影响,既有相互依赖又有相互排斥,表现出相互间复杂的关系。

(一)互生

互生是指两种可以单独生活的生物,当它们在一起时,通过各自的代谢活动而有利于对方,或偏利于一方的生活方式。这是一种“可分可合,合比分好”的松散的相互关系。

人体肠道正常菌群与宿主间的关系,主要是互生关系。人体为肠道微生物提供了良好的生态环境,使微生物能在肠道内得以生长繁殖。而肠道内的正常菌群可以完成多种代谢反应,如多种核苷酶反应,固醇的氧化、酯化、还原、转化、合成蛋白质和维生素等作用,均对人体生长发育有重要意义。肠道微生物所完成的某些生化过程是人体本身无法完成的，如维生素 K 和维生素 B_1、维生素 B_2、维生素 B_6、维生素 B_{12} 的合成等。此外，人体肠道中的正常菌群还可抑制或排斥外来肠道致病菌的侵入。

(二)共生

共生是指两种生物共居在一起，相互分工合作、相依为命，甚至达到难分难解、合二为一的极其紧密的一种相互关系。

根瘤菌与豆科植物之间的关系，牛、羊、鹿、骆驼和长颈鹿等反刍动物与瘤胃微生物之间的关系，都属于共生关系。

(三)寄生

寄生一般指一种小型生物生活在另一种较大型生物的体内(包括细胞内)或体表，从中夺取营养并进行生长繁殖，同时使后者蒙受损害甚至被杀死的一种相互关系。前者称为寄生物，后者称为寄主或宿主。

有些寄生物一旦离开寄主就不能生长繁殖，这类寄生物称为专性寄生物。有些寄生物在脱离寄主以后营腐生生活，这些寄生物称为兼性寄生物。

在微生物中，噬菌体寄生于宿主菌是常见的寄生现象。此外，细菌与真菌、真菌与真菌之间也存在着寄生关系，如某些木霉寄生于丝核菌的菌丝内。寄生于动植物及人体的微生物也极其普遍，常引起各种病害。凡能引起动植物和人类发生病变的微生物都称为致病微生物。

(四)拮抗

拮抗又称抗生，指由某种生物所产生的特定代谢产物可抑制他种生物的生长发育甚至杀死它们的一种相互关系。根据拮抗作用的选择性，可将拮抗分为非特异性拮抗和特异性拮抗两类。

在制造泡菜、青贮饲料过程中，由于乳酸菌迅速繁殖产生大量乳酸导致环境的 pH 下降，从而抑制其他微生物的生长，这是一种非特异拮抗，对不耐酸细菌均有抑制作用。

微生物代谢形成的抗生素，具有选择性地抑制或杀死别种微生物的作用，这是一种特异性拮抗。如青霉菌产生的青霉素抑制 G^+ 菌，链霉菌产生的制霉菌素抑制酵母菌和霉菌等。

微生物间的拮抗关系已被广泛应用于抗生素的筛选、食品保藏、医疗保健和动植物病害的防治等领域。

(五)捕食

捕食又称猎食，一般是指一种大型的生物直接捕捉、吞食另一种小型生物以满足其营养需要的相互关系。微生物间的捕食关系主要是原生动物捕食细菌和藻类，它是水体生态系统中食物链的基本环节，在污水净化中也有重要作用。此外还有捕食性真菌，例如少孢节丛孢菌等巧妙地捕食土壤线虫，它对生物防治具有一定的意义。

实验 4-1 环境微生物的检测

任务准备

1. 仪器与设备

超净工作台、高压灭菌锅、烧杯、电炉、电子秤。

2. 材料与试剂

马铃薯、蔗糖、牛肉膏、蛋白胨、琼脂。

任务实施

一、安排学生课前预习

学生通过查阅资料和观看图片等完成预习报告。预习报告内容包括:(1)不同微生物的菌落形态特征。(2)从自然环境中采集微生物的方法。(3)思考:无菌操作技术的关键环节有哪些?

二、检查学生预习情况

分小组讨论,总结无菌操作技术的关键环节。

三、知识储备

微生物的分布反映了环境的特征,是环境中各种物理、化学、生物因素对微生物的限制、选择的结果。在某些环境中,高度专一性的微生物存在并仅限于这种环境中,并成为特定环境的标志。

在我们生活的环境中充满了各种各样的微生物,它们的组成随时间和空间的变化随时发生着变化,而作为实验室、加工厂等需要对微生物进行控制的区域,必须对环境空气进行微生物方面的必要检测,以保证其符合特定生产过程的微生物安全需要。目前对环境微生物的检测主要是对空气中可能存在的细菌和霉菌进行检测。通过培养出来的微生物的数量来反映环境微生物的分布状况。

进入空气中的微生物有菌体和霉菌的孢子,或“漂浮”在空气中,或附在空气中细小的尘埃上,或沉落在桌面、地面、人体体表的皮肤上,实验室的门把手、钱币经多人的触摸也会沾染微生物,有时甚至会被病原微生物污染。将这些微生物接种在含有营养丰富、不带有任何其他微生物的琼脂固体培养基上,在适宜的温度条件下,微生物吸收培养基中的水分、碳源、氮源、无机盐和生长因子,经 1～2 d 的时间,生长并大量繁殖分裂后的子细胞聚集在一起,在培养基上形成一个个可见的菌落。每一种微生物的菌落都具有特征性的形态,包括菌落大小(以 mm 计);表面干燥或湿润;隆起或扁平;光滑或粗糙或具同心圆;边缘整齐或呈不同形状;透明、半透明或不透明;蜡样、水滴样、黏稠等质地;以及颜色等特征。霉菌和放线菌在培养基上形成紧密或疏松的菌丝,菌丝体上生成不同颜色和不同形状的孢子,其菌落也有絮状、蛛网状、绒状和放射状等明显的特征。

四、学生操作

(1)配制牛肉膏蛋白胨培养基 1 000 mL,并灭菌备用。

(2)倒平板,等待培养基凝固完全。

(3)空气采样:在待测空间的四角及中央采取 5 个点,每个点做两个平行,再设置一个对照,共 11 个培养皿。

(4)采样后,将培养皿置入 37℃培养箱中培养 24 h,观察并记录。

(5)确定特定环境中微生物的存在,根据菌落的形态特征可以初步判断该环境微生物的种类和数量。

五、小组交叉总结

各小组描述培养物的形态特征,分析总结环境卫生状况。

六、成绩评定

教师根据学生的预习、任务实施情况和小组互评等评定学生本次实验成绩。

拓展知识

食品生产过程中的微生物控制

原国家卫计委于2014年6月实施了《食品安全国家标准　食品生产通用卫生规范》GB 14881—2013,以规范企业的生产行为,防止食品生产过程中的各种污染,控制潜在危害。希望通过该规范提高从业人员的卫生意识,促进食品行业管理方式的进步,提高监管效率,保障消费者健康。

《食品安全国家标准　食品生产通用卫生规范》从厂房布局、设备设施、人员卫生等各个方面做出了非常全面的规定。但是,在实际生产过程中仍有几方面容易被忽略。

第一,环境卫生,厂房功能布局。厂房选址要求对食品无显著污染,其功能布局、流程需符合食品卫生操作要求。企业的生产条件不尽相同,需根据自身情况设置布局,从而降低环境中微生物对食品的危害。

第二,水和空气在生产过程中的控制。水包括市政供水和自建井。如企业使用自建井,需将水净化消毒,特别是产成品区生产用水。若使用市政供水,企业也可加消毒设施,进一步保障生产用水符合要求。此外,污水不可对生产用水造成二次污染,也不得污染生产环境。就空气方面而言,车间的进出风口处要有防虫、防尘设施,同时,要保证空气从高清洁区流向低清洁区。从灭菌角度看,空气可采用臭氧、紫外灯、二氧化氯喷雾或熏蒸等措施。

第三,人员和培训在生产过程的要求。从事生产的人员必须有健康证,并且每天需要进行健康检查,患有局部化脓性感染(手部伤口等)、上呼吸道感染(如鼻窦炎、化脓性肺炎、口腔疾病等)的操作人员必须暂时停止其工作或调换岗位。当前,食品监管部门和生产企业越来越重视从业人员的培训和检查。人员的素质、熟练程度、风险意识、危机现场的处理等,有助于提升产品的品质,优秀企业会通过各种培训来提高从业人员的安全意识和责任,提高相应的知识水平。

第四,进货索证。为减少微生物污染,企业进货前需索要相关证件,审察厂家是否合规。证件包括原料、辅料、包装材料、洗涤剂、消毒剂等。只有企业使用合格合规的生产原材料,产品性能才会更有保证。

第五,生产过程中的制度与管理。在生产过程中,企业的卫生管理制度,以及相关的检查、考核是控制减少微生物污染的重要保证。在此过程中,需严格执行进出车间操作规程,清洗消毒操作规程;生、熟避免交叉污染;定期、定时消毒操作。操作人员离岗后重新回到岗位,需重新洗手消毒,并且在工作中一定要规范戴口罩防护,以减少微生物的污染。

第六,灭菌对减少微生物危害有所帮助。为减少微生物污染,降低产品的安全风险,灭菌工序是很重要的一个步骤。通过彻底加热，包括致病菌在内的大部分微生物可以被很快杀灭。现在的灭菌方式很多，如沸水煮灭菌、巴氏灭菌、高压蒸汽灭菌、干燥灭菌、辐射灭菌、使用化学杀菌剂和消毒剂等等，企业需选择适合自己产品的灭菌方式，减少有害微生物的危害。

除了对人体有害的致病微生物之外，还有很多微生物是对人体有益的，微生物在食品中的应用历史悠久，很久以前人们就学会了在适宜条件下利用微生物将原料经过特定的代谢途径转化为所需产物。

第七，温度与时间的控制。生产过程需在合理温度下使操作工序尽量紧凑，从而降低食品中已有的微生物生长繁殖的速度，降低菌落总数。每类微生物都有自己的最适生长温度，在最适生长温度下，细菌会呈几何级繁殖增长。因此，为降低终产品的菌落总数量，就需控制生产过程中产品的温度，使其尽可能远离致病菌和腐生菌的最适生长温度。

第八，监控与检验对控制微生物有重要作用。微生物无处不在，可造成食品污染的环节众多，在2014年更新的GB 14881里面单独增加了“附录A　食品加工过程的微生物监控程序指南”，提出了加工过程环境微生物和过程产品微生物的监控要点。附录A涵盖了加工过程各个环节的微生物学评估，清洁消毒效果以及微生物控制效果的评价。从实际质量监控需求着手，对监控指标、取样点、监控频率、取样和检测方法、评判原则，以及不符合情况的处理等进行了详细说明和解释，并通过示例说明，指导企业在实际生产过程中对微生物进行全方位的监控，以减少食品生产过程中的各种污染，控制潜在危害，保证产品合格。

任务二　食品卫生细菌学检测

任务目标

明确食品中菌落总数和大肠菌群的测定对评定食品的新鲜度和卫生质量的指示性作用，能够根据GB 4789.2—2016和GB 4789.3—2016进行微生物指标检测，对食品的卫生状况进行评估，并提出改进建议。

相关知识

一、微生物形态结构和培养特性观察

（一）微生物的形态结构观察

主要是通过染色，在显微镜下对其形状、大小、排列方式、细胞结构（包括细胞壁、细胞膜、细胞核、鞭毛、芽孢等）及染色特性进行观察，直观地了解细菌在形态结构上的特性，根据不同微生物在形态结构上的不同达到区别、鉴定微生物的目的。其中最为常见的是革兰氏染色。

（二）培养特性观察

细菌细胞在固体培养基表面形成的细胞群体叫菌落。不同微生物在某种培养基中生长繁殖，所形成的菌落特征有很大差异，而同一种的细菌在一定条件下，培养特征却有一定稳定性，以此可以对不同微生物加以区别鉴定。因此，微生物培养特性的观察也是微生物检验鉴别中的一项重要内容。

1. 细菌的培养特征

在固体培养基上，观察菌落大小、形态、颜色（色素是水溶性还是脂溶性）、光泽度、透明度、质地、隆起形状、边缘特征及迁移性等。在液体培养中的表面生长情况（菌膜、环）、混浊度及沉淀等。半固体培养基穿刺接种观察微生物的运动、扩散情况。

2. 霉菌、酵母菌的培养特征

大多数酵母菌没有丝状体，在固体培养基上形成的菌落和细菌的很相似，只是比细菌菌落大且厚。液体培养也和细菌相似，有均匀生长、沉淀或在液面形成菌膜。霉菌有分支的丝状体，菌丝粗长，在条件适宜的培养基里，菌丝无限伸长沿培养基表面蔓延。霉菌的基内菌丝、气生菌丝和孢子丝都常带有不同颜色，因而菌落边缘和中心、正面和背面的颜色常常不同，如青霉菌的孢子青绿色，气生菌丝无色，基内菌丝褐色。霉菌在固体培养表面形成絮状、绒毛状和蜘蛛网状菌落。

二、生理生化试验

微生物生理生化反应是指用化学反应来测定微生物的代谢产物，生化反应常用来鉴别一些在形态和其他方面不易区别的微生物。因此，微生物生化反应是微生物分类鉴定中的重要依据之一，根据微生物的特性，选用不同的生化试验进行检测。

（一）大分子物质的水解实验

1. 淀粉水解

由于微生物对淀粉这种大分子物质不能直接利用，所以必须靠产生的胞外酶将大分子物质分解才能被微生物吸收利用。胞外酶主要为水解酶，通过加水裂解大的物质为较小的化合物，使其能被运输至细胞内。如淀粉酶将淀粉水解为小分子的糊精、双糖和单糖，能分泌胞外淀粉酶的微生物，则能利用其周围的淀粉。已知淀粉遇到碘会显现蓝色，因此可通过在淀粉培养基上滴加碘液来判断微生物是否能产生淀粉酶分解淀粉，菌落周围不呈蓝色，出现无色透明圈，则该菌种能够水解淀粉。

2. 油脂水解

脂肪酶可将脂肪水解为甘油和脂肪酸，而产生的脂肪酸可改变培养基的 pH，因此在油脂培养基上接种细菌，培养一段时间后可通过观察菌苔的颜色判断菌种是否能够水解油脂，若出现红色斑点，则说明这种菌可产生分解油脂的酶。

（二）糖发酵试验原理

糖发酵试验是常用的鉴别微生物的生化反应，在肠道细菌的鉴定上尤为重要。绝大多数细菌都能利用糖类作为碳源和能源，但是它们在分解糖类物质的能力上有很大的差异。有些细菌能分解某种糖产生有机酸（如乳酸，醋酸，丙酸等）和气体（如氢气，甲烷，二氧化碳等）；有些细菌只产酸不产气，如大肠杆菌能分解乳糖和葡萄糖产酸并产气。产酸后再加入溴甲酚紫指示剂会使溶液呈黄色，且德汉氏小管中会收集到一部分气体。若细菌不能利用糖产酸产气，则最后溶液为指示剂本身的紫色，且德汉氏小管中无气体。

（三）IMViC 试验

1. 吲哚试验

该试验用来检测吲哚的产生。在蛋白胨培养基中，若细菌能产生色氨酸酶，则可将蛋白胨中的色氨酸分解为丙酮酸和吲哚，吲哚与对二甲基氨基苯甲醛反应生成玫瑰色的玫瑰吲哚。但并非所有的微生物都具有分解色氨酸产生吲哚的能力，所以吲哚实验可以作为一个生物化学检测的指标。大肠杆菌吲哚反应阳性，产气肠杆菌则为阴性。

2. 甲基红试验

某些细菌在糖代谢过程中分解葡萄糖生成丙酮酸，后者进而被分解产生甲酸、乙酸和乳酸等多种有机酸，使培养基的 pH 降低，加入培养基中的甲基红指示剂由橙黄色转变为红色，即甲基红反应。尽管所有的肠道微生物都能发酵葡萄糖产生有机酸，但是这个实验在区分大肠杆菌和产气肠杆菌上还是有价值的。这两种细菌在培养的早期均产生有机酸，但大肠杆菌在培养的后期仍能维持酸性(pH≈4)，而产气肠杆菌则转化有机酸为非酸性末端产物，如乙醇、丙酮酸等，使 pH 升至 6 左右。因此，大肠杆菌的甲基红试验为阳性，产气肠杆菌为阴性。

实验 4-2　食品中菌落总数的测定

任务准备

1. 仪器与设备

电炉、恒温培养箱、电子秤、高压灭菌锅。

2. 材料与试剂

牛肉膏、蛋白胨、NaCl、水、待检牛奶。

任务实施

二维码 4-2　菌落总数的测定

一、安排学生课前预习

学生通过查阅资料和观看视频等完成预习报告。预习报告内容包括：(1)实验目的。(2)实验原理。(3)实验步骤。(4)思考题：①食物中含有哪些微生物？②食物中的菌落总数要如何测定？③食物中不能含有哪些微生物？

二、检查学生预习情况

小组讨论，根据预习的知识确定菌落总数检验所用的培养基和培养条件。

三、知识储备

(一)食品的微生物指标

与我们生产和生活相关的很多原料和产品其实都不是无菌的，在原料或产品的微生物检验中，均规定了微生物方面的必检项目和指标要求，可根据国标有关检测方法进行检测，之后比对国标限量要求，判断待检物是否合格。通常情况下，水、食品、调味品及啤酒等产品均要对细菌总数、大肠菌群、霉菌和酵母以及致病菌进行检测(表 4-3)，各类食品的检测方法比较相似。而菌落总数和大肠菌群是所有食品卫生学检测中的必检项目。菌落总数是指食品检样经过处理，在一定条件下培养后(如培养基成分、培养温度和时间、pH、需氧性等)所取 1 mL(g)检样中所含菌落的总数。菌落总数主要作为判定食品被污染程度的标志，可以反映细菌对食品的污染程度，也可以应用这一方法观察细菌在食品上繁殖的动态，以便对被检样品进行卫生学评价时提供依据。大肠菌群是指经37℃下24 h培养，能发酵乳糖，产酸、产气，需氧或兼性厌气的G^-无芽孢杆菌。该菌主要来源于人畜粪便，故以此作为粪便污染指标来评价食品的卫生质量，推断食品中是否有被肠道致病菌污染的可能。下面重点介绍菌落总数和大肠菌群的检测方法。

表4-3 几种食品的微生物指标

项目	菌落总数/(个/mL)	大肠菌群/(MPN/L)	致病菌
酱油	≤30 000	≤300	不得检出
食醋	≤10 000	≤30	不得检出
生啤酒	—	≤500	—
熟啤酒	≤50	≤30	—
黄酒	≤50	≤30	—
葡萄酒	≤50	≤30	—
酸牛乳	—	≤900	不得检出
含乳饮料	≤10 000	≤400	不得检出
食用冰块	≤100	≤60	不得检出

(二)注意事项

(1)操作要快而准，包括加样、倒培养基等。

(2)吸液体时，液体应缓慢均匀地被吸入管中。

(3)样品稀释时一定要混匀。

(4)倒培养基前，瓶口要过火焰。

(5)一定要有空白对照。

(6)控制好培养基温度，培养基薄厚适当。

(7)检测时一定不要使平皿完全暴露于空气中。

(8)接种完要迅速进行培养。

四、学生操作

1. 样品采集

在无菌环境下，将包装盒或盖用75%酒精涂抹或酒精灯灼烧后用无菌取样设备取样即可。

2. 检测步骤

(1)以无菌操作，将检样25 g(或25 mL)剪碎放于含有225 mL灭菌生理盐水或其他稀释液的灭菌玻璃瓶内，经充分振摇或研磨做成1∶10的均匀稀释液。固体检样最好用均质器，以8 000～10 000 r/min的速度处理1 min，做成1∶10的均匀稀释液。

(2)用1 mL灭菌吸管吸取1∶10稀释液1 mL，沿管壁徐徐注入含有9 mL灭菌生理盐水或其他稀释液的试管内(注意吸管尖端不要触及管内稀释液)，振摇试管，混合均匀，做成1∶100的稀释液。

(3)另取1 mL灭菌吸管，按上面操作顺序，做10倍递增稀释液，如此每增加一次，即换用1支1 mL灭菌吸管。

(4)根据样品卫生标准要求或对样本污染情况进行估计，选择2～3个适宜稀释度，分别在做 10 倍递增稀释的同时，即以吸取该稀释度的吸管移 1 mL 稀释液于灭菌平皿内，每个稀释度做两个平皿。

(5)稀释液移入平皿后，应及时将凉至 46℃营养琼脂培养基注入平皿内 15 mL，并转动平皿使其混合均匀。同时，将营养琼脂培养基倾入不加有 1 mL 稀释液的灭菌平皿内做空白对照实验。

(6)待琼脂凝固后，翻转平板，置于(36±1)℃温箱内培养(48±2)h。

五、数据记录及处理

1. 平板菌落数的选择

选取菌落数在 30～300 的平板作为菌落总数测定标准，一个稀释度使用两个平板，应采用两个平板平均数，其中一个平板有较大片状菌落生长时，则不宜采用，应以无片状菌落生长的平板作为该稀释度的菌落数，若片状菌落不到平板的一半，而其余一半中菌落分布又很均匀，即可计算半个平板后乘以 2 代表全皿菌落数，平皿内如有链状菌落生长时(菌落之间无明显界线)若仅有一条链，可视为一个菌落，如有不同来源的几条链，则应将每条链视为一个菌落。

2. 稀释度的选择

(1)应选择平均菌落数在 30～300 的稀释度，乘以稀释倍数报告。

(2)若有两个稀释度，其生长的菌落数均在 30～300，则视两者之比如何来决定，若其比值小于或等于 2，应报告其平均数，若大于 2 则报告其中较小的数字。

(3)若所有稀释度的平均菌落数均大于 300，则应以稀释度最高的平均菌落数乘以稀释倍数报告。

(4)若所有稀释度的平均菌落数均小于 30，则应按稀释度最低的平均菌落乘以稀释倍数报告。

(5)若所有稀释度无菌落生长，则以小于 1 乘以最低稀释倍数报告。

(6)若所有稀释度的平均落菌数均不在 30～300，其中一部分大于 300 或小于 30 时，则以最接近 30 或 300 的平均菌落数乘以稀释倍数报告。

3. 菌落数的报告

菌落数在 100 以内时，按其实有数报告，大于 100 时采用两位有效数字，在两位有效数字后面的数值，以四舍五入方法计算，为了缩短数字后面的零数，也可以用 10 的指数来表示(表 4-4)。

表 4-4　稀释度选择及菌落数报告方式

样品编号	稀释液及菌落数			两稀释液之比	菌落总数/(CFU/g)	报告方式/(个/g)
	10^{-1}	10^{-2}	10^{-3}			
1	多不可计	164	20	—	16 400	16 000 或 1.6×10^4
2	多不可计	295	46	1.6	37 750	38 000 或 3.8×10^4
3	多不可计	271	60	2.2	27 100	27 000 或 2.7×10^4
4	多不可计	多不可计	313	—	313 000	31 000 或 3.1×10^5
5	27	11	5	—	270	270 或 2.7×10^2
6	0	0	0	—	$<1\times10$	<10
7	多不可计	305	12	—	30 500	31 000 或 3.1×10^4

实验 4-3　食品中大肠菌群的测定

任务准备

1. 仪器与设备

电炉、恒温培养箱、电子秤、高压灭菌锅。

2. 材料与试剂

VRBA 平板、BGLB 肉汤、无菌水、待检牛奶。

任务实施

一、安排学生课前预习

学生通过查阅资料和观看视频等完成预习报告。预习报告内容包括：(1)实验目的。(2)实训原理。(3)实验步骤和各类培养基的配制方法。(4)思考题：① VRBA 平板有什么作用？②食物中大肠菌群的含量标准是怎么规定的？

二维码 4-3　大肠菌群的测定（平板计数法）

二、检查学生预习情况

小组讨论总结，确定检样的稀释方法和检验用的培养基种类。

三、知识储备

大肠菌群主要来源于人畜粪便，故以此作为粪便污染指标来评价食品的卫生质量，具有广泛的卫生学意义。它反映了食品是否被粪便污染，同时间接地指出食品是否有肠道致病菌污染的可能性。所以，凡是大肠菌群数超过规定限量的食品，即可确定其卫生学上是不合格的，该食品食用是不安全的。

四、学生操作

大肠菌群平板计数法检验程序如图 4-2 所示。

(一)检样稀释

以无菌操作将检样 25 mL(或 25 g)放于含有 225 mL 灭菌生理盐水或其他稀释液的灭菌玻璃瓶内(瓶内预置适当数量的玻璃珠)或灭菌研钵内，经充分振摇或研磨作成 1∶10 的均匀稀释液。固体检样最好用均质器，以 8 000～10 000 r/min 的速度处理 1 min，做成 1∶10 均匀稀释液。

用 1 mL 灭菌吸管，吸取 1∶10 稀释液 1 mL，注入含有 9 mL 灭菌生理盐水的试管内，振摇试管混匀作成 1∶100 的稀释液。

另取 1 mL 灭菌吸管，按上述操作依次作 10 倍递增稀释液，每递增稀释一次，换用一支 1 mL 灭菌吸管。

(二)VRBA 平板试验

根据食品卫生标准要求或对检样污染情况的估计,选择 3 个稀释度,每个稀释度接种 3 个 VRBA 平板。取 1 mL 稀释液加到无菌平皿中,倒入 46℃的 VRBA 培养基,转动混匀,凝固后再覆盖 3～4 mL VRBA 培养基,置(36±1)℃温箱内,培养 18～24 h。

选择菌落数为 15～150 CFU 的平板计数典型和可疑菌落,典型菌落为紫红色周围有红色胆盐沉淀环,直径 0.5 mm。

(三)BGLB 肉汤培养

挑选 10 个(小于 10 个全选)典型菌落接种到 BGLB 肉汤培养基,置(36±1)℃温箱内,培养 24～48 h。

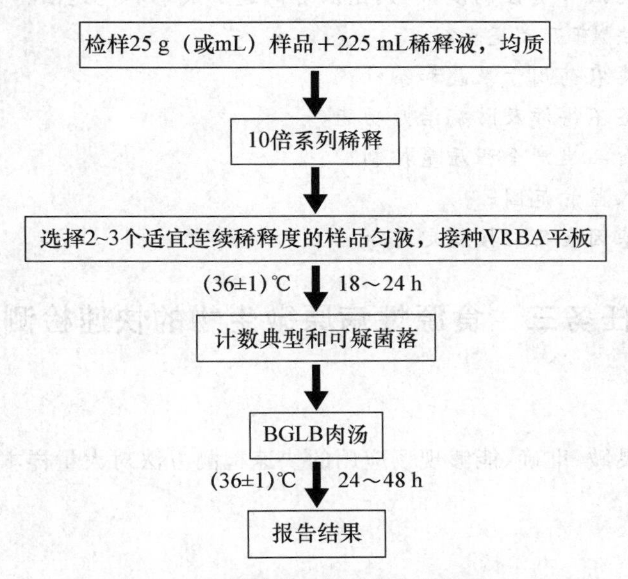

图 4-2　大肠菌群平板计数法检验程序

五、数据记录及处理

经最后证实为大肠菌群阳性的试管比例乘以 VRBA 平板上出现的典型和可疑大肠菌群菌落数,再乘以稀释倍数,即为每克(或毫升)样品中大肠菌群数。

例:10^{-4}样品稀释液 1 mL,在 VRBA 平板上有 100 个典型和可疑菌落,挑取其中 10 个接种 BGLB 肉汤管,证实有 6 个阳性管,则该样品的大肠菌群数为:

$$100\times\frac{6}{10}\times10\ 000=600\ 000\ \text{CFU/mL}$$

拓展知识

解读新版《中华人民共和国食品安全法》

《中华人民共和国食品安全法》(以下简称《食品安全法》)是适应新形势发展的需要,为了从制度上解决现实生活中存在的食品安全问题,更好地保证食品安全而制定的,其中确立了以食品安全风险监测和评估为基础的科学管理制度,明确食品安全风险评估结果作为制定、修订食品安全标准和对食品安全实施监督管理的科学依据。

新版《食品安全法》对以下八个方面的制度构建进行了修改：

(1)完善统一权威的食品安全监管机构；

(2)建立严格的全过程监管制度，强调生产经营者的主体责任和监管部门的监管责任；

(3)更加突出防范为主、风险防范；

(4)实行食品安全社会共治，充分发挥媒体、广大消费者在食品安全治理中的作用；

(5)突出对保健食品、特殊医学用途配方食品、婴幼儿食品等特殊食品的监管完善；

(6)加强对高毒、剧毒农药的管理；

(7)加强对食用农产品的管理；

(8)建立最严格的法律责任制度，加大违法者的违法成本和对违法行为的惩处力度。

新版《食品安全法》有五大亮点：

(1)禁止剧毒高毒农药用于果蔬和茶叶；

(2)保健食品标签不得涉及防病治疗功能；

(3)婴幼儿配方食品生产全程质量控制；

(4)网购食品纳入监管范围；

(5)生产经营转基因食品应按规定标示。

任务三　食源性病原微生物的快速检测

任务目标

能够选用简单、灵敏、准确、能够现场应用的快速检测方法对大量样本进行筛查，提高微生物检测的执行效率。

相关知识

随着人们生活水平的不断提高，食品安全问题越来越受到人们的重视。在众多影响食品安全的因素中，微生物及其产生的各类毒素引发的污染备受重视，微生物污染造成的食源性疾病仍是世界食品安全中最突出的问题。对食物中微生物的快速检测既是卫生防疫部门工作的需要，也是食品生产企业进行产品质量控制的需求，因此一直是研究的热点问题。近年来，随着分子生物学、微电子技术及生物技术的发展，食品微生物快速检验技术也有了很大的进展。

一、测试片法

测试片法是以无毒的高分子材料作为培养基载体，将特定的培养基和显色物质附着在上面，通过微生物在上面的生长、显色来测定食品中微生物的方法。这项技术自 20 世纪 80 年代初出现以来发展迅速，目前已经有商品化的微生物测试片。如美国 3M 微生物公司生产的好氧性细菌平板计数胶片(aerobic count plate，ACP)和大肠杆菌平板计数胶片(coliform count plate，CCP)能对 90 多种食品进行检测。其检测灵敏程度与传统方法无显著的差异，且性能优越于传统方法。

我国也有单位开发出类似的测试片，如原哈尔滨卫生防疫站研制的菌落总数检测胶膜，原衡阳市卫生防疫站检验科宋家益研制的大肠菌群快速检验试纸等。但这些产品由于科技含量低、结果重复性差而不能推广应用。

二、螺旋板系统

该系统为半自动检测方法，涂布系统把已知体积液体样品连续涂布在旋转的琼脂板表面，涂布针自旋转琼脂平板的中心部位向外周移动，螺旋式涂布，样品涂布量递减。在单一平板上可获得1∶(1～10 000)的系列稀释度，不必进行人工序列稀释。培养后，菌落沿螺旋轨迹出现，从平板中央至周边，菌落间距逐渐增大。可使用网格计数、人工计数或专门的激光自动菌落计数器计数。检测结果与传统方法相比，无明显差异。该法极大地减少了培养基的使用量，且不需稀释，提高了活菌计数的准确性，加快了大量样本的检测。这一系统在美国已被广泛使用，被纳入 AOAC 方法。

三、阻抗法

阻抗法检测微生物的原理是基于微生物在生长繁殖过程中，会使培养基的电阻发生变化，且这种变化与细菌生长曲线相似，不同细菌的阻抗曲线均不相同，因此阻抗曲线可以作为鉴定细菌的有利依据。该法目前已经用于细菌总数、霉菌、酵母菌、大肠杆菌、沙门氏菌、金黄色葡萄球菌等的检测。利用阻抗法检测食品中沙门氏菌是被 AOAC 认可的方法。阻抗法也是首先被德国标准化协会除平板分析法外接受的微生物测定方法。阻抗法还被广泛应用于乳品微生物检测中，如生乳、消毒乳、巴氏奶货架期的预测等。基于此法开发的自动化检测设备有 Radiometer 公司研制的 Malthus 2000 与 Biomerieux Vitek 公司研制的 Bactometer 等仪器。

四、分子生物学方法

随着微生物学、生物化学和分子生物化学的飞速发展，对微生物的鉴定已不再局限于对它的外部形态结构及生理特性等一般检验上，而是从分子生物学水平上研究生物大分子，特别是核酸结构及其组成部分。在此基础上建立的众多检测技术中，核酸探针和聚合酶链反应，以其敏感、特异、简便、快速的特点成为世人瞩目的生物技术革命的新产物，已逐步应用于食源性病原菌的检测。T/CSPSTC 11—2018 规定了利用恒温扩增芯片法对食品中沙门氏菌、金黄色葡萄球菌、单核细胞增生李斯特氏菌、肠出血性大肠埃希菌、坂崎肠杆菌、副溶血性弧菌、志贺氏菌和侵袭性大肠埃希菌的快速检测。

1. 核酸分子杂交法

细胞核酸 DNA 和 RNA 是可以传递遗传信息的大分子，而每一种病原体都有独特的核酸片段，核酸分子杂交方法是利用配对原理，将适当数量的核酸单链进行退火，进而形成双链。核酸分子杂交方法能够准确地检测致病性微生物，并不会干扰非致病性的微生物。

当前，食品检测工作已有很多技术手段，有些研究人员利用沙门氏菌基因片段作为探针检测沙门氏菌，获得了很好的效果。还有人利用非放射性 DNA 探针手段，也能快速检测增生李斯特菌。

总的来说，核酸分子杂交方法是一种理想的快速检测技术，它最大优势是特异性和敏感性，而且兼备组织化学染色的可见性和定位性，主要用于食品中致病性病原微生物的检测。但是操作比较烦琐、放射性同位素标记的核酸探针成本比较高，反应产生的废弃物比较难处理等，这就使得核酸分子杂交方法的商品化道路受到了限制。还需要进一步优化非放射性标记探针，将探针信号放大，研究简单的杂交形式，使该方法更加简单、便捷。

2. 基因芯片技术

基因芯片技术是利用显微打印等技术手段，将核酸探针固定在支持物的表面，并使其与标记样品杂交，对杂交信号进行检测，从而提高检测的速度以及准确性。

核酸杂交与基因芯片的原理基本上是一样的，但基因芯片还需要依据检测需要对探针固化进行设计，并且只需要一次杂交就能检测出多种靶基因的信息，比较快速，准确性、精确度和灵敏度都比较高，这是当前鉴别有害微生物的重要方法。

与传统的检测方法相比，基因芯片技术的先进性主要体现在：基因芯片可以实现微生物的高通量和并行检测，一次实验即可得出全部结果；操作简便快速，整个检测只需 4 h 基本可以出结果（传统方法一般 4～7 d）；特异性强，敏感性高。但由于检测设备昂贵、对操作人员专业素养要求较高、结果难以重现，所以在应用推广上受到了一定的限制。

3. 聚合酶链反应法（PCR 方法）

聚合酶链式反应 PCR 是美国科学家 Mullis 于 1983 年发明的一种在体外快速扩增特定基因或 DNA 序列的方法，故又称为基因的体外扩增法。PCR 技术以其特异性强、灵敏度高和快速准确等优点在食品微生物检测领域得以广泛应用。SN/T 1869—2007 规定了用普通 PCR 技术快速检测食品中沙门氏菌、志贺氏菌、金黄色葡萄球菌、小肠结肠炎耶尔森氏菌、单核细胞增生李斯特氏菌、空肠弯曲菌、肠出血性大肠埃希菌、副溶血性弧菌、霍乱弧菌和创伤弧菌的方法；用 BAX 全自动致病菌 PCR 检测系统检测食品中沙门氏菌、单核细胞增生李斯特菌、空肠弯曲菌、肠出血性大肠埃希菌和坂崎肠杆菌的方法。PCR 技术有多种形式，主要有以下几种：

(1) 常规 PCR 检测。常规 PCR 技术原理是在存在 DNA 模板、引物、dNTP、适当缓冲液等溶液的反应混合物中，在热稳定 DNA 聚合酶的催化下，对一对寡核苷酸引物所界定的 DNA 片段进行扩增。这种扩增是通过模板 DNA、引物之间的变性、退火、延伸等 3 步反应为一个周期，循环进行，使目标 DNA 片段得以扩增。由于第一周期产生的 DNA 片段均能成为下一次循环的模板，故 PCR 产物以指数形式增加。

(2)逆转录-聚合酶链反应（RT-PCR）。RT-PCR 技术的原理是提取组织或细胞中的总 RNA，以其中的 mRNA 作为模板，采用 DT 或随机引物利用逆转录酶反转录成 cDNA，再以 cDNA 为模板进行 PCR 扩增，而获得目的基因或检测基因表达。RT-PCR 使 RNA 检测的灵敏性提高了几个数量级，使一些极为微量 RNA 样品分析成为可能。

(3)巢式 PCR。巢式 PCR 是指先后用两套引物进行扩增的 PCR 技术，用两对引物先后扩增靶基因片段。通常是先用第一套引物扩增 15～30 个循环。由于第二套引物设计片段位于第一套引物扩增片段内，所以将第一套引物称为外引物，而把第二套引物为内引物。巢式 PCR 既可增加反应的特异性，又可得到丰富的特异性靶序列，增加敏感性。其对微生物检测和单拷贝基因靶 DNA 的扩增都是非常有效的。

五、ATP 生物荧光技术

ATP 是一种高能磷酸化合物，所有活细胞都含有 ATP 分子。ATP 生物荧光技术的原理是在荧光素酶的催化作用下，通过 ATP 激活荧光素并与氧结合，将化学能转化为光能，释放光量子。通过 ATP 不断提供能量，不断激活荧光分子，ATP 浓度与发光强度呈线性关系。该法灵敏度极高，可检测出 10 μL 样品中含量为 10^{-13} g 的 ATP。ATP 生物荧光技术不需微生物培养，可在几分钟内得到检测结果，普遍应用于肉制品杂菌污染鉴定、饮料和调味品微生物检测等。

自动 ATP 生物荧光技术在欧洲和北美广泛应用于乳品工业中，如生乳活菌数检测、UHT 乳活菌数检测、设备清洁度的评估及成品架售期的推算等。检测生乳样本需 5 min，自动化设备每小时可检测 240 个样本。目前 ATP 生物荧光仪检测 ATP 含量的极限约是 10^3 个/mL，基于 ATP 生物发荧技术检测细菌的仪器很多，如 Millpore 公司的 Microstar，Hughedwhite-lock 公司的 Bioprobe，Promega 公司的 ENLITEN 总 ATP 快速生物污染检测盒。

六、微生物全自动快速检测系统

近年来，随着计算机技术的不断发展，对病原微生物的鉴定技术朝着微量化、系列化、自动化的方向发展，从而开辟了微生物检测与鉴定的新领域。

通过对 BAX System Q7 全自动病原微生物快速检测法与传统检测方法（国标方法）进行对比研究，认为 BAX System Q7 全自动病原微生物快速检测方法在食品致病菌的检测方面具有自动化程度高、特异性强、假阳性率低、耗时短等优势，可作为食品中致病菌的快速筛查方法，与传统检测方法结合使用，有效提高食品中致病菌的检测效率。BAX System Q7 全自动病原微生物快速检测系统是建立在分子生物学基础上，采用实时荧光定量 PCR 方法对各类致病菌进行快速检测。BAX System Q7 全自动病原微生物快速检测系统的各类检测试剂盒都采用了杜邦专利的 PCR 试剂药片化技术，所有 PCR 试剂都被整合在一片药片中，包含高度特异性的探针以及其他 PCR 反应所需试剂，大大简化了操作步骤，减少了人为误差。该系统的优点在于特异性强、假阳性低、耗时短，灵敏度是传统平板培养法的 100～1 000 倍，无须免疫富集即可检出。可作为食源性致病菌爆发时的紧急检测方法，也可在日常检测工作中用于致病菌的快速定性检测。但该方法目前只能对致病菌进行快速定性，在定量方面有待进一步研究，且无法培养、不能够生化检定且不能够观察微生物产物。

微生物的检测技术一直在不断发展，有很多新的技术和方法不断涌现出来，参加这一领域的专家学者亦与日俱增。随着新型设备的使用及联用（如气相色谱-原子吸收联用、气相色谱-质谱联用等），将来的食品微生物检测将更加快速、灵敏、简便。

思政园地

坚持科学“战疫”，关注生物安全

2020 年新冠肺炎疫情席卷全球，导致本次疫情的病毒是以前从未在人体中发现的冠状病毒新毒株，被世卫组织命名为 2019-nCoV。中国在本次疫情防控中交出了一份令全球折服的答卷，这有赖于中国共产党的英明领导和全国人民的同心协力。习近平总书记指出，人类同疾病较量最有力的武器就是科学技术，人类战胜大灾大疫离不开科学发展和技术创新。提高治愈率、降低病亡率，最终战胜疫情，关键要靠科技。生命安全和生物安全领域的重大科技成果也是国之重器，疫病防控和公共卫生应急体系是国家战略体系的重要组成部分。

面对来势汹汹的疫情，医疗人员集聚科技力量，加大临床救治；科研人员整合科技资源，加快药物和疫苗研发；中国人民遵循人类命运共同体理念，推动形成全球战疫科技合作大格局。此次疫情的发生也让人们意识到文明生活方式的重要性，更要坚持科学理性，维护“战疫”秩序。

实验 4-4 病原微生物快速检测

任务准备

1. 设备

杜邦 BAX System Q7 全自动病原微生物检测系统。

2. 试剂

单增李斯特菌检测试剂盒。

3. 待检菌种

李斯特菌。

任务实施

一、安排学生课前预习

学生通过查阅资料完成预习报告。预习报告内容包括:(1)实验目的。(2)实验原理。(3)实验步骤。(4)思考题:①杜邦 BAX System Q7 全自动病原微生物检测系统的原理是什么?②检测时要注意哪些问题?

二、检查学生预习情况

小组讨论,明确检测时要注意的问题,如时间和温度的控制、检测结果的解读。

三、知识储备

1. 检测原理

杜邦 BAX System Q7 全自动病原微生物检测系统以 DNA 为基础,用于病原微生物检测和食品质量控制,使用实时荧光定量 PCR 技术检测病原微生物,采用杜邦 Qualicon 开发的高特异性引物,目标病原微生物独特的基因信号可以快速被检测。

2. 仪器特点

杜邦 BAX System Q7 全自动病原微生物检测系统性能卓越,采用 CCD 检测器,最多可进行 5 色荧光同时检测,使单孔检测多个目标菌成为可能,检测速度快,90 min 就可完成检测,同一块板上可同时进行多个项目的检测。

超灵敏的仪器和试剂相结合,可大大缩短增菌的时间,最短 8 h 可完成增菌并进行检测,平均 24 h 就可得到结果。

3. 注意事项

(1)试剂需要在保质期内使用,加过蛋白酶的裂解液的保存时间是 2 周,在 2~8℃下保存。与 24E 试剂盒配套使用的稀释过的裂解液,可在 20~30℃下保存 6 个月。装有药品的 PCR 管保存时要注意防潮。

(2)冷却块需保存在 2~8℃的冰箱内,从冰箱取出后,需要在 30 min 内完成使用。

(3)在制备增菌培养基时,推荐使用去离子水,以匹配 PCR 测试方法。

(4)在与药片混合前,将裂解液放入冷却块 5 min,同时将 PCR 管放入 PCR 管专业冷却块,以保证 PCR 管也处于冷却状态。

四、学生分组实验

1. 预热两个加热块

使用温度计,确保加热块的温度是正确的,单增李斯特检测试剂盒设定温度为 55℃和 95℃。

2. 仪器初始化

(1) 打开仪器电源,60 s 后打开 BAX 软件。

(2) 在软件中设置样品的放置位置,根据需求从"Target"菜单中选取要检测的病原菌类型,单击"Apply",输入每个检测孔所对应的样品信息,并在 BAX 软件中保存该用户文件。在"File"下拉应用菜单中选择"RUN FULL PROCESS"预热仪器。

3. 样品前处理

(1)按照 80∶1 混合均匀裂解液和蛋白酶 K,并分装 200 μL 上述标准裂解液到裂解管中。

(2) 取 5 μL 增菌液到裂解管中,盖上裂解管盖。

(3)加热裂解管并使用计时器对两个孵育温度进行计时,条件分别为 55℃、30 min 和 95℃、10 min。

(4)加热完成后,将裂解管放入冷却块 5 min(确保冷却块之前已放入冰箱冷藏至少 12 h)。

4. 上机检测

(1)检查软件界面,看"RUN FULL PROCESS"过程是否完成(屏幕会显示"Cycler Has Reached Load Temperature")。

(2)将 PCR 管条放置在另一个适用于 PCR 管条的冷却块中,打开 PCR 管的盖子和裂解管的盖子,用移液器将裂解液加入 PCR 管(对于标准 PCR 及李斯特属 24E 试剂盒,将 50 μL 裂解液加入装有药片的 PCR 管;对于使用实时荧光定量技术及单增李斯特菌 24E 试剂盒,将 30 μL 裂解液加入装有药片的 PCR 管),使用光学盖将 PCR 管盖紧。

(3)迅速将 PCR 管架放至仪器上,单击"NEXT"开始运行仪器,仪器结束运行按软件界面的提示取下 PCR 管架。

五、结果记录

打印检测结果并进行分析,给出结论。

拓展知识

食源性病毒的免疫学检测

研究表明,大多数食源性疾病是由食源性病毒引起的,每年因病毒引起的食物中毒约占微生物污染的 12%。此类病毒在许多食物表面或者内部都有分布,会引起疫病暴发和流行,危害人体健康,如 1982 年 Norwalk 病毒引起美国 5 000 人患肠胃炎,此外凸隆病毒、柯萨奇病毒、萼状病毒和细小病毒也都能引起暴发型肠胃炎。为及时了解食品中病毒情况,需要对不同食物来源中的食源性病毒进行准确检测。食品中病毒检测方法包括电镜观察法、细胞培养法、免疫法、分子生物学方法等，其中免疫学检测方法因其特异性高、速度快、成本低等优点，应用广泛。

免疫检测是利用免疫反应特异性的原理，在抗原抗体特异性反应的基础上建立的检测技术。常见的检测食源性病毒的免疫方法包括：病毒中和试验、酶联免疫吸附试验、免疫荧光法、免疫层析法、免疫胶体金标记法。

病毒中和试验以测得病毒的感染力为基础，通过观察标准血清病变程度对待测病毒进行初步鉴定或定型。其准确性受病毒本身的颗粒完整性、病毒侵入宿主细胞的敏感性和抗血清滴度的强弱等因素影响，且检测周期较长（数天），需要早期感染的和康复期的双份血清，因此该方法不适合用于快速检测和诊断。

酶联免疫吸附试验是经底物显色后观察被酶标记过的抗体与相应抗原形成的免疫复合物。需要注意的是该法受其包被的抗原或抗体纯度的影响较大，但是其操作简单，不需要特殊仪器，省时，特别适合大量样品的血清学检验，因此是目前病毒抗原和抗体检测技术中最常用的。

免疫荧光技术是利用抗原与抗体结合的原理和特殊的标记技术对特异性抗原或抗体进行定位定性或定量检测。不仅可以对家禽传染病进行快速诊断，而且还能进行抗原定位组织亲嗜性以及蛋白质功能等方面的研究。

胶体金免疫层析技术主要应用于病毒性疾病的诊断、细菌性疾病的诊断、寄生虫病的诊断。特别是近年来被广泛应用于人畜以及动植物、水产品等方面病毒性疾病检测和研究。

免疫层析技术是 20 世纪 80 年代初在发达国家先兴起的一种快速检测技术，其原理是在毛细管层析作用下，抗原和抗体在硝酸纤维素膜上特异性结合。而免疫层析试纸条就是在免疫层析技术基础上，用胶体金、磁性纳米材料、乳胶微球、稀土纳米材料、量子点、荧光素等材料标记，肉眼或者在紫外或红外光的激发条件下，能够呈现出抗体和抗原特异性结合的颜色或者荧光区域。免疫层析试纸技术既迅速又廉价，必然成为未来食品安全检测技术的主流。免疫层析试纸技术能在很少的时间内准确无误地检出食源性病毒，各公司已研制出检测各种各样的食源性病毒的免疫层析试纸条。

练习题

二维码 4-4
项目四练习题参考答案

一、选择题

1. 常用于细菌菌体染色的染色液是(　　)。

A. 酸性染色液　　B. 碱性染色液　　C. 中性染色液　　D. 天然染色液

2. 甲基红(MR)试验中阳性结果呈(　　)。

A. 黄色　　B. 无色　　C. 紫色　　D. 红色

3. 硫化氢产生试验中，如果有硫化氢产生，则出现哪种下列现象？(　　)

A. 出现黑色菌落　　B. 出现红色菌落

C. 产气　　D. 出现透明环

4. 对于三糖铁生化试验结果，下列说法正确的是(　　)。

A. 培养基斜面黄色，底层黑色，说明试验菌株不发酵乳糖

B. 培养基斜面红色，底层黄色，说明试验菌株发酵乳糖

C. 培养基斜面红色，底层黄色，说明试验菌株只发酵葡萄糖

D. 培养基斜面、底层皆黄色，说明试验菌株只发酵葡萄糖

5. 通过加入特殊营养物质或化学物质，杀死或抑制不需要的微生物的培养基是(　　)。

A. 合成培养基　　B. 增殖培养基　　C. 选择培养基　　D. 固体培养基

6. 我国城市饮用水卫生标准规定(　　)。

A. 每 1 000 mL 水中大肠杆菌<3 个

B. 每 1 000 mL 水中大肠杆菌<30 个

C. 每 100 mL 水中大肠杆菌<3 个

D. 每 100 mL 水中大肠杆菌<30 个

7. 我国城市饮用水卫生标准规定(　　)。

A. 每毫升水中细菌总数<1 000 个

B. 每毫升水中细菌总数<10 个

C. 每 100 mL 水中细菌总数<10 个

D. 每毫升水中细菌总数<100 个

8. 对金黄色葡萄球菌生物学特性描述不正确的是(　　)。

A. 显微镜下排列成葡萄串状　　B. 高耐盐性

C. 革兰氏染色阴性　　D. 甲基红反应阳性

9. 检样接种血平板后产生的金黄色葡萄球菌可疑菌落形态特征为(　　)。

A. 菌落为深紫黑色，具有金属光泽

B. 菌落周围形成透明的溶血环

C. 菌落周围为一混浊带，其外层有一透明圈

D. 菌落颜色为灰色到黑色

二、填空题

1. 常用血清学反应的类型有________、________、________、________。

2. 染料按其电离后离子所带电荷的性质，可分为________、________、________、________。

3. GB/T 4789.2—2016 中菌落总数检验所用培养基是________。

4. 活菌计数法检测细菌总数应选择菌落数在________的平板作为计数标准。

5. 菌落数测定结果 1∶100(第一稀释度)菌落数分别为 204 和 213；1∶1 000(第二稀释度)菌落数分别为 19 和 18。则菌落总数结果为________。

6. 菌落总数的计算公式：$N=\sum C/(n_1+0.1n_2)d$，其中 n_1 是指________。

7. 大肠菌群检测所用乳糖胆盐培养基中胆盐的作用是________。

三、问答题

1. 样品采集时应坚持哪些原则？

2. 简述不同状态样品的采样方法。

3. 样品送检过程中应坚持哪些原则并采取哪些运送措施？

4. 食品中检出的菌落数是否代表食品被污染的所有细菌数？为什么？

5. 进行大肠菌群检测的意义是什么？为什么选择大肠菌群进行检测？

6. 简述食品中大肠菌群检验的步骤。

项目五

微生物育种技术

本项目学习目标

[知识目标]

1.掌握微生物遗传变异的物质基础及其在细胞中的存在方式。

二维码 5-1
项目五　课程 PPT

2.了解基因突变的类型、实质、特点。

3.掌握菌种选育的基本程序和操作要点。

[技能目标]

1.能够从土壤中筛选目标菌种。

2.能够确定诱变育种的条件并进行筛选。

[素质目标]

1.培养学生创新思维和发展能力,并具有良好的沟通能力和竞争协作精神,具有6S管理理念,适应企业现代管理。

2.依法规范自己行为的意识和习惯;培养学生具有生物安全、规范操作的意识与习惯。

3.培养学生锲而不舍、勇于探索的科学精神,教育学生树立学以致用与造福人类的专业志向。

项目概述

遗传(heredity)和变异(variation)是生物体最本质的属性之一。任何生物为了保持物种的稳定性,必须在繁殖过程中将性状准确地传递给子代,所以,遗传就是指生物将自己的一套遗传信息传递给子代,使亲代的遗传性状能够在子代中得到表现。而生物为了适应不断变化的外界环境,又需要不断地部分改变其遗传物质,使亲代与子代之间或子代与子代之间存在不同程度的差异,这种现象称为变异。遗传和变异是一对矛盾,它们既对立又统一。没有变异,生物界就失去了进化的基础,遗传只能是简单的重复;没有遗传,变异不能积累,变异就失去了意义,生物也就不能进化。遗传是相对的,变异是绝对的,正是这两者相互斗争、相互促进,才推动着生物不断地向前发展。

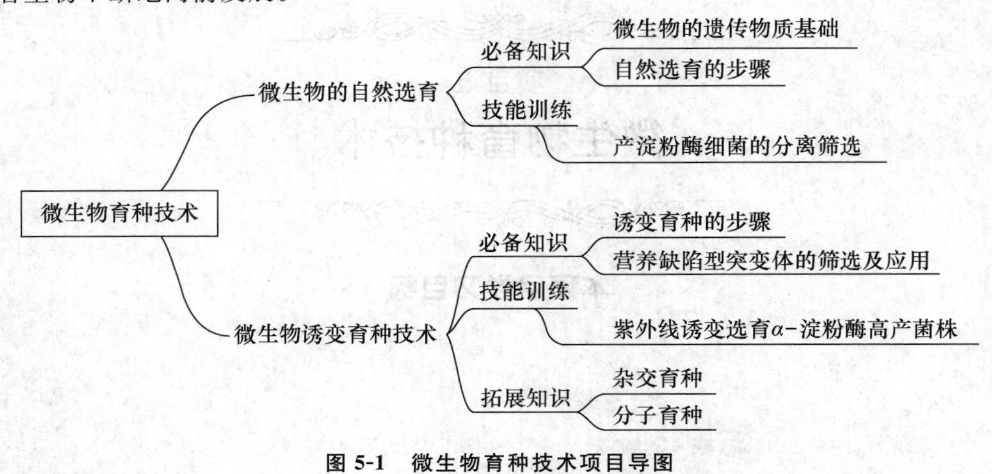

图 5-1　微生物育种技术项目导图

任务一　微生物的自然选育

任务目标

明确微生物遗传的物质基础,掌握基因突变的特点,能够根据微生物的特性,选择合适的条件,筛选出生产菌。

相关知识

一、微生物遗传的物质基础

核酸是一切生物遗传变异的物质基础,核酸分为脱氧核糖核酸(DNA)和核糖核酸(RNA),绝大多数生物的遗传物质是 DNA,只有少数病毒的遗传物质是 RNA,例如,某些动物和植物病毒以及某些噬菌体。

真核微生物和原核微生物的大部分 DNA 都集中在细胞核或核区中。在不同种微生物或同种微生物的不同细胞中,细胞核的数目常有所不同。

(一)原核微生物遗传物质的存在形式

原核微生物的主要遗传物质是染色体 DNA,一般为环状双链 DNA,并且不与组蛋白结合。一般情况下,一个细菌细胞只有一条染色体或一套基因组,为单倍体。每个细胞的 DNA 含量在细胞生长期间十分稳定,在分裂时染色体复制为二,均匀地分配到两个子细胞中。此外,细菌还存在染色体以外的遗传物质,其为游离于细菌染色体外,具有独立复制能力的小型共价闭合环状 DNA 分子,即 cccDNA(circular,covalently closed DNA),称为质粒。大小约为核基因组的 1%。质粒上携带的遗传信息赋予了细菌的某些对其生存并非必不可少的特殊功能,如抗药性、降解毒物等。

(二)真核微生物遗传物质的存在形式

真核微生物的遗传物质为线状双链 DNA,与组蛋白结合在一起构成核染色体,由核膜包裹成形态固定的真核。根据真核微生物细胞中的染色体组数目,可以将其区分为单倍体(n)、双倍体($2n$)和多倍体($3n$)等几种不同的类型。真核微生物染色体外的 DNA 主要以细胞器形式存在,这些细胞器中的 DNA 常呈环状,细胞器 DNA 的大小通常仅有染色体 DNA 的 1% 以下。

二、微生物基因突变

按照现代基因的概念,基因(gene)是指遗传物质 DNA 上具有特定功能的一段核苷酸序列。其主要功能是把遗传信息转变为由特定氨基酸顺序构成的多肽(包括酶),从而决定生物体的表型,即基因表达。

基因突变(gene mutation)简称突变,是指遗传物质的分子结构或数量发生的可遗传的变化,可自发或诱导产生。狭义的突变专指基因突变,即一个基因内部的遗传物质发生的可遗传的结构变化,也称点突变(point mutation),包括一对或少数几对碱基的缺失、插入或置换。广义的突变则包括基因突变和染色体畸变(chromosomal aberration)。

(一)基因突变的类型

1.形态突变型(morphological mutant)

指由突变引起的个体或菌落形态的变异。如细菌的鞭毛、芽孢或荚膜的有无,菌落的大小,外形的光滑或粗糙及颜色的变化;真菌产孢子的多少,外形及颜色的变化;噬菌斑的大小和清晰程度的变异等。

2.致死突变型(lethal mutant)

指由于基因突变而造成个体死亡的突变类型。

3.条件致死突变型(conditional lethal mutant)

在某一条件下呈现致死效应,而在另一条件下却不表现致死效应的突变型。温度敏感突变株是一类典型的条件致死突变株。例如,*E. coli* 的某些菌株可在 37℃下正常生长,却不能在 42℃下生长。引起温度敏感突变的原因是突变使某些重要蛋白质的结构和功能发生改变,以致会在某些特定温度下具有功能,而在另一温度下则无功能。

4.抗性突变型(resistant mutant)

指一类能抵抗有害理化因素的突变类型,细胞或个体能在某种抑制生长的因素存在时继续生长与繁殖,例如对一些抗生素具抗药性的菌株等。抗性突变型菌株在遗传学、分子生物学、遗传育种和遗传工程等研究中及其重要,它常作为选择性标记菌种。

5.抗原突变型(antigenic mutant)

指由于突变引起的细胞抗原结构发生变异的类型,包括细胞壁缺陷变异(L 型细菌等)、荚膜或鞭毛成分变异等。

6. 营养缺陷突变型(auxotroph)

指某种微生物经基因突变而引起微生物代谢过程中某些酶合成能力丧失的突变型,它们必须在原有培养基中添加相应的营养成分才能正常生长繁殖。这种突变型在科研和生产实践中有着重要的应用价值。

(二)基因突变的特点

1. 自发性

任何性状的突变都可以在没有人为的诱变因素条件下自发的发生。

2. 不对应性

突变的性状与引起突变的原因无直接对应的关系。即抗药性突变并非由于接触了药物引起,抗噬菌体的突变也不是由于接触了噬菌体所引起,这些突变性状都可以通过自发的或其他任何诱变因子诱发而得。

3. 稀有性

自发突变虽然不可避免,并可能随时发生,但是突变的频率很低,一般在 10^{-9}~10^{-6}。

4. 独立性

在一个群体中,各种性状都可能发生突变,但彼此之间独立进行,某一基因的突变既不提高也不降低其他基因的突变率。

5. 诱变性

自发突变的频率可通过诱变剂的作用而提高,一般可提高 10~10^{6} 倍。

6. 稳定性

由于突变的根源是遗传物质结构上发生了变化,因此,产生的新性状是稳定的、可遗传的。

7. 可逆性

由原始的野生型基因变异为突变型基因的过程,称为正向突变,相反的过程称为回复突变或回变。实验证明,任何性状既可发生正向突变,也可发生回复突变,两者发生的频率基本相同。

三、自然选育

(一)选育前的准备工作

从自然界中选育菌种,首先要查找资料,充分了解目标菌的类别、生长 pH 、生长温度、代谢特点、营养要求等生活习性。然后考虑目标菌可能存在的场所,从中选出最合适的场所取样。例如,要筛选能分解石油的微生物,则应到油田或炼油厂去采集样品;要筛选分解纤维素的菌种,可在枯草朽木等含腐朽纤维素的场所取样;筛选嗜盐微生物可从盐碱土、海水、盐分高的贮藏食品中取样。

(二)自然选育的步骤

1. 样品采集

一般在有机质较多的肥沃土壤中,微生物的种类及数量最多,所以,如果没有特殊要求,采样一般以土壤为主。采集土壤时应注意以下几点:

(1)土壤肥力。一般来说有机质较多的肥沃土壤含微生物较多。中性偏碱的土壤以细菌和放线菌为主,酸性红土壤及森林土壤中霉菌较多,果园、菜园和野果生长区等富含碳水化合物的土壤和沼泽中酵母菌和霉菌较多。

(2)采土深度。土壤深度不同,其通气、养料、水分情况各不相同,表层土壤干燥,微生物含量较少,而地下 5～20 cm 处微生物含量最多,适宜采集。

(3)采土季节。以春季和秋季两季为宜。因为这时外界环境条件都比较适合微生物的生长繁殖,微生物数量最多。

(4)采土方法。选择好采土点以后,用小铲子除去表土,取 5～20 cm 处的几十克土壤,放入事先灭过菌的纸袋内。同时记录采土时间、地点、采集地的地理、生态参数等情况以备查考。采土的点可多些,采土后要尽快分离菌株。

2.增殖培养

一般情况下,采来的样品可以直接进行分离,但是,如果样品含目标菌少,杂菌多,就不宜直接分离纯化,需要增殖培养。所谓增殖培养就是根据目标菌的培养特性,创造有利于目标菌生长的营养条件和其他环境条件,并最大限度地减缓或抑制其他杂菌的生长。例如,目标菌具有分解纤维素的能力,则在增殖培养时,仅供给纤维素为唯一碳源;如目标菌是酵母菌,则可在糖度较高、pH 较低的培养基中增殖培养;如目标菌是耐高温的生物,则可将样品于 60℃下处理 10～30 min,然后再增殖培养。

3.分离纯化

通过增殖培养,样品中的微生物还是处在混杂生长状态。因此还必须分离、纯化。常用的分离纯化方法有:

(1)平板划线分离法。这是最常用的分离纯化方法。首先要将熔化的琼脂培养基倒入无菌培养皿中,冷凝,然后用接种针(接种环)挑取少量菌种,在平板上划线。划线的方法可用分步划线法或一次划线法,无论用哪种方法,基本原则是确保培养出单个菌落。

(2)稀释涂布分离法。首先是将样品进行适当稀释,然后将稀释液涂布于培养基平板上进行培养,待长出独立的单个菌落,进行挑取分离。

(3)单孢子直接挑取法。这种方法是从待分离材料中挑取一个细胞或孢子来进行培养。将一台显微挑取器装在显微镜上,再把一滴样品加到载玻片上,用装在显微挑取器上的极细的毛细管对准一个单独的细菌或孢子,直接挑取,然后将其放在培养基上培养,可得到纯种。

(4)组织分离法。主要用于食用菌菌种或某些植物病原菌的分离。分离时,首先用 10% 漂白粉或 0.1%氯化汞对植物或器官组织进行表面消毒,用无菌水洗涤数次后,移植到培养皿中的培养基上,于适宜温度培养数天后,可见微生物向组织块周围扩展生长。经菌落特征和细胞特征观察确认后,即可由菌落边缘挑取部分菌种移接入斜面培养。

(5)菌丝尖端切割法。如果是不产孢子而又生长迅速的霉菌,则可用无菌解剖刀将菌丝尖端切割下来,再移至培养基上培养,即得纯种。有些毛霉、根霉在分离时,由于其菌丝的蔓延性,极易生长成片,很难挑取单菌落。常在培养基中添加 0.1%去氧胆酸钠或在察氏培养基中添加 0.1%山梨糖及 0.01%蔗糖,利于单菌落的分离。

4.筛选

经过分离培养,在平板上出现很多单个菌落,通过菌落特征观察,选出符合目的菌特性的菌落,可将之转移到试管斜面培养。这种从自然界中分离得到的纯种称为野生型菌株,它只是筛选的第一步,所得菌种是否具有生产价值,能否作为生产菌株,还必须采用与生产相近的培养条件,以三角瓶的容量进行小型发酵试验,即进行生产性能测定,以确定适合生产要求的菌种。

一般按照初筛、复筛、再复筛步骤进行，最后对少数几株进行全面考察。初筛一株一瓶，取其中10%～20%复筛，一株3瓶，直至最后3～5株，广泛考察。筛选时培养条件的确定是关键，培养基组成、通风条件、pH、温度等应根据菌株性能、产物代谢途径、类似产品的培养条件及前人的工作进行综合考察，慎重选定。

实验5-1 产淀粉酶细菌的分离筛选

任务准备

1. 器材

无菌培养皿、无菌吸管、无菌离心管、电子天平、记号笔、玻璃涂棒、酒精灯、火柴。

2. 材料与试剂

新鲜土壤样品、淀粉培养基、装有玻璃珠和18 mL无菌水的三角瓶。

任务实施

一、安排学生课前预习

二维码5-2 碘液显色法筛选产淀粉酶菌株

学生通过查阅资料和观看视频等完成预习报告。预习报告内容包括：(1)实验目的。(2)实验原理。(3)实验步骤。(4)思考题：①如何选择菌种培养基？②菌种的筛选依据是什么？

二、检查学生预习情况

小组讨论总结，根据产酶特点，应选用含有淀粉的培养基做产物检测，根据酶水解淀粉的情况筛选菌种。

三、知识储备

从混杂微生物群体中获得某一种或某一株微生物的过程称为微生物的分离纯化。平板分离法普遍适用于微生物的分离与纯化，其基本原理是选择适合于待分离微生物的生长条件，如营养成分、酸碱度、温度和氧等要求，或加入某种抑制剂造成只利于该微生物生长，而抑制其他微生物生长的环境，从而淘汰一些不需要的微生物。

本实验采用透明圈检验法检测培养物中是否有产淀粉酶微生物的生长。在固体培养基中掺入溶解性差、可被产淀粉酶细菌利用的淀粉，造成混浊、不透明的培养基背景。在待筛选的菌落周围就会形成透明圈，透明圈的大小反映了菌落利用此物质的能力。常作为初步筛选菌落的快速方法。

四、学生操作

1. 制备土壤稀释液

称取土壤2 g，放入带有玻璃珠和18 mL无菌水的三角瓶中，振荡5 min，即为稀释度为10^{-1}的土壤悬液。然后在离心管中依次稀释至10^{-3}、10^{-4}稀释度。

2. 制备淀粉培养基平板

倒入融化好的牛肉膏-蛋白胨培养基约 15 mL 后(温度以不烫手为宜),置于桌面冷却为固体平板。在无菌培养皿底部注明分离菌名、稀释度。

3. 吸取稀释液

无菌操作法分别吸取 10^{-3}、10^{-4} 土壤稀释液 0.1 mL,分别加在已制好的 2 块淀粉平板培养基上。

4. 涂布

用涂布棒将稀释液在培养基上充分混匀铺平,静置 5 min。

5. 划线分离

将 10^{-1} 土壤稀释液用接种环挑取一环,每人在一块淀粉培养基上进行划线分离。然后倒置于恒温箱培养。

6. 培养

倒置于 37℃恒温箱中培养 24 h。

五、数据记录及结果分析

(1)观察产生的透明圈,并测量其半径。24 h 后(或适当时间),在之前稀释涂布和划线的 3 块淀粉培养基上选取产生透明圈的细菌菌落(尽量选取边缘整齐和规则的菌落),测量其菌落半径(C)并用记号笔进行编号、记录。

(2)将编号后的菌落用无菌牙签挑取,在备用的 1 块淀粉培养基平板上分别点种。

(3)加入碘液到长有菌落的 3 块淀粉培养基上,观察是否有透明圈的产生,并测量其半径(H)。

(4)对照备用点种平板和编号菌落的透明圈大小,挑取透明圈最大的一个菌斑(计算 H/C),用记号笔将其勾选出来。

(5)将点种平板继续置于 30℃培养。

(6)拍照记录筛选培养基平板上的透明圈。记录单菌落数量、无透明圈菌落数量、有透明圈菌落数量及若干个菌落透明圈大小及菌落半径。

任务二　微生物诱变育种技术

任务目标

能够根据需要,选择合适的样品和条件,对良好的菌种进行高产筛选,充分发挥菌种的优良性能。

相关知识

从自然界中筛选优良菌种固然是一条重要途径,可以解决从“无”到有问题,但是野生型菌株往往不能完全满足生产的要求,存在产量较低、产品混杂等问题。因为在生物的长期进化过程中,微生物形成了越来越完善的代谢调节机制,使其处于平衡生长状态,所以正常代谢的微生物不会有代谢产物的过量积累。如最初发酵生产青霉素时,发酵液中青霉素的含量仅为20个单位。而育种就是根据微生物遗传变异的原理，在已有的菌种基础上，采用诱变或杂交等方法，改变微生物的遗传物质，进而改变微生物的代谢途径，使生物合成的代谢途径朝着人们所希望的方向发展，实现人为控制微生物，获得人们所需的高产、优质和低耗的菌种。

诱变育种是利用物理、化学等诱变因素处理微生物群体，诱发基因发生突变，然后根据育种目标，从无定向的突变株中，筛选出我们所需要的菌种。

一、诱变育种的步骤

1.出发菌株的选择

用来进行诱变或基因重组育种处理的起始菌株称为出发菌种。这项工作目前还只停留在经验阶段：①最好选用新从自然界分离的野生型菌株，这类菌株的特点是对诱变因素敏感，易发生变异，而且容易发生正向突变；②选用生产中由于自发突变而经筛选得到的菌株，这类菌株类似野生型菌株，容易得到好的结果；③可选用已发生过其他突变的菌株，如在选育金霉素高产菌株时，发现用丧失黄色素合成能力的菌株作出发菌株比分泌黄色素者更有利于选育出高产变异；④选用对诱变剂敏感性较高的增变株。

2.孢子(或菌体)悬浮液的制备

为使每个细胞均匀接触诱变剂并防止长出不纯菌落，就要求进行诱变的菌种必须以均匀而分散的单细胞悬液状态存在。通常采用灭菌的玻璃珠把成团的细胞打散，再用灭菌的脱脂棉进行过滤。

悬浮液可以用生理盐水或缓冲液来制备，采用对数期的细菌有利于诱变。真菌和放线菌一般处理刚成熟的孢子。

处理前要进行活菌计数，一般真菌孢子或酵母菌的浓度在10^6个/mL为宜，放线菌孢子或细菌不超过10^8个/mL。

3.诱变剂处理

能引起生物产生高于自发突变频率的突变的外界因素，称为诱变剂。它包括物理诱变剂、化学诱变剂和生物诱变剂三大类。物理诱变剂包括紫外线、X射线、γ射线、快中子、α射线、β射线和超声波等，在微生物诱变育种中，以前面4种较常用。在化学诱变剂中，主要有烷化剂、碱基类似物和吖啶化合物。这里以最常用的紫外线和5-溴尿嘧啶为代表，分别介绍物理和化学诱变剂的使用方法。

(1)紫外线。这是一种使用方便、诱变效果很好的常用诱变剂。在诱变处理前，先开紫外线灯预热20 min，使光波稳定。然后，将3～5 mL细胞悬浮液置6 cm培养皿中，置于诱变箱内的电磁搅拌器上，照射3～5 min进行表面杀菌。打开培养皿盖，开启电磁搅拌器，边照射边搅拌。处理一定时间后，在红光灯下，吸取一定量菌液经稀释后，取0.2 mL涂平板，或经暗箱培养一段时间后再涂平板。

(2)5-溴尿嘧啶(5-BU)。将细胞培养至对数期并悬浮于缓冲溶液或生理盐水中过夜，使其尽量消耗自身营养物质。将用无菌生理盐水配制好的2 mg/mL 5-BU加入培养基内，使其终浓度一般为10～20 μg/mL，混匀后倒平板，涂布菌液，使其在生长过程中发生突变，然后挑取单菌落进行测定。

处理孢子悬浮液时，可采用较高浓度的5-BU(100～1 000 μg/mL)与孢子悬浮液混合后振荡培养，经一定时间后适当稀释并涂平板。

其他化学诱变剂的处理方式大体相同，但在浓度、时间、缓冲液等方面随不同的诱变剂而有所不同，可参阅有关的实验手册和资料。

4. 中间培养

刚经过诱变剂处理的菌株，有一个表现迟滞的过程，即细胞内原有酶量的稀释过程，需 3 代以上的繁殖才能将突变性状表现出来。所以，应将变异处理后的细胞在液体培养基中培养几小时，使细胞的遗传物质复制，繁殖几代，以得到纯的变异细胞。这样，稳定的变异就会显现出来。

5. 分离和筛选

经中间培养，分离出大量的较纯的单个菌落，接着要从成千上万个菌落中筛选出性能良好的正突变株，这将要花费大量的人力和物力。怎样设计才能花费较少的工作量达到最好的工作效果，这是筛选工作中的一个重要问题。一般采用以下一些方法加以简化：① 利用形态突变直接淘汰低产变异菌株。一般来讲，诱发形态发生变异最多的剂量常是诱发较多负突变的剂量，所以在挑菌时，一般避免挑取形态发生变化的菌落，特别是不产孢子的菌落；②利用平皿反应直接挑取高产变异菌株。平皿反应是指每个变异菌落产生的代谢产物与培养基内的指示物在培养基平板上作用后表现出一定的生理效应，如变色圈、透明圈、生长圈、抑菌圈等。如在含有酪蛋白的培养基上，是否有透明圈出现，以及透明圈大小可用来判断该菌是否能产生蛋白酶以及酶活力的强弱；在抗生素生产菌株筛选时，把供试菌直接接种到含有指示菌的平板上，根据抑菌圈的大小和菌落直径的比值来筛选高产菌株。

二、营养缺陷型突变体的筛选及应用

营养缺陷型菌株是指通过诱变而产生的缺乏合成某些营养物质（如氨基酸、维生素、嘌呤和嘧啶等）的能力，必须在其基本培养基中加入相应缺陷的营养物质才能正常生长繁殖的变异菌株。其变异前的菌株称为野生型菌株。营养缺陷型的筛选与鉴定涉及下列三种培养基：①基本培养基，是指仅能满足某微生物的野生型菌株生长所需的最低成分的合成培养基。②完全培养基，是指可满足某种微生物的一切营养缺陷型菌株的营养需要的天然或半合成培养基。③补充培养基，是指在基本培养基中添加某种营养物质以满足该营养物质缺陷型菌株生长需求的合成或半合成培养基。

在诱变育种工作中，营养缺陷型突变体的筛选及应用有着十分重要的意义。营养缺陷型的筛选一般要经过诱变、淘汰野生型、检出和鉴定营养缺陷型四个环节。现分述如下：

1. 诱变剂处理

与上述一般诱变剂处理相同。

2. 淘汰野生型

在诱变后的存活个体中，营养缺陷型的比例一般较低。通过以下的抗生素法或菌丝过滤法就可淘汰为数众多的野生型菌株，即浓缩了营养缺陷型。

(1)抗生素法。有青霉素法和制霉菌素法等数种。青霉素法适用于细菌，青霉素能抑制细菌细胞壁的生物合成，杀死正在繁殖的野生型细菌，但无法杀死正处于休止状态的营养缺陷型细菌。制霉菌素法则适合于真菌，可与真菌细胞膜上的甾醇作用，从而引起膜的损伤，也是只能杀死生长繁殖着的酵母菌或霉菌。在基本培养基中加入抗生素，野生型生长被杀死，营养缺陷型不能在基本培养基中生长而被保留下来。

(2)菌丝过滤法。适用于进行丝状生长的真菌和放线菌。其原理是在基本培养基中,野生型菌株的孢子能发芽成菌丝,而营养缺陷型的孢子则不能。通过过滤就可除去大部分野生型,保留下营养缺陷型。

3.检出缺陷型

具体方法很多,主要有夹层法、限量补充法、逐个检出法、影印法四种。可根据实验要求和实验室具体条件加以选用。现分别介绍如下:

(1)夹层培养法。先在培养皿底部倒一薄层不含菌的基本培养基,待凝,添加一层混有经诱变剂处理菌液的基本培养基,其上再浇一薄层不含菌的基本培养基,经培养后,对首次出现的菌落用记号笔一一标在皿底。然后再加一层完全培养基,培养后新出现的小菌落多数都是营养缺陷型突变株(图 5-2)。

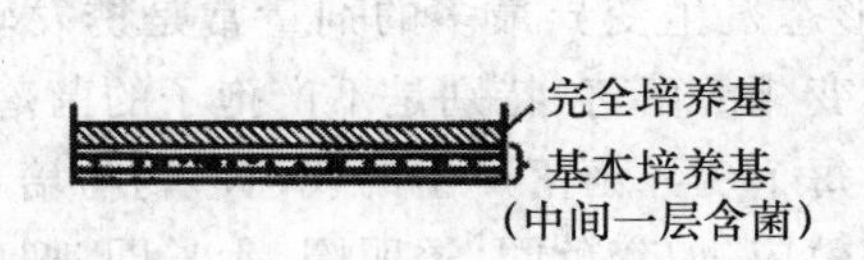

a.培养皿的侧面

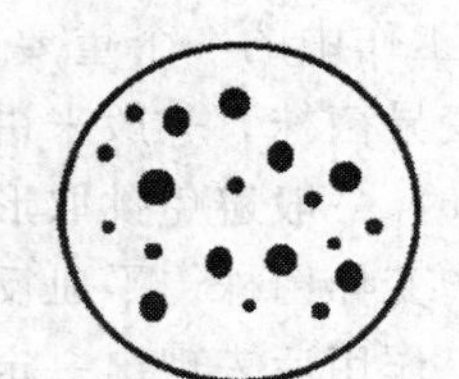

b.培养皿的正面,小型菌落是第二次长起来的

图 5-2 夹层培养法及结果

(2)限量补充培养法。把诱变处理后的细胞接种在含有微量(<0.01%)蛋白胨的基本培养基平板上,野生型细胞就迅速长成较大的菌落,而营养缺陷型则缓慢生长成小菌落。若需获得某一特定营养缺陷型,可再在基本培养基中加入微量的相应物质。

(3)逐个检出法。把经诱变处理的细胞群涂布在完全培养基的琼脂平板上,待长成单个菌落后,用接种针或灭过菌的牙签把这些单个菌落逐个整齐地分别接种到基本培养基平板和另一完全培养基平板上,使两个平板上的菌落位置严格对应。经培养后,如果在完全培养基平板的某一部位上长出菌落,而在基本培养基的相应位置上却不长,说明此乃营养缺陷型。

(4)影印平板法。将诱变剂处理后的细胞群涂布在一完全培养基平板上,经培养长出许多菌落。用特殊工具——“印章”把此平板上的全部菌落转印到另一基本培养基平板上。经培养后,比较前后两个平板上长出的菌落。如果发现下前一培养基平板上的某一部位长有菌落,而在后一平板上的相应部位却呈空白,说明这就是一个营养缺陷型突变(图 5-3)。

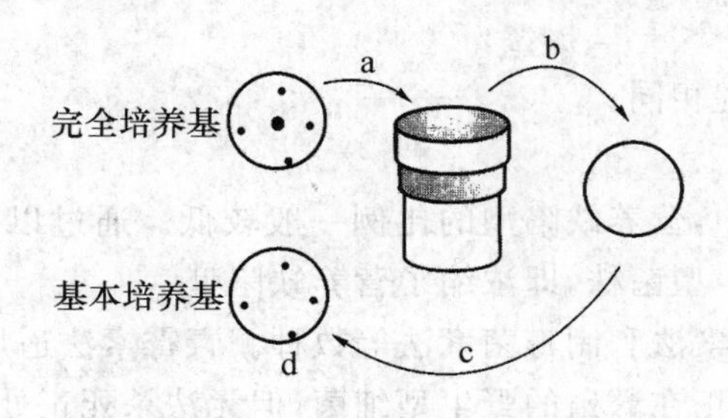

a.将完全培养基平板上的菌落转移到影印用丝绒布上;
b.将丝绒布上的菌落转印到基本培养基平板上;
c.适温培养;d.长有菌落的基本培养基平板

图 5-3 用影印平板法检出营养缺陷型突变株

4. 鉴定缺陷型

最常用的方法是生长谱法。生长谱法是指在混有供试菌的平板表面点加微量营养物，视某营养物的周遭有否长菌来确定该供试菌的营养要求的一种快速、直观的方法。具体方法是：把生长在完全培养基上的营养缺陷型细胞洗下，用无菌水离心清洗后，配成浓度为10^7～10^8个/mL的悬液，取0.1 mL与基本培养基均匀混合，再倒在培养皿上。待表面稍干后，在皿底划若干区域，然后在每个区域的中央加入极少量的氨基酸、维生素、嘌呤或嘧啶碱基等营养物质。经培养后，如发现某一营养物的周遭有生长圈，就说明此菌就是该营养物的缺陷型突变株。用类似方法还可测定双重或多重营养缺陷型。

实验 5-2　紫外线诱变选育 α-淀粉酶高产菌株

任务准备

二维码 5-3　紫外线诱变育种

1. 器材与设备

装有15 W或30 W紫外灯的超净工作台、电磁力搅拌器(含转子)、低速离心机；培养皿、涂布器、10 mL离心管、吸管(1、5、10 mL)、250 mL三角瓶、恒温摇床、培养箱、直尺、棉签、橡胶手套、洗耳球。

2. 材料与试剂

产淀粉酶枯草芽孢杆菌、无菌水、75%酒精。

(1)0.5%碘液。碘片1 g、碘化钾2 g、蒸馏水200 mL，先将碘化钾溶解在少量水中，再将碘片溶解在碘化钾溶液中，待碘片全部溶解后，加足水即可。

(2)选择培养基。可溶性淀粉2 g、牛肉膏1 g、NaCl 0.5 g、琼脂2 g、蒸馏水100 mL，调节pH至6.8～7.0，121℃灭菌20 min。

(3)肉汤培养基。牛肉膏0.5 g、蛋白胨1 g、NaCl 0.5 g、蒸馏水100 mL，调节pH至7.2～7.4，121℃灭菌20 min。

任务实施

一、安排学生课前预习

学生通过查阅资料和观看视频等完成预习报告。预习报告内容包括：(1)实验目的。(2)实验原理。(3)实验步骤。(4)思考题：①出发菌种的要求有哪些？②紫外线的最适诱变剂量应该如何确定？③操作时有哪些注意事项？

二、检查学生预习情况

小组讨论总结，通过处理时间控制紫外诱变剂量，选择对数期的菌种作为出发菌种。

三、知识储备

紫外线是一种最常用的有效物理诱变因素，其诱变效应主要是由于它引起DNA结构的改变而形成突变型。在微生物产量性状诱变育种中，凡是在提高突变率的基础上，既能扩大变异幅度，又能使变异向正向突变范围移动的剂量，称为诱变剂的最适剂量，由于紫外线的诱变剂量较难测定，所以实际诱变育种中常用紫外线的照射时间或细胞的死亡率表示相对剂量，其中以细胞死亡率表示更有实际意义。

紫外线诱变，一般采用 15 W 或 30 W 紫外线灯，照射距离为 20～30 cm，照射时间因菌种而异，一般为 1～3 min，死亡率控制在 50%～80%为宜。被照射处理的细胞，必须呈均匀分散的单细胞悬浮液状态，以利于均匀接触诱变剂，并可减少不纯种的出现。同时，对于细菌细胞的生理状态则要求培养至对数期为最好。

本实验以紫外线处理产淀粉酶的枯草杆菌，通过透明圈法初筛，选择淀粉酶活力高的生产菌株。

实验时，为了避免光复活现象，处理过程应在暗室的红光下操作，处理完毕后，将盛有菌悬液的器皿用黑布包裹起来培养。

紫外线对人体细胞有危害，尤其是会损伤人的眼睛和皮肤，故操作者需要戴防护眼镜，身穿工作服。

四、学生操作

1. 菌体培养

取枯草芽孢杆菌一环接种于盛有 20 mL 肉汤培养基的 250 mL 三角瓶中，于 37℃振荡培养 12 h，即得对数期的菌种。

2. 菌悬液的制备

取 5 mL 培养液于 10 mL 离心管中，以 3 000 r/min 离心 10 min，弃去上清液。加入无菌水 9 mL，振荡洗涤，离心 10 min，弃去上清液。加入无菌水 9 mL，振荡均匀。

3. 诱变处理

将菌悬液倾于无菌培养皿中(内放一个磁力搅拌棒)，置电磁力搅拌器上于超净工作台紫外灯下(距离 30 cm)照射 0.5～1 min。

4. 中间培养

取 0.1～0.2 mL 诱变后菌悬液于选择培养基平板上，用涂布器涂匀。置 37℃暗箱中培养 48 h。

5. 筛选

在长出菌落的周围滴加碘液，观察并测定透明圈直径(C)和菌落直径(H)，挑选 C/H 值最大者接入斜面保藏。

五、数据记录及结果分析

实验完成后，将结果填入表 5-1。

表 5-1　紫外线对枯草杆菌存活率的影响

照射时间/s	稀释度	平板菌落数/(个/mL)			细胞浓度平均值/(个/mL)	存活率/%	死亡率/%
		1	2	3			
对照(处理前)	① ② ③						

续表5-1

照射时间/s	稀释度	平板菌落数/(个/mL)			细胞浓度平均值/(个/mL)	存活率/%	死亡率/%
		1	2	3			
15	① ② ③						
30	① ② ③						
45～90	① ② ③						

拓展知识

其他的育种方法

一、杂交育种

杂交是指在细胞水平上进行的一种遗传重组方式。杂交育种是指将两个基因型不同的菌株经细胞的互相连接、细胞核融合，随后细胞核进行减数分裂，遗传性状会出现分离和重新组合的现象，产生具有各种新性状的重组体，然后经分离和筛选，获得符合要求的生产菌株。通过杂交育种可以实现不同的遗传性状的菌株间杂交，使遗传物质进行交换和重新组合，改变亲株的遗传物质基础，扩大变异范围，获得新的品种。这里将从有性杂交、准性杂交和原生质体融合三种常见的育种技术来介绍杂交育种。

(一)有性杂交

有性杂交是指不同遗传型的两性细胞间发生的接合和随之进行的染色体重组，进而产生新遗传型后代的一种育种技术。凡能产生有性孢子的真菌，原则上都能以有性杂交方法来进行育种。一般方法是把来自不同亲本、不同性别的单倍体细胞通过离心等方式使之密集地接触，就有更多的机会出现双倍体的有性杂交后代。在这些双倍体杂交子代中，通过筛选，就可以得到性状优良的杂种。

(二)准性杂交

准性杂交是在无性细胞中所有的非减数分裂导致DNA重组的过程，微生物杂交仅转移部分基因，然后形成部分重组子，最终实现染色体交换和基因重组，在原核和真核生物中均有存在。准性杂交的方式主要有结合、转化和转导，其局限性在于等位基因的不亲和性。

(三)原生质体融合

原生质体融合就是把两个不同亲本菌株的细胞壁，分别经酶解作用去除，而得到球状的原生质体，然后将两种不同的原生质体置于高渗溶液中，由聚乙二醇(PEG)助融，促使两者高度密集发生细胞融合，进而导致基因重组，就可由此再生细胞中获得杂交重组菌株。原生质体融合技术具有许多常规杂交方法无法比拟的独到之处，由于去除了细胞壁，原生质体膜易于融合，即使没有接合、转化和转导等遗传系统，也能发生基因组的融合重组；融合没有极性，相互融合的是整个细胞质与细胞核，使遗传物质的传递更为完善；重组频率高，易于得到杂种；存在着两株以上亲株同时参与融合并形成融合子的可能；较易打破分类界限，实现种间或更远缘的基因交流；同基因工程方法相比，不必对试验菌株进行详细的遗传学研究，也不需要高精尖的仪器设备和昂贵的材料费用等。由于以上优点，迄今为止，这项技术不仅在基础研究方面，而且在实际应用上，均取得了令人瞩目的成绩。通过原生质体融合改良工业微生物菌株的遗传本质是培育高产、优质、抗逆性强的良种的一种行之有效的手段，可以与诱变育种等结合使用，同时还需要不断积累有关基础资料，克服育种盲目性，以期达到工业生产的新需求。

二、分子育种

分子育种是指运用分子生物学先进技术，将目的基因或 DNA 片段通过载体或直接导入受体细胞，使遗传物质重新组合，经细胞复制增殖，新的基因在受体细胞中表达，最后从转化细胞中筛选有价值的新类型构成工程菌株，从而创造新品种的一种定向育种新技术称为分子育种。分子育种包括两个层次的生物工程技术：第一个层次是外源 DNA 导入技术，将带有目的基因的 DNA 片段导入微生物，筛选获得目的性状的后代；第二个层次是基因工程技术，将目的基因分离出来，构造重组分子导入微生物，筛选获得目的基因表达的后代、培育新的品种。

基因工程技术的基本操作包括目的基因（即外源基因或供体基因）的取得，载体系统的选择，目的基因与载体重组体的构建，重组载体导入受体细胞，“工程菌”的表达、检测及实验室和一系列生产性试验等。

（1）目的基因的取得。目的基因的获得主要有三条途径：①从生物细胞中提取、纯化染色体 DNA，并经适当的限制性内切酶部分酶切；②通过逆转录酶的作用，由 mRNA 合成 cDNA；③由化学合成方法合成有特定功能的目的基因。

（2）载体的选择。基因工程中所用的载体系统主要有细菌质粒、黏性质粒、酵母菌质粒、λ噬菌体、动物病毒等。载体一般为环状 DNA，能在体外经限制酶及 DNA 连接酶的作用同目的基因结合成环状 DNA，然后经转化进入受体细胞大量复制和表达。

（3）含目的基因的 DNA 片段克隆入载体中构成重组载体。DNA 体外重组是将目的基因用 DNA 连接酶连接到合适的载体 DNA 上，可采用黏端连接法。

（4）将重组载体引入宿主细胞内进行复制、扩增。把重组载体导入受体细胞有多种途径，如质粒可用转化法，噬菌体或病毒可用感染法等。

（5）筛选出带有重组目的基因的转化细胞。

（6）鉴定外源基因的表达产物。

练习题

一、选择题

1. 不需要细胞与细胞之间接触的基因重组类型有（　　）。

A. 接合和转化　　B. 转导和转化　　C. 接合和转导　　D. 接合

2. 转化现象不包括（　　）。

A. DNA 的吸收　　B. 感受态细胞

C. 限制修饰系统　　D. 细胞与细胞的接触

3. 将细菌作为实验材料用于遗传学方面研究的优点是（　　）。

A. 生长速度快　　B. 易得菌体

C. 细菌中有多种代谢类型　　D. 所有以上特点

4. 一个大肠杆菌（*E. coli*）的突变株，不同于野生型菌株，它不能合成精氨酸，这一突变株称为（　　）。

A. 营养缺陷型

B. 温度依赖型

C. 原养型

D. 抗性突变型

二维码 5-4
项目五练习题参考答案

5. 准性生殖（　　）。

A. 通过减数分裂导致基因重组　　B. 有可独立生活的异核体阶段

C. 可导致高频率的基因重组　　D. 常见于子囊菌和担子菌中

二、填空题

1. 通过两细菌细胞接触直接转移遗传信息的过程称为____________。

2. 受体细胞从外界吸收供体菌的 DNA 片段（或质粒），引起基因型改变的过程称为____________。

3. 细菌细胞间靠噬菌体进行 DNA 的转移过程称为____________。

4. 对微生物进行诱变时，常用的物理诱变剂有____________。

5. 采用紫外线杀菌时，以波长为____________的紫外线照射最好。

三、问答题

1. 简述诱变育种的一般过程。

2. 简述微生物杂交育种的基本程序。

3. 简述诱变育种工作的原则。

4. 简述原生质体融合育种一般步骤及其与常规杂交相比有哪些优势。

项目六

食品微生物酿造技术

本项目学习目标

［知识目标］

二维码 6-1

项目六　课程 PPT

1. 了解微生物独特的代谢机制。

2. 理解微生物蛋白质、碳水化合物、脂肪分解代谢途径的特点和生理意义。

3. 掌握微生物新陈代谢的概念、物质代谢与能量代谢之间、合成代谢与分解代谢之间的相互区别和联系。

4. 掌握常用于酿造食品的典型细菌、酵母菌、霉菌的特点及发酵机理。

［技能目标］

1. 能够利用微生物的代谢理论解释一些常见的发酵现象。

2. 能够灵活选用酿造食品的酵母菌、霉菌、细菌等菌株。

3. 熟练掌握各种酿造微生物的选育及保藏技术。

［素质目标］

1. 恪守职业道德，形成严谨求实的工作与学习态度，并具有较强的无菌操作与安全操作的良好习惯和意识。

2. 在学习和实践的过程中，培养学生善于动脑、勤于思考、乐于创新，以及良好的沟通能力和团队协作精神。

3. 熟悉我国食品微生物学的发展史与新成就，激发学生振兴我国食品产业的职业使命感。

项目概述

微生物作为自然界存在的一种生物，与我们赖以生存的食品有着密切的关系。微生物在许多食品的生产中起着至关重要的作用。我们日常食用的很多食品都是通过微生物的作用生产的，经过微生物（细菌、酵母菌和霉菌等）酶的作用，使加工原料发生许多理想的、重要的生物化学变化及物理变化后制成的食品，称作发酵或酿造食品。在自然界数以万计的微生物种类中，有些是发酵食品生产中的有益菌，有些是发酵食品生产中的有害菌。微生物用于食品制造是人类利用微生物的最早、最重要的一个方面，在我国已有数千年的历史。

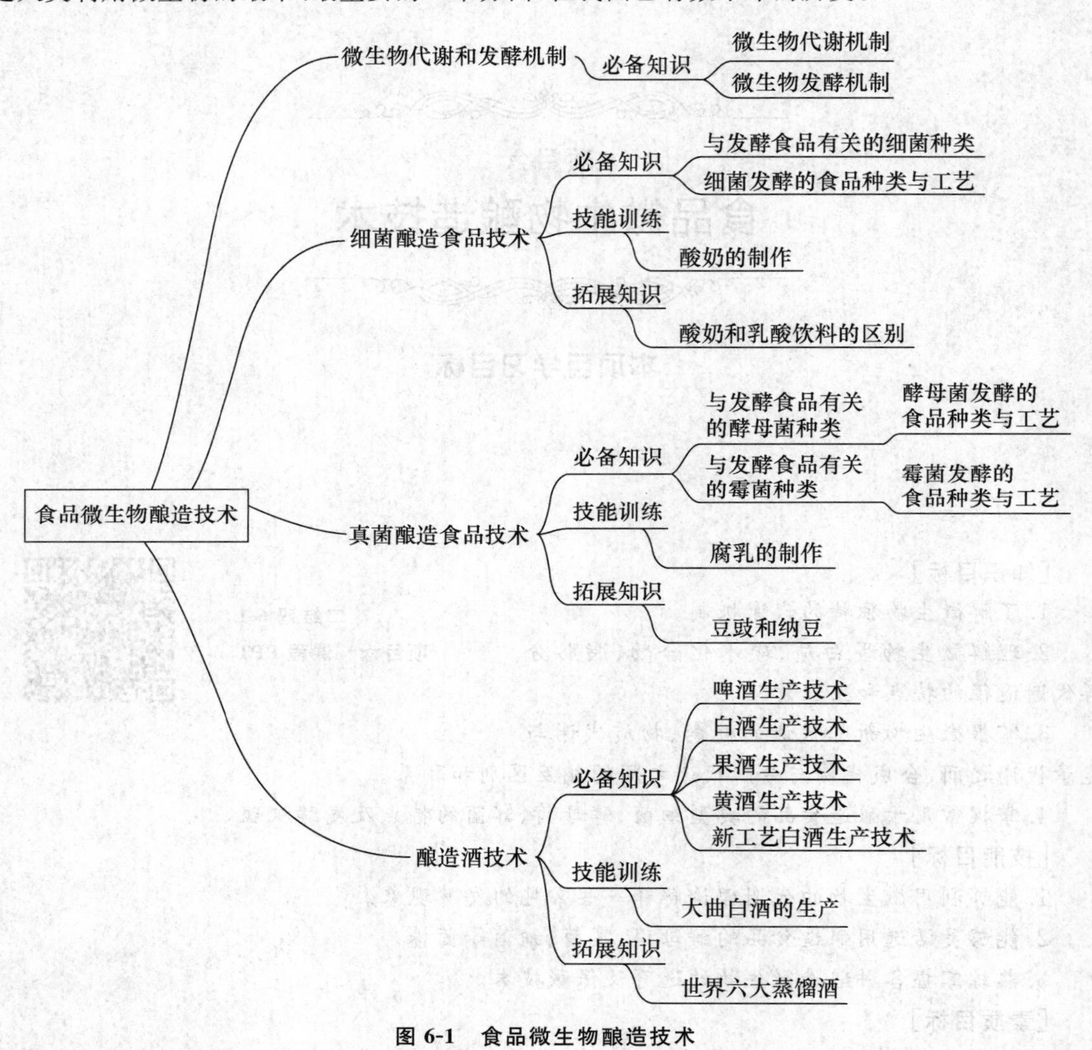

图 6-1 食品微生物酿造技术

任务一 微生物代谢和发酵机制

任务目标

熟悉微生物代谢机制；掌握微生物不同的代谢形式对食品生产的益处和害处；掌握典型微

生物发酵机制。

相关知识

在生长繁殖过程中，微生物不断地从外界吸收适当的营养物质，并在体内经过一系列复杂的变化，将其转变为细胞本身有用的物质，这个过程需要吸收能量；与此同时，微生物也不断地将无用的代谢产物排出体外，从而维持细胞的正常生长与繁殖，这一系列的变化在生物学上称为新陈代谢。

微生物的新陈代谢包括分解代谢（异化作用）和合成代谢（同化作用）。微生物通过分解代谢将从环境中吸收的各种碳源、氮源等大分子物质降解成小分子物质，并产生一些中间产物，从而为细胞的生命活动提供能源和基础原料，将不能利用的废物排出体外，这就是分解代谢。微生物的合成代谢是利用分解代谢过程中所产生的能量和中间物质合成核酸、氨基酸、蛋白质、多糖等，作为新的细胞物质和贮藏物质，同时储存能量，这就是同化作用。

微生物的分解代谢和合成代谢既相互关联又相互制约，同化作用又是异化作用的基础，为异化作用提供基础物质，没有同化作用就不能产生微生物新的细胞物质和能量，异化作用也就无法完成。异化作用为同化作用提供能量和原料，没有异化作用就没有能量释放，微生物体内的一切物质合成以及其他一切生命活动将无法进行。而分解代谢和合成代谢又与能量代谢密切联系，它们在微生物体内偶联进行，既相互对立而又统一，共同决定着生命的存在与发展。因此，研究微生物新陈代谢的机制，必将能更好地帮助我们认识和了解微生物，进而能够兴利除弊，服务于各行各业。

一、微生物代谢机制

微生物的代谢作用是由微生物体内若干有一定次序的、连续性的生物化学反应组成，而这些生化反应绝大多数是在特定酶的参与下进行的，不同微生物体内都含有各自特有的酶系，使得这些生物化学反应可在常温、常压和 pH 中性条件下迅速地进行，酶推动着微生物体代谢的进行，没有酶就没有微生物。

（一）微生物的呼吸作用和能量代谢

微生物在生命活动中不断地进行分解代谢和合成代谢，同时伴随着能量的释放和吸收，这就是能量代谢。微生物细胞能量来自细胞物质和营养物质的氧化分解，这一系列有能量转移的生物氧化反应称为呼吸作用。根据营养物质氧化过程中电子转移的最终受体不同，微生物分解有机营养物的产能方式分为有氧呼吸、无氧呼吸和发酵三种类型。

1. 有氧呼吸

以分子态氧作为呼吸作用的氢和电子最终受体的生物氧化过程，称为有氧呼吸。有氧呼吸是好氧微生物和兼性厌氧微生物在有氧条件下的主要产能方式，微生物经有氧呼吸将基质彻底氧化，产生大量的能量。许多异养微生物在有氧条件下，以有机物作为呼吸底物，通过呼吸而获得能量。

2. 无氧呼吸

在无氧条件下，微生物以无机氧化物中的氧作为氢和电子最终受体的生物氧化过程，称为无氧呼吸。有些厌氧和兼性厌氧微生物可通过无氧呼吸获得所需的能量，无氧呼吸最终电子受体主要是 NO_2^-、NO_3^-、CO_2 或 SO_4^{2-} 等无机盐及延胡索酸等有机物。如脱氮小球菌将葡萄糖氧化成二氧化碳和水，而把硝酸盐还原成亚硝酸盐。

微生物进行无氧呼吸的基质通常是葡萄糖、乙酸等有机物。底物脱下的氢和电子经电子传递体系，并伴有磷酸化作用产生 ATP。在无氧呼吸中，底物可被彻底氧化，释放出较多的能量，但由于有两部分能量随电子转移到无机氧化物上，因此比有氧呼吸少。在各种产能代谢的方式中，以有氧呼吸的产能效率最高。

3. 发酵作用

如电子供体是有机化合物，而最终电子受体也是有机化合物的生物氧化过程称为发酵作用。它是以有机物氧化分解的不彻底中间产物作为氢和电子的最终受体，它是厌氧和兼性厌氧微生物主要产能方式。但由于发酵过程不能使基质彻底氧化，所以产能比较少，大部分能量储存在发酵产物中。用于发酵的基质主要是各种单糖，以葡萄糖最为普遍。

(二)微生物细胞 ATP 的生成和利用

ATP(腺嘌呤核苷三磷酸)是微生物体内最重要的高能磷酸化合物，每 1 mol ATP 水解时，可释放 30.56 kJ 能量。在生物体内除 ATP 外还有其他高能磷酸化合物，如 1,3-二磷酸甘油酸、乙酰磷酸，但这些高能磷酸化合物只能作为磷酰基的供体，将磷酰基转给 ADP，生成 ATP，释放能量。ATP 的生成形式主要有以下两种：

1. 光合磷酸化

由光照引起的电子传递与磷酸化作用相偶联而生成 ATP 的过程称为光合磷酸化。光能是一种辐射能，不能被微生物直接利用，只有当光能被光合生物的光合色素吸收并转变成化学能，即 ATP 之后，才能用于微生物的代谢或其他生理活动。光能转换是光合生物获得能量的一种主要方式，光合色素作为媒介，存在于一定的细胞器或细胞结构中，作为光反应中心，易于受到光量子的激发，并吸收光量子的能量，使电子具有较高的电位势能，通过一系列电子中间传递体释放出能量，利用 ADP 生成 ATP。

2. 氧化磷酸化

微生物利用生物氧化过程中释放的能量，将 ADP 磷酸化生产 ATP 的反应，称为氧化磷酸化，生物体内 95%的 ATP 来源于氧化磷酸化。微生物通过氧化磷酸化生成 ATP 的方式有底物水平磷酸化和电子传递磷酸化两种形式。底物水平磷酸化是在被氧化的底物水平上发生的磷酸化，产生的高能磷酸化合物的中间产物，能将高能磷酸根直接转给 ADP，形成 ATP。电子传递磷酸化是呼吸的基质在氧化过程中，通过呼吸链传递电子，将释放的能量和 ADP 的磷酸化偶联起来，形成 ATP。

(三)微生物的分解代谢

许多大分子有机化合物不能被微生物直接吸收利用，需在各种酶的作用下水解成简单的小分子化合物，通过细胞膜被微生物所吸收。微生物的分解代谢是通过呼吸作用来实现的，不同的微生物的呼吸类型不一样，呼吸作用的基质也不同，分解代谢产物也多种多样。

1. 碳水化合物的分解

自然界中纤维素、半纤维素、淀粉等糖类物质是微生物赖以生存的基础。微生物的糖代谢是微生物代谢的一个重要方面。多数大分子糖类能被微生物产生的胞外酶分解成小分子的糖类，被吸收到细胞内，经过一系列的分解，一部分供给细胞组成有机物的碳架，另一部分转变成呼吸作用的氧化分解产物并释放出能量。

2. 蛋白质和氨基酸的分解

(1)蛋白质的分解。蛋白质是由氨基酸组成的分子巨大且结构复杂的化合物。它必须经过微生物的胞外酶水解为小分子的多肽或氨基酸化合物后才能被细胞直接吸收。蛋白质在有氧环境中的分解叫腐化，生成简单的化合物如 O_2、H_2、CO_2 等；在缺氧的环境中被分解叫腐败，产生氨基酸、有机酸等中间产物。霉菌、细菌、放线菌等菌种都能产生蛋白酶。许多霉菌具有较强的分解蛋白质的能力，如某些青霉、根霉、毛霉、曲霉等，食品工业中生产酱油、腐乳等调味品主要是通过一些霉菌的作用来实现的。各种细菌分解蛋白质能力不同，如枯草杆菌能产生明胶蛋白酶和酪蛋白酶，因而可液化明胶、胨化牛奶。另外，不同的菌种可产生功能相同的蛋白酶，同一个菌种也可产生多种性质不同的蛋白酶。

(2)氨基酸的分解。氨基酸既能被微生物分解利用，也能合成蛋白质。微生物分解氨基酸的能力不同，分解的产物也有所不同。微生物对氨基酸的分解主要是通过脱羧作用和脱氨作用两种方式。脱氨方式随氨基酸种类、微生物种类及环境条件的不同而不同。有氧化脱氨、还原脱氨、水解脱氨、直接脱氨、氧化-还原偶联脱氨 5 种形式。氨基酸脱羧作用常见于许多真菌和腐败细菌中，许多微生物可产生专一性很强的氨基酸脱羧酶，脱羧酶具有高度专一性，需磷酸吡哆醛为辅酶，大多数是诱导酶。

3. 脂肪和脂肪酸的分解

(1)脂肪的分解。脂肪是脂肪酸和甘油通过酯键连接组成的甘油三酯。在脂肪酶作用下，可水解生成甘油和脂肪酸，甘油在甘油激酶的催化下，消耗一个 ATP 生成 α-磷酸甘油，再由 α-磷酸甘油脱氢酶将 α-磷酸甘油转变成磷酸二氢丙酮，进入细胞的糖酵解途径或其他途径被进一步氧化。

脂肪酶成分较为复杂，作用对象也不完全一样。能产生脂肪酶的微生物很多，有根霉、圆柱形假丝酵母、小放线菌、白地霉等。目前，脂肪酶常用于乳品增香、消化剂、绢丝的脱脂、制造脂肪酸等。

(2)脂肪酸的分解。微生物分解脂肪酸主要是通过 β-氧化途径。在氧化过程中，能产生大量的能量，最终生成乙酰辅酶 A，而乙酰辅酶 A 是进入三羧酸循环的基本分子单元，最终分解生成 CO_2 和 H_2O。

(四)微生物的合成代谢

在细胞内各种酶的催化下，微生物利用能量将简单的无机或有机的小分子前体物质，通过复杂的转化与组合，合成构成细胞的结构复杂的有机物质，如蛋白质、多糖类、脂类、核酸等，为其个体生长、发育、繁殖提供物质基础，这就是微生物的合成代谢。

微生物合成代谢过程中必须具备三个基本条件，即可利用的代谢能量(ATP)、各种小分子前体物质和适当的还原剂($NADH_2$ 或 $NADPH_2$)。大多数微生物要靠分解代谢来满足合成代谢的各种需求，通常是先合成各种单体物质如单糖、脂肪酸、核苷酸和氨基酸等，然后再利用这些单体物质合成复杂的大分子物质或细胞组织。

1. 碳水化合物

微生物吸收有机碳化物或由二氧化碳合成的碳水化合物，在细胞内经过一系列的转化，以各种单糖、有机酸、醇、醛等形成各种复杂的有机碳化物，如糖缩聚成淀粉、纤维素、几丁质、肝糖等，有的成为细胞壁的构成物质；有的成为细胞内的贮藏物质(如肝糖粒、淀粉粒)；有的形成细胞的荚膜和黏液层(如多聚糖、糖醛酸)。

2. 脂类物质

微生物将有机酸、无机酸、醇类合成各种脂类物质，并与蛋白质组合成脂蛋白，成为细胞质的基本组成成分，或者参与质膜结构的合成。一些细菌、酵母菌、霉菌细胞内合成的脂类物质，常以油脂滴作为贮藏物质存在于原生质中。

3. 氨基酸和蛋白质

微生物吸收的氮素物质经转化形成氨或胺化物，再与有机酸化合成氨基酸，各种微生物按照自身固有的遗传信息，合成多肽，进而合成各种各样的蛋白质。

微生物可以从环境中直接摄取各种氨基酸用于蛋白质的合成，但当环境中缺乏氨基酸时，就需要依靠自身来合成氨基酸，氨基酸合成的前体物质主要是糖分解代谢过程中产生的各种中间产物。

4. 核苷酸及核酸

核苷酸是由核糖、碱基和磷酸组成的。核酸是由核苷酸大量聚合而成的大分子化合物。微生物细胞中的核糖有核糖及脱氧核糖两种形式，因而就能合成核糖核酸（RNA）和脱氧核糖核酸（DNA）。RNA 的碱基包括腺嘌呤（A）、鸟嘌呤（G）、胞嘧啶（C）和尿嘧啶（U），它是遗传信息、氨基酸的运载工具和核糖体的组成成分，合成蛋白质和酶。DNA 的碱基包括腺嘌呤（A）、鸟嘌呤（G）、胞嘧啶（C）和胸腺嘧啶（T），它是生物体的遗传物质基础，主要存在于细胞核内，具有传递遗传信息的功能。

5. 次生代谢产物

微生物在合成代谢过程中，还生成一些分子结构比较复杂并与食品有关的特殊物质，累积于细胞内或者分泌于细胞之外，不是微生物生活所必需，也非酶活性所必需的物质，它们是微生物细胞正常代谢途径不通畅时增加了支路代谢而产生的物质，往往在微生物生长停止后期才开始合成，因此被称为次生代谢产物，主要有以下几种。

（1）抗生素。抗生素是某些微生物产生的对本身无害，但对其他微生物有杀害或抑制作用的物质。大多数天然抗生素亦是微生物的代谢产物，如放线菌中的灰色放线菌产生的链霉素；霉菌中的点青霉和产黄青霉产生的青霉素；细菌中的枯草芽孢杆菌产生枯草芽孢杆菌素。现在已知的抗生素有近千种，可用在医用、农用、食品工业上。

（2）生长刺激素。它能提高生物生理活性的一类物质。如赤霉菌产生的赤霉素，可刺激农作物的生长。

（3）毒素。有些微生物在代谢过程中产生某些对生物细胞具有杀害作用的物质，称为毒素。能产生毒素的微生物在细菌和霉菌中较为多见。细菌产生的毒素有外毒素和内毒素（表 6-1）两种，产生内毒素的细菌主要是革兰氏阴性菌（如痢疾杆菌、沙门氏菌等）。产生外毒素的细菌主要是革兰氏阳性菌和少数革兰氏阴性菌，如肉毒杆菌分泌的肉毒毒素，金黄色葡萄球菌分泌的溶血毒素等。霉菌中发现能产生毒素的也有许多种，如镰刀菌产生的镰刀菌毒素，黄曲霉产生的黄曲霉毒素等。霉菌病毒一般在烹饪条件下不能使其破坏，因而会引起食物中毒，有的甚至导致癌症。

表 6-1 细菌内毒素和外毒素

项目	外毒素	内毒素
存在部位	活细胞代谢物质，分泌到细菌细胞外	细菌细胞壁成分，当菌体裂解时才能释放
化学组成	蛋白质	磷脂-多糖-蛋白质复合物
细菌种类	革兰氏阳性菌为主	革兰氏阴性菌为主

续表6-1

项目	外毒素	内毒素
热稳定性	对热不稳定，60℃以上能迅速被破坏	较稳定，60℃下耐受数小时
毒性作用	较强，对组织器官有选择性，各种毒素都有特殊症状	较弱，对组织器官没有明显的选择性，症状基本相似
抗原性	强，经甲醛处理，可变成类病毒	弱，不能制成类病毒

(4)色素。许多微生物在代谢过程中能产生色素，有的积累在细胞内，有的分泌在细胞外。色素可分为水溶性和脂溶性两种。水溶性色素常分泌到细胞外，使培养基为黄、红、紫、黑、绿、褐、灰等颜色，如蓝乳菌色素、绿脓菌色素、荧光菌的荧光素等。脂溶性色素积累在细胞内使菌体或孢子带上各种颜色，如八叠球菌的黄色素、灵杆菌的红色素、好食链孢霉的橙色色素等。

二、微生物发酵机制

许多微生物能在不同条件下对不同物质或对基本相同的物质进行不同的发酵。不同微生物对不同物质发酵或对同一种物质发酵、同一种微生物在不同条件下发酵都可得到不同的产物，这取决于微生物本身的代谢形式和发酵条件。现今食品工业中常见的微生物发酵途径如下。

(一)醋酸发酵

醋酸发酵是乙醇被醋酸菌氧化成醋酸的一种发酵方式。参与醋酸发酵的微生物主要是细菌，统称为醋酸细菌。它们之中有好氧型的醋酸细菌，如巴氏醋酸杆菌、氧化醋酸杆菌、纹膜醋酸杆菌等，也有厌氧型的醋酸细菌，如热胶醋酸杆菌、醋酸梭菌等。

在有氧条件下，醋酸细菌能将乙醇直接氧化为醋酸，其氧化形式是一个脱氢加水的过程，脱下的氢最后经呼吸链和氧结合形成水。好氧型的醋酸发酵是制醋工业的基础。制醋原料或酒精接种醋酸细菌后，即可发酵生成醋酸发酵液供食用，醋酸发酵液还可经提纯制成一种重要的化工原料——冰醋酸。厌氧型的醋酸细菌如热醋酸梭菌，它可通过EMP途径发酵葡萄糖，产生3个醋酸分子。研究证明，该菌只有丙酮酸脱羧酶和CoM，能利用CO_2作为受氢体生成乙酸。厌氧型的醋酸发酵是我国酿造醋的主要途径。

(二)柠檬酸发酵

目前，大多数学者认为柠檬酸发酵与三羧酸循环有密切的联系。糖经EMP循环形成丙酮酸，丙酮酸羧化形成C_4化合物，同时丙酮酸脱羧形成C_2化合物，两者缩合形成柠檬酸。柠檬酸发酵在食品工业中起重要的作用，被广泛用于制造香精、糖果、饮料、柠檬酸盐、发泡缓冲剂等。

(三)酒精发酵

酒精发酵是酵母菌在缺氧的条件下，分解葡萄糖，主要产生CO_2和酒精。它是酿酒工业的基础，它与酿造啤酒、白酒、果酒以及酒精的生产等有密切关系。酒精发酵一般所用的菌种是酵母菌，如葡萄酒酵母、酱油酵母、啤酒酵母等。少数细菌如嗜糖假单胞菌、发酵单胞菌、解淀粉欧文氏菌等也能进行酒精发酵。

(四)乳酸发酵

乳酸是细菌发酵最常见的最终产物,一些能够产生大量乳酸的细菌称为乳酸菌。乳酸菌对糖的发酵比酵母的类型更多、更复杂。乳酸发酵过程中发酵产物只有乳酸的称为同型乳酸发酵;发酵产物中除乳酸外,还有乙醇、乙酸及 CO_2 等其他副产物的,称为异型乳酸发酵。

1. 同型乳酸发酵

引起同型乳酸发酵的乳酸细菌,称为同型乳酸发酵菌,有链球菌属、乳酸杆菌属、双球菌属等。其中工业发酵中最常用的菌种是乳酸杆菌属中的一些种类,如保加利亚乳酸杆菌、嗜酸乳杆菌、干酪乳酸杆菌等。

同型乳酸发酵是以葡萄糖为底物,通过糖酵解途径降解为丙酮酸后,不经脱羧,而在乳酸脱氢酶的作用下,直接被还原为乳酸:

$$C_6H_{12}O_6+2ADP+2Pi \longrightarrow 2CH_3CHOHCOOH+2ATP$$

2. 异型乳酸发酵

异型乳酸发酵主要是通过磷酸戊糖解酮酶途径(PK 途径)进行的。肠膜明串球菌、葡聚糖明串珠菌、短乳杆菌、番茄乳酸杆菌等能够通过磷酸戊糖解酮酶途径进行,总反应式如下:

$$C_6H_{12}O_6 + ADP + Pi \longrightarrow CH_3CHOHCOOH + CH_3CH_2OH + CO_2 + ATP$$

两歧双歧乳酸菌、双叉乳酸杆菌等则是通过已糖磷酸解酮酶途径进行,总反应式为:

$$2C_6H_{12}O_6 + 5ADP + 5Pi \longrightarrow 2CH_3CHOHCOOH + 3CH_3COOH + 5ATP$$

乳酸发酵被广泛地应用于酸菜、乳酪、酸牛奶、泡菜及青贮饲料中,由于乳酸菌的存在,使乳酸大量积累,抑制其他微生物的生长,使蔬菜、牛奶及饲料得以保存。近代发酵工业多采用淀粉为原料,经糖化后,接种乳酸细菌进行乳酸发酵生产纯乳酸。

任务二 细菌酿造食品技术

任务目标

熟悉酿造食品中细菌的种类及作用,掌握食醋、味精、发酵乳生产工艺。

相关知识

一、与发酵酿造食品有关的细菌种类

(一)醋酸杆菌属

醋酸杆菌属细菌有较强的氧化能力,能将乙醇氧化为乙酸。虽然对制醋工业有利,但是对酒类及饮料生产有害。一般在发酵的粮食、腐败的水果、蔬菜及变酸的酒类和果汁中常出现本属细菌。在制醋工业中常用的菌种如下。

1. 中科 AS. 41 醋酸菌

这是我国食醋生产中常用菌种之一。生理特性为好气性,最适培养温度为 28～30℃,最适生酸温度为 28～33℃,最适 pH 为 3.5～6.0。在含酒精 8%的培养液中尚能生长良好,最高产酸量达 7%～9%(以醋酸计)。其转化蔗糖的能力很弱,产葡萄糖酸能力也很弱,能使醋酸

氧化为二氧化碳和水，并能同化铵盐。

2. 沪酿 1.01 醋酸菌

此菌为我国食醋生产常用菌种之一。生理特性为好气性，在含酒精的培养液中，常在表面生成，形成淡青灰色薄膜。能利用酒精氧化为醋酸时所释放出的能量而生存，或利用各种醇类及二糖类的氧化能而生存。在环境不良的条件下，营养不足或长久培养时，细胞有的呈现伸长状、线状或棒状，有的呈膨大状或分枝状。

3. 醋化醋杆菌

此菌是食醋酿造的优良菌种，但能使黄酒等低度酒酸败。

4. 恶臭醋酸菌

此菌是食醋酿造的优良菌种，老菌株形态可变，其退化型呈现伸长形、线状或杆状，有的甚至呈管状膨大。

5. 许氏醋酸杆菌

此菌是国外有名的速酿醋菌种，也是目前制醋工业中较为重要的菌种之一。在液体中生长的最适温度为 25～27.5℃，固体培养的最适温度为 28～30℃，最高生长温度为 37℃，此菌产酸可高达 11.5%，对醋酸没有进一步的氧化作用。

6. 胶膜醋酸杆菌

此菌是一种特殊的醋酸菌，它可在酒类液体中繁殖，可引起酒液酸败、变黏。其生酸能力弱，能再分解醋酸，故为制醋工业的有害菌。

(二)乳酸杆菌属

乳酸杆菌属为革兰氏阳性菌，通常为细长的杆菌，根据它利用葡萄糖进行同型发酵或异型发酵的特性，将本属分为两个群，即同型发酵群和异型发酵群。在乳酸、酸乳、干酪等乳制品的生产中常用的菌种如下。

1. 乳酸杆菌

它是微好氧或厌氧的细菌，对营养的要求高，最适生长温度为 40～43℃，同型发酵，分解葡萄糖产生 *D*-(－)-乳酸，能凝固牛乳，产酸度约为 1.6%，用于制造干酪。

2. 德氏乳杆菌

微好氧性，最适生长温度为 45℃。对牛乳无作用，能发酵葡萄糖、麦芽糖、蔗糖、果糖、半乳糖、糊精，不发酵乳糖等。此菌在乳酸制造和乳酸钙制造工业中应用甚广。

3. 植物乳杆菌

它是植物和乳制品中常见的乳酸杆菌，在葡萄糖、乳糖中都能产生消旋乳糖，产酸量能达到 1.2%，最适生长温度为 30℃。在干酪、奶子酒、发酵面团及泡菜中均有这种乳酸杆菌。

4. 保加利亚乳杆菌

此菌是酸乳生产的知名菌，该菌与乳酸杆菌关系密切，形态上无区别，只是对糖类发酵比乳酸杆菌差，是乳酸杆菌的变种。由于它是由保加利亚的酸乳中分离出来的，因此而得名。

5. 干酪乳杆菌

同型发酵，产生 *L*-(＋)-乳酸多于 *D*-(－)-乳酸，用于生产乳酸、干酪及青贮饲料。

(三)芽孢杆菌属

芽孢杆菌属为革兰氏阳性菌，需氧，能产生芽孢。在自然界分布很广，在土壤中及空气中尤为常见。其中枯草杆菌是著名的分解蛋白酶及淀粉酶的菌种，纳豆杆菌是豆豉的生产菌，多黏芽孢杆菌是生产多黏菌素的菌种。有的菌株也会引起米饭及面包的变质。

纳豆菌是枯草芽孢杆菌的亚种，好氧，有芽孢，极易成链。纳豆菌有鞭毛，因而具有运动性。在肉汤中生长不混浊或极少混浊，表面有一层白色有褶皱的菌膜，在0～100℃可存活，最适生长温度为40～42℃，低于10℃不能生长，50℃生长不好，30℃时的繁殖速度仅为40℃时的一半。在纳豆生产过程中，要求相对湿度在85%以上，否则纳豆菌的生长受到抑制。纳豆菌在生长繁殖过程中，可产生淀粉酶、蛋白酶、脱氨酶和纳豆激酶等多种酶类化合物。

（四）链球菌属

链球菌属细菌为革兰氏阳性菌，呈短链或长链状排列，其中有些是制造发酵食品的发酵菌种。

1.乳链球菌

可发酵多种糖类，在葡萄糖肉汤培养基中能使pH下降到4.5～5；不水解淀粉及明胶；适宜生长温度为10～40℃，于45℃不生长；在4%氯化钠培养基中生长，在6.5%氯化钠培养基中不生长；在pH 9.2时生长，pH 9.6时不生长；无酪氨酸脱氢酶；应用于乳制品及我国传统食品工业。

2.嗜热链球菌

最适生长温度为40～45℃，高于53℃不生长，低于20℃不生长，在65℃下加热30 min菌种依然可存活。它常存在于牛乳、乳制品和酸乳中。

（五）明串珠菌属

明串珠菌属为革兰氏阳性菌。菌体呈圆形或卵圆形，排列成链状，能在含高浓度糖的食物中生长。常存在于水果蔬菜中。噬橙明串珠菌和戊糖明串珠菌可作为制造乳制品的发酵剂，戊糖明串珠菌和肠膜状明串珠菌还可用于制造血浆。

二、细菌发酵的食品种类与工艺

（一）醋酸菌发酵食品

就现阶段醋酸发酵的现状，醋酸发酵应分为两大类，即食醋工业发酵和醋酸工业发酵。虽然两类发酵的原理相同，均是在醋酸发酵阶段以酒精为基质，醋酸菌参与产物的生成，但两者又有许多不同之处。从发酵终产物组成来讲，食醋发酵的产物是以醋酸为主，以乳酸、琥珀酸、苹果酸、延胡索酸等有机酸为辅，多菌种参与发酵而形成醋香味突出，具有酸、香、绵、甜特色的终产物。并且根据所用菌种的不同，形成的食醋典型风格各异。醋酸工业发酵是以单一纯菌种或酶制剂参与发酵，单纯追求醋酸得率而不考虑其风味的醋酸发酵。这种工艺具有产品纯度高、酸度高的特点。从发酵方式来讲，食醋发酵以固态发酵和固液结合两种方式为主，而后者不只是液体深层发酵工艺，还有20世纪70年代发展起来并不断完善的固定化细胞发酵方法。从终产物的提取方法来讲，食醋是水浸套淋或分离，没有提纯工序，后者则是靠精馏、恒沸脱水蒸馏、萃取等几种方法提取纯化。食醋的色泽由于工艺不同，呈无色、黑色或棕色，而后者提取纯化后的产品则无色透明。

食醋是我国人民日常生活中必不可少的调味品之一，也是我国利用微生物生产的一个古老的食品。它是一种酸性调味品，其主要成分有醋酸（3%～5%）、维生素、氨基酸、糖类、有机酸、醇和酯等营养成分及风味物质，具有鲜、甜、酸、咸相互协调的风味。它不仅是调味佳品，长期食用还可以治疗和预防许多疾病，如帮助消化、防治流行性感冒等。食醋可分为合成醋、酿造醋、再制醋三大类，其中产量最大而与我们关系最为密切的是酿造醋，它是用粮食等为原料，经微生物制曲、糖化、酒精发酵、醋酸发酵等阶段酿制而成。

我国的食醋酿造工艺大体上分为固态法酿醋工艺、液态法酿醋工艺和固液结合酿造工艺。绝大多数酿造厂采用固态酿造工艺生产食醋，这种工艺占地多、转化率低、设备利用率不高，但产品风味优良。传统工艺生产的食醋有以下几种：

1. 山西老陈醋

这种食醋以高粱为主要原料，用曲量因曲的种类不同而有较大差别，一般在12%～62.5%，麸皮用量为原粮的150%左右，辅料以谷糠、高粱壳、稻壳混合使用，以谷糠为主，出醋率为每千克主粮出酸度为4.5%的食醋8 kg，醋糟中残淀粉含量为7%～9%。此工艺中有熏醅工序，因而赋予淋出的食醋以特殊的熏香味。

2. 镇江香醋

以大米为原料，以麦曲为糖化剂，辅料以稻壳为主，麸皮用量大，约为主粮的17倍。此工艺中虽无熏醅工序，但有麦曲作为辅助材料增加食醋的色香。

3. 四川老法陈醋

四川为天府之国，产粮大省，麸皮是其粮食加工后的主要副产品，在酿醋中麸皮的使用量大而大米用量较少，若以大米为主粮，则麸皮的用量为主粮的22倍。由于麸皮使用多而有利于美拉德反应的进行，虽无熏醅工艺，但食醋仍是色泽黑褐，有特殊的芳香。

4. 福建红曲老醋

这种食醋以糯米为原料，以红曲为糖化发酵剂，用炒米色调味及色。红曲霉菌种本身的特点决定了这种产品较长的生产周期及食醋特有的浓郁香气和醇厚感。

另外，江浙玫瑰醋与辽宁喀左陈醋也采用传统工艺，前者的特点是以大米为原料，糖化、酒精发酵，醋酸发酵的微生物全靠自然接种，微生物种群多而杂，生产受季节限制；后者是以高粱为原料，微生物纯种培养，因而质量稳定。液态酿醋工艺中多采用回流制醋及深层发酵制醋法。回流工艺克服了固态酿醋工艺中的一些缺点，但又由于回流塔中载体分布得不均匀，导致温度传递变化的不均匀，而使局部升温过高，随着乙醇的耗尽，所生成的醋酸进一步被氧化。液体深层醋酸发酵工艺最早报道于20世纪50年代，采用强制通气、酒精喷淋等措施提高了传导效率及转化率，醇酸转化率可达理论值的90%，在自动化程度提高的同时，经济效益明显提高。随着科学技术的发展，食醋酿造工艺也在不断改进，设备的改良、纯种微生物和酶制剂的应用，极大程度地提高了原料利用率和生产效率。节能型工艺（如生料酿醋法）及新型技术（如细胞固定化技术）正在不断地完善。

（二）乳酸菌发酵食品

乳酸菌的应用历史非常悠久，但真正科学的研究和利用始于19世纪中叶。近年来食品级乳酸菌的优良特性已引起食品微生物界的关注，它在食品方面的应用也越来越广泛。目前乳酸菌广泛应用于乳制品、肉制品、酱腌菜制品、酱类制品等各类发酵食品中。随着现代生物技术的发展，乳酸菌与人们的生活与健康越来越密切相关。

1. 乳酸菌发酵乳制品

乳制品是乳酸菌发酵应用最多，也是最为成熟的领域。主要产品有发酵乳、乳酸菌饮料、奶油、干酪等。

(1) 发酵乳。发酵乳是以鲜奶或奶粉为主要原料，经乳酸菌发酵而制得的产品。原料乳添加或不添加白砂糖、稳定剂等配料，溶解并搅拌均匀，经均质和加热杀菌(一般采用95℃，5 min)后，降低到适宜的发酵温度，接种乳酸菌种，在适宜的温度下发酵，发酵完毕后，置于2～6℃的冷库内冷却后熟即可制得。

应用于发酵乳生产的乳酸菌主要属于乳杆菌属、链球菌属，此外还有双歧杆菌属等。生产中常用的有保加利亚乳杆菌、嗜热链球菌、乳酸乳球菌、嗜酸乳杆菌、双歧杆菌、干酪乳杆菌、植物乳杆菌等。可单菌种发酵，但一般两种或两种以上菌种搭配使用。其中发酵菌种仅有嗜热链球菌和保加利亚乳杆菌两种菌的产品称为酸奶，含有更多种菌或仅有一种菌的产品称为发酵乳。

(2)乳酸菌饮料。乳酸菌饮料是以鲜牛奶或奶粉为主要原料，经乳酸菌发酵，并辅以水、白砂糖、稳定剂、乳酸等配料，调配而成的产品。原料乳按照发酵乳工艺进行发酵，水、白砂糖、稳定剂等配料溶解均匀(一般化料温度70～80℃)，然后进行混合、调酸、调香、杀菌等工艺制成。

应用于乳酸菌饮料发酵的菌种主要有干酪乳杆菌、副干酪乳杆菌、嗜热链球菌、保加利亚乳杆菌、乳酸乳球菌、植物乳杆菌、双歧杆菌等。产品根据原料乳杀菌工艺分为褐变产品和非褐变产品，根据发酵后是否进行灭菌分为活菌型产品和灭菌型(非活菌型)产品。

(3) 酸奶油。酸奶油是以乳经离心分离后所得的稀奶油为主要原料，经杀菌、乳酸菌发酵等工艺而制成的乳制品。酸奶油按发酵方法不同，分为天然发酵酸奶油和人工发酵酸奶油两类。天然发酵酸奶油以乳中原有的微生物为发酵剂，让其自然发酵而成。人工发酵酸奶油，系将稀奶油杀菌后，再添加纯培养的乳酸菌种，使其发酵而制成。应用于酸奶油生产的乳酸菌主要有以下几种:乳酸乳球菌(乳脂亚种、乳酸亚种、双乙酰亚种)、肠膜明串珠菌、发酵乳杆菌等。

(4)干酪。干酪是指原料乳经杀菌、冷却后，加入适量的乳酸菌种和凝乳酶，使蛋白质(主要是酪蛋白)在菌种发酵和凝乳酶的作用下凝固，去除乳清，将凝块压成块状而制成的产品。用于生产干酪的乳酸菌种，随干酪种类而异。常用的菌种有乳酸乳球菌(乳脂亚种、乳酸亚种、双乙酰亚种)、干酪乳杆菌、瑞士乳杆菌、嗜酸乳杆菌、保加利亚乳杆菌以及肠膜明串珠菌等。生产中通常选取其中两种以上的乳酸菌搭配使用。个别具有地方特色的干酪还会用到青霉、白霉等霉菌，如蓝纹干酪、白霉干酪等。

2.乳酸菌发酵植物蛋白制品

乳酸菌在植物蛋白加工中的应用主要是生产酸豆奶和花生发酵酸奶。酸豆奶和花生发酵酸奶可以作为酸奶的替代品为人们提供大量的优质蛋白。用于酸豆奶和花生发酵酸奶生产的乳酸菌主要有乳杆菌属、链球菌属、明串珠菌属等。生产中常用保加利亚乳杆菌、植物乳杆菌、嗜酸乳杆菌、嗜热链球菌、乳酸乳球菌、肠膜明串珠菌等，常用两种或两种以上菌株搭配发酵。乳酸菌在豆乳发酵过程中，不仅可以将蛋白质分解为小分子物质，而且可以脱除豆腥味，分解棉籽糖、水苏糖等胀气因子，使产品具有良好的风味和营养价值。

3.乳酸菌发酵果蔬制品

发酵果蔬是利用有益微生物的活动及控制其一定的生长条件对果蔬进行深加工的一种方式。

(1)乳酸菌发酵果蔬饮料。乳酸菌发酵果蔬饮料是利用微生物来发酵单一或复合果蔬汁，发酵后调味而成，提高了产品营养价值、去除了生涩味、增加了发酵香味、口感怡人。用于乳酸菌发酵的果蔬主要有苹果、梨、杧果、葡萄、胡萝卜、番茄、芹菜、红薯、马铃薯、南瓜、山芋等，大多用保加利亚乳杆菌、植物乳杆菌、嗜热链球菌、干酪乳杆菌、鼠李糖乳杆菌等中的几种进行搭配发酵。乳酸菌发酵果蔬饮料改善了产品口味，提高了营养价值，开辟了果蔬深加工的新途径。

(2)泡菜(酸菜)。自然发酵泡菜是利用低浓度食盐水溶液进行腌制，通过附生在植物表面上乳酸菌的发酵作用而得到的蔬菜加工品。发酵前期除乳酸菌外的其他微生物还有一定的活动能力，微生物种类多且有少量空气存在，以异型乳酸菌的发酵为主。这类异型乳酸发酵菌一般不耐酸，随乳酸量的增加，到发酵中后期，以耐酸的同型发酵乳酸菌进行活动，将单糖和双糖发酵生成乳酸而不产生气体。泡菜中常见的乳酸菌主要有植物乳杆菌、短乳杆菌、肠膜明串珠菌、双歧杆菌等。

(3)酵素。酵素一词源于日本，现在在市场上用于泛指发酵果蔬制品。酵素是通过微生物对水果蔬菜进行深层发酵(一般1个月以上)，然后提取的一种含生物活性成分的产品。上述生物活性成分主要指酶，其来自发酵参与菌和用于发酵的食材。有研究认为，酵素可影响服用者体内的活性酶，从细胞层面调节机体的生命活动。

4.乳酸菌发酵肉制品

发酵肉制品是指采用生物发酵技术，在自然或人工控制的条件下将原料肉进行微生物发酵而产生酸或醇，使肉的pH降低而得到的具有特殊风味、色泽和质地的肉制品。肉的发酵本身是一种原始的贮藏手段，随着人们对其独特风味和良好贮藏性能的认识，逐步演化为一种肉制品的加工方法，在国内外都具有悠久的历史。发酵肉制品的种类较多，传统的中式肉制品中的腊肠、腊肉和火腿都伴随着自身微生物的自然发酵，这些产品通常被称为腌腊制品，具有悠久的生产历史。

5.乳酸菌发酵酒精制品

乳酸菌广泛应用在白酒、黄酒、葡萄酒、啤酒的酿造中，发挥不同的作用，乳酸菌的存在，为发酵微生物提供生长繁殖可利用的必需氨基酸和各种维生素，促进酿酒微生物的生长与繁殖，乳酸菌本身所产生的酸性代谢产物，维持了酿酒发酵环境的偏酸性，能促进酿酒酶系的糖化与发酵能力；乳酸菌产生的乳酸使酒醅酸度大幅快速上升，有效地抑制了部分杂菌的代谢活动，其产生的一些抗菌物质也有利于保持、改善酿酒生产的微生态环境；乳酸菌的代谢产物乳酸、乙酸可以在发酵过程中与乙醇形成乙酸乙酯、乳酸乙酯等多种重要的特征香味物质，同时乳酸和双乙酰本身也是酒中的特征香味物质。

6.乳酸菌发酵调味品

在酱油的制作过程中，加入乳酸菌，有很好的抑制杂菌作用，并为酱油提供特殊的风味，主要有四联球菌、嗜盐片球菌及植物乳杆菌等。在食醋的制作过程中，乳酸菌代谢产生的有机酸、双乙酰及其衍生物是食醋中主要的风味物质。

7.乳酸菌发酵豆制品

乳酸菌发酵豆制品种类繁多，主要有豆瓣酱、豆豉、腐乳等。发酵大豆食品一般含质量分数6%～18%的NaCl，其中的乳酸菌分嗜盐和耐盐两大类群：嗜盐乳酸菌可以在NaCl浓度为150 g/L的培养液中生长，一定的NaCl是其生长的必要条件；而耐盐类群也称非嗜盐类群，不能在NaCl浓度为150 g/L的培养液中生长，NaCl不是其生长的必要条件。在嗜盐类群中，嗜盐四联球菌是日本、韩国、中国及东南亚各国传统发酵豆制品中的优势种；而非嗜盐类群中肠球菌属、乳杆菌属和片球菌属的某些种分布较为广泛。

8.其他乳酸菌发酵制品

(1)乳酸菌发酵面包。以面包专用粉为主要原料,添加乳酸菌、酵母等辅料。采用二次发酵工艺生产面包。面包内部组织柔软、细腻,纹理结构好,发酵香味浓郁且有柔和的乳酸味,且具有良好的抗老化的特性,其品质优于普通面包,具有较大的开发前景。

(2)红茶菌饮料。红茶菌又名"海宝""胃宝",是一种生物薄膜,是用糖、茶、水加菌种经发酵后生成的对人体有益的物质,其菌体根据分析,是酵母菌、乳酸菌和醋酸菌的共生物,其本身的酸度又抑制了有害细菌的生长,尤其对萎缩性胃炎、胃溃疡等疑难病有很好的治疗作用,而且还有调节血压、改善睡眠、预防治疗各种疾病的效果。

(三)芽孢杆菌发酵食品

纳豆芽孢杆菌是枯草芽孢杆菌的亚种,蒸煮的大豆经纳豆芽孢杆菌发酵制得食品,即为纳豆,是我国传统的发酵食品,营养丰富。纳豆芽孢杆菌能产生丝氨酸蛋白酶,又称为纳豆激酶,具有一定的溶血栓作用,可用于血栓性疾病的预防和治疗,发展前景广阔。

1.工艺流程

纳豆的生产过程:

原料大豆→精选→洗涤→浸渍→蒸煮→接种→计量→包装→发酵→纳豆产品。

2.生产方法

把稻草在100℃的沸水中浸泡消毒,将蒸熟的黄豆用稻草包裹,保持40℃左右发酵24 h。稻草上常见的枯草芽孢杆菌(纳豆菌)产生芽孢,耐热度高,杀菌过程中不受破坏,高温培养速度快,同时也能抑制其他杂菌,并使黄豆发酵后产生黏稠的丝状物,这种黏液中包含有纳豆激酶。由于传统方法杂菌多,产品容易污染,商品化生产时,可接种人工培养的纯种纳豆芽孢杆菌进行发酵,产品无污染,质量好。

(四)其他细菌发酵食品

味精化学成分为谷氨酸钠,是一种鲜味调味料,易溶于水,其水溶液有浓厚鲜味。谷氨酸非人体必需氨基酸,但它参与许多代谢活动,并与其他氨基酸一起共同构成人体组织的蛋白质。

1910年,日本用盐酸水解小麦面筋生产了谷氨酸,制造了商品味精,但此法劳动强度大,耗粮高,生产受到限制。1957年,日本用微生物直接发酵糖类生产谷氨酸获得成功,投入工业化生产。此后,氨基酸的研究和生产得到了迅速发展,目前已有10余种进入了工业规模生产。我国于1963年开始采用谷氨酸发酵法生产味精。

1.谷氨酸生产菌

1956年,日本木下等人发现谷氨小球菌后,相继发现了棒杆菌、小球菌、节杆菌、短杆菌和小杆菌属的一大批谷氨酸生产菌。目前,我国各味精厂使用的谷氨酸生产菌大部分是从土壤中分离得到的野生菌株通过诱变筛选的谷氨酸棒杆菌,常用北京棒杆菌AS1.299,黄色短杆菌617,钝齿棒杆菌AS1.542和短杆菌T-613等(表6-2)。

在已报道的谷氨酸产生菌中,它们在分类学上属于不同的属种,但除芽孢杆菌外都有一些共同的特点:菌体为球形、短杆至棒状,不运动、无鞭毛,不形成芽孢,呈革兰氏阳性,需要生物素,在通气条件下培养产生谷氨酸。

2.谷氨酸生产方法

谷氨酸生产中,常以淀粉类物质为主要原料,把淀粉水解成糖,与其他原料配料后,接种谷氨酸发酵菌，在适宜的条件进行谷氨酸发酵，生产谷氨酸。发酵完毕用离子交换法或等电点法提取发酵液中的谷氨酸，对谷氨酸加碱中和成谷氨酸钠，再经除铁、脱色、浓缩和结晶得到成品味精。

表 6-2　部分氨基酸及其生产所使用菌株

生成的氨基酸	使用的菌株
谷氨酸	谷氨酸棒杆菌、乳糖发酵短杆菌或黄色短杆菌、北京棒杆菌或钝齿棒杆菌
缬氨酸	北京棒杆菌、乳糖发酵短杆菌
脯氨酸	链形寇氏杆菌、黄色短杆菌
赖氨酸	黄色短杆菌、乳糖发酵短杆菌、谷氨酸棒杆菌
苏氨酸	大肠杆菌
鸟氨酸	黄色短杆菌、谷氨酸棒杆菌
亮氨酸	黄色短杆菌
酪氨酸	谷氨酸棒杆菌

实验 6-1　酸奶的制作

任务准备

1. 材料

新鲜牛乳、脱脂乳、脱脂乳粉、蔗糖、乳酸菌原菌。

2. 器材与设备

2～5 mL 灭菌吸管 2 支、铂耳 1 支、50～100 mL 灭菌量筒 2 个、酒精灯 1 盏、脱脂乳培养基(20 mL 试管装 2 支，200～300 mL 三角瓶装 2 瓶)、恒温箱。

任务实施

一、安排学生课前预习

学生通过查阅资料和观看视频等完成预习报告。预习报告内容包括：(1)实验目的。(2)实验原理。(3)实验步骤。(4)思考题：①酸奶生产过程最关键的问题是什么？应如何控制？②酸奶发生凝固的原因是什么？③控制酸奶质量应注意哪些方面？

二、检查学生预习情况

检查学生对酸奶的制作流程是否掌握，以及学生对酸奶制作关键点是否理解。分小组讨论，分工协作设计实验操作步骤，并明确其关键环节。

三、知识储备

(一)实验原理

以鲜奶为原料，经灭菌后，接种乳酸菌类发酵而成。乳糖在乳糖酶的作用下分解成单糖，再在乳酸菌作用下生成乳酸。牛乳经灭菌后添加乳酸菌发酵，使乳糖转化为乳酸，同时，pH下降，引起蛋白质沉淀，呈凝乳状，即得到酸奶。

(二)工艺流程

原料准备→搅拌→杀菌→均质→冷却→加发酵剂→装瓶→保温发酵→冷却后熟。

(三)注意事项

(1)接种。接种时注意接种温度，乳温为45℃时接种发酵剂。接种量为2%～4%。发酵剂应事先在无菌条件下搅拌成均匀细腻的状态，以免影响成品质量。

(2)发酵剂的活性。活化后的发酵剂要及时接种，不可将活化后的菌种再放入冰箱。注意接种温度，防止发酵剂失活。

(3)培养温度。温度对酸奶的形成时间有直接的影响，温度越低需要的时间越长。温度过高会杀死乳酸菌，温度过低会降低乳酸菌的活性。

四、学生操作

(一)发酵剂的制备

1.菌种的活化

按无菌操作进行菌种活化处理，用灭菌的吸管取1～2 mL液体菌种接种于装有灭菌脱脂乳的试管中；或用铂耳取少量粉状的菌种接种混合，然后置于恒温箱中根据不同菌种的特征选择培养温度与时间，培养活化，活化可进行1至数次，依菌种活力而定。

2.调制母发酵剂

取制备母发酵剂用脱脂乳量1%的充分活化的菌种，接种于盛有灭菌脱脂乳的三角烧瓶中，充分混匀后，置于恒温箱中培养。供制工作发酵剂用。

3.调制工作发酵剂

取制备工作发酵剂用脱脂乳量1%～2%的母发酵剂接种于盛有灭菌脱脂乳的三角烧瓶中，充分混匀后置于恒温箱中培养。供生产酸乳制品时使用。

4.发酵剂质量检查

质量合格的发酵剂凝块硬度适宜，均匀而细滑，有弹性，无龟裂、气泡及乳清分离。酸味及风味与活力等均符合菌种特性要求。达到上述质量的发酵剂准予用于生产酸乳制品。

5.保存

调制好的发酵剂不立即使用时应置于冰箱中保存。

(二)凝固型酸乳的制作

(1)配料。选择符合质量标准的各种原辅料，乳粉、砂糖混合后加50～60℃温水溶解。琼脂、明胶等稳定剂可与少量糖混合后加水，加热溶解充分后添加。

(2)均质。均质可以防止脂肪上浮，使脂肪微粒化，改善口感。均质前，应先将混合料预热至50～60℃，均质压力为9.81～24.5 MPa。

(3)杀菌、冷却。95～100℃杀菌5 min，用冷水迅速降温至45～47℃。还可以采用高温瞬间杀菌，135～140℃加热2 s即可，这样有利于营养成分的保存。取出置于冷水中冷却至43～45℃。

(4)接种。将发酵剂摇匀,按混合料的1%~3%量加入灭菌乳中,充分混匀,装瓶,封口。

(5)发酵。置于42℃恒温培养箱中培养3~4 h。发酵结束后于4~5℃下保存。

(6)品尝。酸乳质量评定以品尝为标准,通常有凝结状态、表层光洁度、酸度及香味等数项指标,品尝时若有异味就可判定为酸乳污染了。

五、结果记录

各小组成员通过互相品评酸奶的质量,进行互评、自评,并记录品评结果。

1.实验中常见问题

酸奶没有发生凝固或出现乳清析出;酸奶呈乳白色,有分层现象,稍稠;有轻微的酸味或酸味过大,没有酸奶应有的香气。

2.分析原因

(1)菌种添加过少,发酵酸度不够,或者在加入菌种时温度过高,导致部分菌种被烫死,引起发酵失败。

(2)菌种添加过多则会出现产酸过快,凝乳中蛋白质脱水收缩,致使乳清析出过多,产品组织状态粗糙,成品中有发酵剂味。

(3)实验仪器没有清洗干净,实验过程中受到噬菌体的污染,使产酸量减少或停止。

(4)乳清析出的可能原因是热处理温度或时间不够,不能使75%~80%的乳清蛋白变性。变性乳清蛋白可以与酪蛋白发生复合,容纳更多的水分。

拓展知识

酸奶和乳酸饮料的区别

超市里有许多种类的酸奶和乳酸饮料,两者的区别在哪里呢?

酸奶是以新鲜牛奶或复原乳为原料,以乳酸菌发酵而制成的乳制品。乳酸饮料是以鲜乳或乳制品为原料,加入水、糖液、酸味剂(柠檬酸、乳酸等)生产而成的一种饮品。

酸奶是在添加(或不添加)乳粉(或脱脂乳粉)的乳(杀菌乳或浓缩乳)中,在保加利亚乳酸杆菌和嗜热链球菌的作用下进行乳酸发酵而制成的凝乳状制品,成品必须含有大量相应的活性微生物。酸奶具备鲜奶的全部营养成分,其蛋白质含量(2.7%~2.9%)与鲜牛奶一样,而乳酸饮料的蛋白质含量在1%以下。所以,乳酸饮料的营养价值远远不如酸奶。

任务三 真菌酿造食品技术

任务目标

熟悉霉菌、酵母菌发酵的机制;掌握豆腐乳、酱油、柠檬酸的生产工艺。

相关知识

真菌通常分为两大类,即酵母菌与霉菌。它们在食品工业中有着十分重要的用途,用于许多发酵食品的生产,各种酒类、豆腐乳、酱、酱油、柠檬酸等。许多霉菌能把淀粉、糖类等碳水化合物以及蛋白质等含氮物质转化，人们利用霉菌的这一特性制造了许多食品。在利用霉菌制造某些食品时，有时是在与细菌、酵母的共同作用下生产的。

一、与发酵食品有关的酵母菌种类

酵母是一种单细胞生物，有着天然丰富的营养体系。酵母细胞中含有大量的有机物、矿物质和水分。有机物占细胞干重的90%～94%，其中蛋白质的含量占细胞干重的35%～60%，碳水化合物的含量在35%～60%，脂类物质的含量在1%～5%。酵母细胞中还富含多种维生素、矿物质和多种酶类，能促进其被消化吸收。此外它还含有多种鲜为人知的活性物质，如麦角固醇、谷胱甘肽、超氧化物歧化酶、辅酶A等。酵母菌细胞的形态通常有球形、卵圆形、腊肠形、椭圆形、柠檬形或藕节形等。酵母菌比细菌的单细胞个体要大得多，一般为1～5 μm、5～20 μm。酵母菌无鞭毛，不能游动。酵母菌具有典型的真核细胞结构，有细胞壁、细胞膜、细胞核、细胞质、液泡、线粒体等，有的还具有微体。酵母为兼性厌氧微生物，在有氧及无氧条件下都可以进行发酵。在发酵食品生产中主要应用的酵母菌有以下几种。

（一）面包酵母

面包酵母也称为压榨酵母、新鲜酵母、活性干酵母，是生产面包时发酵用的酵母菌。面包酵母的主要特性是利用发酵糖类产生的大量二氧化碳和少量酒精、醛类及有机酸，来提高面包风味。发酵麦芽糖速度快，所以制成的酵母菌耐久性强。

（二）酿酒酵母

酿酒酵母又称为啤酒酵母，根据发酵麦芽汁时产生的絮凝性不同，可分为上面酵母和下面酵母，啤酒酵母为典型的上面酵母。啤酒酵母广泛应用在啤酒、白酒、果酒的酿造和面包的生产中，由于酵母菌菌体的维生素、蛋白质含量较高，也可用于药用或饲料酵母，具有较高的经济价值。啤酒酵母分布广泛，各种水果表面、发酵的果汁、土壤和酒曲中都可以分离得到。按照细胞长宽比可分为3种。

1. 德国2号和德国12号酵母

德国2号和德国12号酵母是啤酒酵母中有名的生产种，因其不能耐高浓度盐类，除了用作饮料酒酿造和面包制造的菌种外，只适用于糖化淀粉原料生产酒精和白酒。

2. 葡萄酒酵母

葡萄酒酵母主要用途为酿造葡萄酒和果酒，也可用于啤酒工业、蒸馏酒业和酵母工业。

3. 台湾396号酵母

台湾396号酵母常用来发酵甘蔗糖蜜生产酒精，这是因为它能耐受高渗透压，可以耐受高浓度的盐类。

（三）球拟酵母

球拟酵母能使葡萄糖转化为多元醇，有的菌种具有酒精发酵力，如在工业上利用糖蜜生产甘油。有的菌种比较耐高渗透压，如酱油生产中的易变球拟酵母和埃契球拟酵母。

（四）卡尔斯伯酵母

卡尔斯伯酵母因产于丹麦卡尔斯伯而得名，是啤酒酿造中的典型下面酵母，能发酵葡萄糖、半乳糖、蔗糖、麦芽糖及全部棉籽糖。它与啤酒酵母的主要区别是全发酵棉籽糖、不能同化硝酸盐、稍能利用酒精。其可供啤酒酿造底层发酵或用作药用和饲料用酵母菌。此外，它还是维生素测定菌，可用于测定泛酸、硫胺素、吡哆醇、肌醇。

（五）酵母菌发酵的食品种类与工艺

1.面包

面包是产小麦国家的主食，几乎世界各国都有生产。它是以面粉为主要原料，以酵母菌、糖、油脂和鸡蛋为辅料生产的发酵食品，其营养丰富，组织蓬松，易于消化吸收，食用方便，深受消费者喜爱。

酵母是生产面包必不可少的生物膨松剂。酵母发酵是一个非常复杂的生物化学变化过程，除生成二氧化碳和乙醇外，还有少量的副产物如低分子的有机酸、醇类、酯类等。酵母发酵在面包生产中起着关键作用，发酵过程中产生的二氧化碳使面团体积增大、组织疏松，有助于面团面筋的进一步扩展，使二氧化碳能够保留在面团内，提高面团的保气能力。酵母在发酵过程中产生许多与面包风味有关的如乙醇、低分子的有机酸、醇类等挥发性化合物，共同形成面包特有的发酵风味。另外，酵母还可以增加面包产品的营养价值。因此，其他任何膨松剂都难以代替酵母在面包生产中的作用。

2.酿酒

我国是一个酒类生产大国，酒文化渊远流长，在应用酵母菌酿酒的领域里，有着举足轻重的地位。许多独特的酿酒工艺在世界上独领风骚，深受世界各国赞誉，同时也为我国经济繁荣做出了重要贡献。

酿酒具有悠久的历史，产品种类繁多。如黄酒、白酒、啤酒、果酒等品种。而且形成了各种类型的名酒，如绍兴黄酒、贵州茅台酒、青岛啤酒等。酒的品种不同，酿酒所用的酵母以及酿造工艺也不同，而且同一类型的酒各地也有自己独特的工艺。

酿酒基本原理和过程主要包括：酒精发酵、淀粉糖化、制曲、原料处理、蒸馏取酒、老熟陈酿、勾兑调味等。酒精发酵是酿酒的主要阶段，糖质原料如水果、糖蜜等，其本身含有丰富的葡萄糖、果糖、蔗糖、麦芽糖等成分，经酵母或细菌等微生物的作用可直接转变为酒精。酒精发酵过程是一个非常复杂的生化过程，有一系列连续反应并随之产生许多中间产物，其中有30多种化学反应，需要一系列酶的参加。酒精是发酵过程的主要产物。除酒精之外，被酵母菌等微生物合成的其他物质及糖质原料中的固有成分如芳香化合物、有机酸、单宁、维生素、矿物质、盐、酯类等往往决定了酒的品质和风格。酒精发酵过程中产生的二氧化碳会增加发酵温度，因此必须合理控制发酵的温度，当发酵温度高于30～34℃，酵母菌就会被杀死而停止发酵。除糖质原料本身含有的酵母之外，还可以使用人工培养的酵母发酵，因此酒的品质因使用酵母等微生物的不同而各具风味和特色。

（1）白酒。白酒为中国特有的一种蒸馏酒，是世界六大蒸馏酒之一，由淀粉或糖质原料制成酒醅或发酵后经蒸馏而得，又称烧酒、老白干、烧刀子等。酒质无色（或微黄）透明，气味芳香纯正，入口绵甜爽净，酒精含量较高，经贮存老熟后，具有以酯类为主体的复合香味。基本是以曲类、酒母为糖化发酵剂，利用淀粉质（糖质）原料，经蒸煮、糖化、发酵、蒸馏、陈酿和勾兑酿制而成。

（2）啤酒。啤酒酿造是以大麦、水为主要原料，以大米或其他未发芽的谷物、酒花为辅助原料；大麦经过发芽产生多种水解酶类制成麦芽；借助麦芽本身多种水解酶类将淀粉和蛋白质等大分子物质分解为可溶性糖类、糊精以及氨基酸、肽、胨等低分子物质制成麦芽汁；麦芽汁通过酵母菌的发酵作用生成酒精和CO_2以及多种营养和风味物质；最后经过过滤、包装、杀菌等工

艺制成 CO_2 含量丰富、酒精含量仅 3%～4%，富含多种营养成分、酒花芳香、苦味爽口的饮料酒即成品啤酒。

(3)果酒。果酒是指水果经破碎、压榨取汁后，将果汁经酒精发酵和陈酿而制成。果酒种类繁多，以葡萄酒最为常见。根据酿造方法的不同分为发酵果酒、蒸馏果酒、配制果酒等几种。果酒发酵原理是果汁在酵母菌的一些酶的作用下，经过复杂的化学反应，产生乙醇和二氧化碳的过程。发酵果酒不需要经过蒸馏，也不需要在发酵之前对原料进行糖化处理，其酒精含量一般在 8%～20%。

果酒具有如下的优点：一是营养丰富，含有多种有机酸、芳香酯、维生素、氨基酸和矿物质等营养成分，经常适量饮用，能补充人体营养，有益身体健康；二是果酒酒精含量低，刺激性小，既能提神、消除疲劳，又不伤身体；三是果酒在色、香、味上别具风韵，不同的果酒，分别体现出色泽鲜艳、果香浓郁、口味清爽、醇厚柔和、回味绵长等不同风格，可满足不同消费者的饮酒享受；四是果酒以各种栽培或山野果实为原料，可节约酿酒用粮。

(4)制醋。食醋生产中，需要进行以下过程：①原料中淀粉的分解，即糖化过程；②酒精发酵，即酵母菌将可发酵性的糖转化成乙醇；③醋酸发酵，即醋酸菌将乙醇转化成乙酸。酵母菌是重要的酒精发酵菌种，在食醋酿造中的作用不可取代。

二、与发酵食品有关的霉菌种类

霉菌是真菌的一部分，在自然界分布极其广泛。霉菌在食品工业中用途十分广泛，许多酿造发酵食品、食品原料的制造，都是在霉菌的参与下完成的。

绝大多数霉菌能把加工所用原料中的淀粉、糖类等碳水化合物、蛋白质等含氮化合物及其他种类的化合物进行转化，制造出多种多样的食品、调味品及食品添加剂。

不过，在许多食品的制造中，除了利用霉菌以外，还要在细菌、酵母的共同作用下来完成。在食品酿造业中，常常以淀粉为主要原料，只有将淀粉转化为糖才能被酵母菌及细菌利用。许多酿造发酵食品、食品原料的制造，如豆腐乳、豆豉、酱、酱油、柠檬酸等都是在霉菌的参与下来进行生产的。发酵食品中经常使用的霉菌有以下几种。

(一)曲霉属

1. 米曲霉

菌落初期为白色，质地疏松，继而变为黄褐色至淡绿色，不呈现真正绿色，反面无色。生产淀粉酶、蛋白酶的能力较强，应用于酿酒、酱油的生产，一般情况下，不产生黄曲霉毒素。

2. 黑曲霉

菌丝初期为白色，常出现鲜黄色区域，厚绒状，黑色，反面无色或中央部分略带黄褐色。这类菌在自然界分布极广，能生长于各类基质上产生糖化酶、果胶酶。可作为糖化剂广泛用于酒及酒精工业生产中，也是生产柠檬酸的优良菌种。

3. 黄曲霉

在生长培养基上，菌落生长的速度较快，早期为黄色，然后变为黄绿色，老熟后呈现褐绿色。培养的最适温度为 37℃。产生液化性淀粉酶的能力比黑曲霉强。蛋白质分解能力仅次于米曲霉。黄曲霉的某些菌系可产生黄曲霉毒素，特别在花生或花生饼粕上容易形成，能引起家禽、家畜严重中毒以致死亡，还能够致癌。为了防止其污染食品，现已经停止在食品生产中使用黄曲霉 AS3.870，改用不产毒素的黄曲霉 AS3.951。

(二)红曲霉属

红曲霉菌属散囊菌目红曲科。红曲霉菌在培养基上生长时,菌丝体最初为白色,以后呈现淡粉色、紫红色或灰黑色等,通常能形成红色素。生长温度范围为26～42℃,最适生长温度为32～35℃,最适pH为3.5～5,能耐pH为2.5,耐10%(体积分数)的酒精浓度。可以利用多种糖类或酸类为碳源,能同化硝酸钠、硝酸铵、硫酸铵、而以有机胺为最好的氮源。

红曲霉能产生淀粉酶、麦芽糖酶、蛋白酶、柠檬酸、琥珀酸、乙醇等。由于能产生红色素,可作为食品加工中天然红色素的来源。如在红腐乳、饮料、肉类加工中用的红曲米,就是用红曲米发酵制作的。红曲霉的用途很多,可用于酿酒、制醋、作豆腐乳的着色剂,并可用作食品染色剂和调味剂,还可用作中药。

(三)根霉属

根霉的形态结构与毛霉类似。能产生淀粉酶,使淀粉转化为糖,是酿酒工业常用的发酵菌。但根霉常会引起粮食及其制品霉变。其代表菌种有黑根霉、米根霉、无根根霉。

1.黑根霉

菌落生长初期为白色,后期为灰褐色至黑褐色。匍匐枝爬行,无色。假根非常发达,呈根状,棕褐色。此菌的最适生长温度为30℃,37℃时不能生长。有发酵乙醇的能力,但极其微弱。能产生果胶酶,常引起水果的腐烂和甘薯的软腐。

2.米根霉

菌落疏松或稠密,初期为白色,后期为灰褐色至黑褐色。发育温度为30～35℃,最适生长温度为37℃,41℃时不能生长。此菌有糖化淀粉、转化蔗糖的能力。

3.无根根霉

菌落初期为白色,后期为褐色。匍匐枝分化不明显,假根极不发达,呈短指状或无假根。此菌对温度的适应范围同米根霉。它可发酵豆类和谷物食品。

(四)毛霉属

毛霉的外形呈毛状,菌丝细胞无横隔,单细胞组成,出现多核,菌丝呈分枝状。

毛霉具有分解蛋白质的功能,如用来制造腐乳,可产生芳香物质和蛋白质分解物(鲜味)。某些菌种具有较强的糖化力,也可用于酒精和有机酸工业原料的糖化和发酵。另外,毛霉还常生长在水果、果酱、蔬菜、糕点、乳制品、肉类等食品上,引起食品腐败变质。现简单介绍鲁氏毛霉和总状毛霉。

1.鲁氏毛霉

此菌种最初是从中国小曲中分离出来的,也是毛霉中最早用于以淀粉为原料生产乙醇的一个菌种。菌落在马铃薯培养基上呈现黄色,在米饭上略带白色。孢子囊呈现假轴状分枝,厚垣孢子数量很多,大小不一,黄色至褐色,无结合孢子。鲁氏毛霉能产生蛋白酶,有分解大豆的能力,在我国多用来生产豆腐乳。

2.总状毛霉

菌丝呈现灰白色,菌丝直立而稍短,孢子囊柄总状分枝。孢子囊呈现球状,黄褐色。结合孢子呈球状,有粗糙的突起,形成大量的厚垣孢子,在菌丝体、孢子囊柄甚至囊轴上都有,形状大小不一,光滑、无色或黄色。我国四川的豆豉即用此菌制成。此菌是毛霉中分布最广泛的一种,几乎在各地土壤中、长霉的材料上、空气中和各种粪便中都能找到。

(五)霉菌发酵的食品种类与工艺

1.制曲

我国传统酿酒工业中常使用的“酒曲”,如“大曲”“小曲”“麸曲”等,其主要成分即为霉菌。酿酒原料淀粉的糖化、蛋白质的水解均是通过霉菌产生的淀粉酶和蛋白质水解酶进行的。通常情况是先进行霉菌培养制曲。淀粉、蛋白质原料经过蒸煮糊化加入种曲,在一定温度下培养,曲中由霉菌产生的各种酶将淀粉、蛋白质分解成糖、氨基酸等水解产物。在食醋生产中,需要先制作酒醅,再氧化为醋醅,也需要霉菌参与以糖化淀粉。

利用霉菌生产淀粉酶、糖化酶的常用菌种:根霉属中常用的有日本根霉、米根霉、华根霉等;曲霉菌属中常用的有黑曲霉、宇佐美曲霉、米曲霉、泡盛曲霉等;毛霉属中常用的有鲁氏毛霉;还有红曲属中的一些种也是较好的糖化剂,如紫红曲霉、安氏红曲霉等。

以浓香型白酒大曲为例,简要叙述其制作过程。

(1)把大麦60%、豌豆40%按比例配好,混匀粉碎,要求通过20孔筛的细粉占20%~30%。

(2)粉料加水拌匀,在曲模中踩成曲坯,曲坯含水量为36%~38%,要求踩的平整、饱满。

(3)温度的控制较为重要,曲室温度预先调节在15~20℃,地面铺上稻皮,把曲坯运入房中排列成行,间隔2~3 cm,每层上放置芦苇秆,再在上面放置一层曲块,共放三层。

(4)将曲室封闭,温度会逐渐上升,1 d后曲坯表面出现霉菌斑点,经36~37 h,品温升到38~39℃,应控制缓慢升温,使上霉良好。

(5)此时,曲坯品温升至38~39℃,打开门窗,揭去保温层,排潮降温,并把曲坯上下翻倒一次,拉开间距,以控制微生物生长,使曲坯表面干燥,固定成形,称为晾霉。晾霉时,不应在室内产生对流风,防止曲皮干裂。晾霉2~3 d,每天翻曲一次,曲层分别由三层增到四层和五层。

(6)晾霉后,再封闭门窗进入潮火期,品温上至36~38℃,进行翻曲,曲层由五层增到六层,并排列成“人”字形,每1~2 d翻曲一次,昼夜门窗两封两启,品温两起两落,经4~5 d曲坯由38℃逐渐升到45~46℃,进入大火期,曲坯增到七层。

(7)这时微生物菌丝由表面向里生长,水分和热量由里向外散失,可开启门窗调节品温,保持44~46℃的高温7~8 d,每天翻曲一次。大火期结束,有50%~70%的曲坯已成熟。

(8)曲坯逐渐干燥,品温下降,由44~46℃降到32~33℃或更低,后火期3~5 d。

(9)后火期后,为使曲坯继续蒸发水分,品温控制在28~30℃进行养曲。

(10)把曲块出房,堆成间距10 cm的曲堆,即得到成品。

2.酿酱

酱类包括大豆酱、蚕豆酱、面酱、豆瓣酱、豆豉及其加工制品,都是由一些粮食和油料作物为主要原料,利用以米曲霉为主微生物经发酵酿造制成的。

用于酱类生产的霉菌主要是米曲霉,生产上常用的有沪酿3.042、黄曲霉Cr-1菌株、黑曲霉等。曲霉具有较强的蛋白酶、淀粉酶及纤维素酶的活力,它们把原料中的蛋白质分解为氨基酸,淀粉变为糖类,在其他微生物的共同作用下生成醇、酸、酯等,形成酱类特有的风味。

3.酱油

酱油是我国传统的发酵食品之一,在我国已有两千多年的历史。它是用蛋白质原料和淀粉质原料,利用曲霉及其他微生物的共同作用,经过复杂的生化变化,除有氨基酸等鲜味营养物外,还具有多达80余种微量香味成分,形成色、香、味、体齐备,包含酸、甜、苦、咸、鲜五味调和的一种液体调味品。

酱油生产中常用的霉菌有米曲霉、黄曲霉和黑曲霉等，用于酱油生产的曲霉菌株应符合如下条件：

(1)不产黄曲霉毒素；

(2)蛋白酶、淀粉酶活力高，有谷氨酰胺酶活力；

(3)生长速度快、培养条件粗放、抗杂菌能力强；

(4)不产生异味，制曲酿造的酱油制品风味好。

酱油生产分原料处理、制曲、发酵、浸出提油、成品配制几个阶段。生产中常常是多种霉菌复合使用，除曲霉外，酵母菌和乳酸菌等都参与了复杂的物质转化过程，以提高原料蛋白质及碳水化合物的利用率，提高成品中还原糖、氨基酸、色素以及香味物质的含量，它们对酱油香味的形成也起着十分重要的作用，是多种微生物混合作用的结果。

思政园地

中国创造，独领风骚

2017年7月12日，在四川省眉山市青神县境内的四川翠微食品有限责任公司化验室内，无防腐剂、无任何化学合成成分的微生物发酵无盐酱油发酵成功。2017年7月20日，中国食品报和中国食品报网报道了这则消息。2017年11月18日，四川翠微食品有限责任公司无盐酱油研发成功的消息在首届中国国际安全食品提供商大会上发布，受到高度关注。

众所周知，目前在日、美、英这些发达国家仍然没有无盐、无合成化学替代盐生产的天然生物发酵无盐酱油，天然微生物发酵无盐酱油的开发成功，展示了我国食品微生物研究上的领先地位。

4.腐乳

腐乳作为我国传统酿造食品之一，是发酵豆制品的典型代表。其是一种口味鲜美风味独特、质地细腻、营养丰富的调味食品，有“中国奶酪”的美称。

腐乳按其色泽风味通常可分为白腐乳、红腐乳、青腐乳三大类，其风味来源于蛋白质在微生物酶作用下分解产生的多种氨基酸，其中人体必需氨基酸的含量丰富。

腐乳的制作流程为豆腐切块、接种毛霉、前发酵、搓毛、加入辅料(盐和酒)、后酵及最后制成腐乳。腐乳的发酵过程是一个复杂的生化过程，主要是利用各种菌体所产生的酶类，促使在腐乳的发酵过程中蛋白质水解成可溶性的低分子肽和氨基酸等。若在其中加入甜酒或各种淀粉酶，淀粉可糖化成糖类进一步参与发酵生成醇类及各种有机酸等。

腐乳的发酵分为前期发酵和后期发酵两个阶段。在其前发酵过程中，主要是毛霉等进行糖化和蛋白质的逐步降解。在此过程中，一般是接入纯菌种进行发酵；而在其后发酵期，主要是在前发酵的基础上，加入食盐、红曲、黄酒等辅料，装坛后进行的。腐乳的后酵，生长发育期很重要，腐乳的特殊色、香、味主要是在这个阶段形成的。菌丝形成于豆腐坯周围，同时分泌各种酶。多种微生物共同作用可使豆腐中产生少量淀粉；后发酵过程也是复杂的，主要是毛霉、根霉和其他微生物共同参与发酵，经过复杂的生物化学变化，将蛋白质分解为胨、多肽和氨基酸等物质，同时生成一些有机酸、醇类和酯类等，这些物质使得腐乳富含营养。

5. 食品添加剂

(1)柠檬酸。柠檬酸是一种重要的化工原料，广泛用于食品、医药等工业。在食品工业上，常作酸味剂加入清凉饮料、果酒、果汁、果冻、果酱、糖果和糕点等食品中。能产生柠檬酸的微生物种类很多，有青霉、曲霉、毛霉和假丝酵母等，细菌也可生产柠檬酸。另外，橘青霉、泡盛曲霉、斋藤曲霉等产酸能力也都很强。其中黑曲霉是柠檬酸生产的最好菌种，它产酸量高，转化率也高，且能利用多种碳源，现代工业生产几乎都采用黑曲霉作为生产菌。

柠檬酸发酵的形式分固体发酵和液体发酵两大类。液体法又分静置浅盘发酵法(即表面发酵法)和液体深层发酵法。目前世界各国多采用液体深层发酵法进行生产。生产菌种在发酵过程中，将糖分解成多种有机酸，有机酸中的草酰乙酸和乙酰辅酶A缩合成柠檬酸。发酵结束，滤去菌体，将滤液中的柠檬酸先制成柠檬酸钙，而后用硫酸处理，形成硫酸钙，从而使柠檬酸分离，经过结晶，就可获得柠檬酸成品。

(2)酶制剂。酶是一类具有专一性生物催化能力的蛋白质，而从生物体中提取的具有酶活力的制品，称为酶制剂。酶制剂具有催化效率高、反应条件温和和专一性强等特点。

随着发酵工业的发展，利用微生物生产酶制剂要比从植物瓜果、种子、动物组织中获得更容易，酶制剂的主要来源已被微生物所取代，微生物酶制剂具有不受季节、地区和数量等因素影响的特性，还具有种类多、繁殖快、质量稳定和成本低等特点。因为动、植物酶来源有限，且受季节、气候和地域的限制，而微生物不仅不受这些因素的影响，而且种类繁多、生长速度快、加工提纯容易、加工成本相对比较低，充分显示了微生物生产酶制剂的优越性。现在除少数几种酶仍从动、植物中提取外，绝大部分是用微生物来生产的。随着微生物育种技术的发展，酶制剂的种类越来越多，分类也越来越细。目前我国已工业化生产的且用于食品工业的酶制剂主要有淀粉酶、脂肪酶、果胶酶和蛋白酶等，其对提高食品生产效率和产量、改进产品风味和质量等方面有着其他催化剂所无法替代的作用(表6-3)。

表6-3 食品工业中常用酶的种类、来源及主要用途

酶名称	来源	主要用途
α-淀粉酶	米曲霉、黑曲霉	淀粉液化，制造糊精、葡萄糖、饴糖、果葡糖浆
糖化酶	根霉、黑曲霉、红曲霉	淀粉糖化，制造葡萄糖、果葡糖
蛋白酶	霉菌	啤酒澄清，水解蛋白质、多肽、
右旋糖苷酶	霉菌	糖果生产
果胶酶	霉菌	果汁、果酒的澄清
葡萄糖氧化酶	黑曲霉、青霉	蛋白质加工、食品保鲜
柑苷酶	黑曲霉	水果加工，去除橘汁苦味
橙皮苷酶	黑曲霉	防止柑橘罐头及橘汁出现混浊
磷酸二酯酶	橘青霉、米曲霉	降解RNA，生产单核苷酸用作食品增味剂
纤维素酶	木霉、青霉	生产葡萄糖

实验 6-2　腐乳的制作

任务准备

1. 材料

菌种:毛霉斜面菌种。

培养基(料):马铃薯葡萄糖琼脂培养基(PDA)。

无菌水、豆腐坯、红曲米、面曲、甜酒酿、白酒、黄酒、食盐。

2. 器材与设备

培养皿、500 mL 三角瓶、接种针、小笼格、喷枪、小刀、带盖广口瓶、显微镜、恒温培养箱。

任务实施

一、安排学生课前预习

学生通过查阅资料和观看视频等完成预习报告。预习报告内容包括:(1)实验目的。(2)实验原理。(3)实验步骤。(4)思考题:①腐乳生产主要采用何种微生物?②腐乳发酵生产的原理是什么?③试分析腌坯时所用食盐量对腐乳质量有何影响。

二、检查学生预习情况

检查学生对腐乳发酵原理是否理解;检查学生对腐乳发酵质量的因素是否了解;小组讨论,共同确定实验步骤及小组成员分工。

三、知识储备

1. 制备原理

腐乳是用豆腐采用蛋白酶活性高的鲁氏毛霉或根霉发酵制成的。豆腐坯上接种毛霉,经过培养繁殖,分泌蛋白酶、淀粉酶、谷氨酰胺酶等复杂酶系,在长时间的发酵中与腌坯调料中的酶系、酵母、细菌等协同作用,使腐乳坯蛋白质缓慢水解,生成多种氨基酸,加之由微生物代谢产生的各种有机酸与醇类作用生成酯,形成细腻、鲜香的豆腐乳特色。

2. 豆腐乳的制备工艺流程

悬液制备→接种孢子→培养与晾花→装瓶与压坯→装坛发酵→感官鉴定。

3. 注意事项

豆腐长出毛霉时的温度控制在 20℃左右;腌制时要注意控制食盐的用量。

四、学生分组实验

1. 悬液制备

(1)毛霉菌种的扩培。将毛霉菌种接入斜面培养基,于 25℃培养 2 d;将斜面菌种转接到盛有种子培养基的三角瓶中,于同样温度下培养至菌丝和孢子生长旺盛,备用。

(2)孢子悬液制备。于上述三角瓶中加入无菌水 200 mL,用玻璃棒搅碎菌丝后用无菌双层纱布过滤,滤渣倒回三角瓶,再加 200 mL 无菌水洗涤 1 次,合并滤液于第一次滤液中,装入喷枪贮液瓶中供接种使用。

2. 接种孢子

用刀将豆腐坯划成 4.1 cm×4.1 cm×1.6 cm 的块,笼格经蒸汽消毒、冷却,用孢子悬液喷洒笼格内壁,然后把划块的豆腐坯均匀竖放在笼格内,块与块之间间隔 2 cm。再用喷枪向豆腐块上喷洒孢子悬液,使每块豆腐周身沾上孢子悬液。

3. 培养与"晾花"

将放有接种豆腐坯的笼格放入培养箱中,于 20℃左右培养 20 h 后,每隔 6 h 上下层调换一次,以更换新鲜空气,并观察毛霉生长情况。44～48 h 后,菌丝顶端已长出孢子囊,腐乳坯上毛霉是棉花絮状,菌丝下垂,白色菌丝已包围住豆腐坯,此时将笼格取出,使热量和水分散失,坯迅速冷却,其目的是增加酶的作用,并使霉味散发,这就是"晾花"。

4. 装瓶与压坯

将冷至 20℃以下的坯块上互相依连的菌丝分开,用手指轻轻在每块表面涂一遍,使豆腐坯上形成一层皮衣,装入玻璃瓶内,边涂边沿瓶壁呈同心圆方式一层一层向内侧放,摆满一层稍用手压平,撒一层食盐,每 100 块豆腐坯用盐的 400 g,使平均含盐量约为 16%,如此一层层铺满瓶。下层食盐用量少,向上食盐逐层增多,腌制中盐分渗入毛坯,水分析出,为使上下层含盐均匀,腌坯 3～4 d 时需加盐水淹没坯面,称之为压坯。腌坯周期冬季 13 d,夏季 8 d。

5. 装坛发酵

(1)红方。按每 100 块坯用红曲米 32 g、面曲 28 g、甜酒酿 1 kg 的比例配制染坯红曲卤和装瓶红曲卤。先用 200 g 甜酒酿浸泡红曲米和面曲 2 d,研磨细,再加 200 g 甜酒酿调匀即为染坯红曲卤。将腌坯沥干,待坯块稍有收缩后,放在染坯红曲卤内,六面染红,装入经预先消毒的玻瓶中。再将剩余的红曲卤用剩余的 600 g 甜酒酿稀释,灌入瓶内,淹没腐乳,并加适量盐和 50 度的白酒,加盖密封,在常温下贮藏 6 个月成熟。

(2)白方。将腌坯沥干,待坯块稍有收缩后,按甜酒酿 0.5 kg、黄酒 1 kg、白酒 0.75 kg、盐 0.25 kg 的配方配制的汤料注入瓶中,淹没腐乳,加盖密封,在常温下贮藏 2～4 个月至成熟。

五、结果记录

各小组从腐乳的表面及断面色泽、组织形态(块形、质地)、滋味及气味、有无杂质等方面综合评价腐乳质量,记录品评结果。

拓展知识

豆豉和纳豆

豆豉是我国传统发酵豆制品,早在汉代就被誉为能调和五味豆豉鲜美可口、香气独特,含有丰富的蛋白质、多种氨基酸等营养物质。我国在抗美援朝战争中,曾大量生产豆豉供应志愿军食用,以增进食欲、补充营养。但因为它营养丰富,所以很容易变质,一旦沾了生水,就容易发霉。所以,最好用陶瓷器皿密封保存,保存时间最长,香气也不会散发掉。

豆豉是中国传统特色发酵豆制品调味料。豆豉以黑豆或黄豆为主要原料,利用毛霉、曲霉或者细菌蛋白酶的作用，分解大豆蛋白质，达到一定程度时，用加盐、加酒、干燥等方法，抑制酶的活力，延缓发酵过程而制成。豆豉的种类较多，按加工原料分为黑豆豉和黄豆豉，按口味可分为咸豆豉和淡豆豉。我国长江以南地区常用豆豉作为调料，也可直接蘸食。豆豉为传统发酵豆制品，以颗粒完整、乌黑发亮、松软即化且无霉腐味为佳。

近几年来，经日本的医学家、生理学家研究得知，大豆的蛋白质具有不溶解性，而做成纳豆后，变得可溶并产生氨基酸，而且原料中不存在的各种酵素会由于纳豆菌及关联细菌产生，帮助肠胃消化吸收。纳豆的成分：水分61.8%、粗蛋白19.26%、粗脂肪8.17%、碳水化合物6.09%、粗纤维2.2%、灰分1.86%，作为植物性食品，粗蛋白、脂肪最丰富。纳豆系高蛋白滋养食品，纳豆中含有的植物酵素，可排除体内多余胆固醇、分解体内脂肪酸，使异常血压恢复正常。

任务四　酿造酒技术

任务目标

熟悉酿酒的菌种，掌握啤酒、白酒等酿造工艺。

相关知识

我国是一个酒类生产大国，在应用酵母菌酿酒的领域里有着举足轻重的地位。许多独特的酿酒工艺在世界上独领风骚，深受世界各国赞誉，同时也为我国经济繁荣做出了重要贡献。

一、啤酒生产技术

啤酒是以大麦和水为主要原料，酒花、谷物等为辅料，经啤酒酵母发酵酿制而成的一种含有充足的二氧化碳、酒精含量低和营养丰富的饮料酒。1972年7月在墨西哥举行的“第九届国际营养食品会议”上，啤酒被正式列为营养食品。我国啤酒生产历史较短，但发展十分迅速，目前我国已成为仅次于美国的世界第二大啤酒生产国。

（一）啤酒生产用原辅料

1. 啤酒生产用菌种

生产上的啤酒酵母，种类繁多。不同的菌株，在形态和生理特性上不一样，形成双乙酰高峰值和双乙酰还原速度上都有明显差别，形成了风味各异的啤酒。啤酒酵母的细胞呈圆形或短卵圆形，大小为(3～7) μm×(5～10) μm。根据酵母在啤酒发酵液中的形状，将啤酒酵母分为上面发酵啤酒酵母和下面发酵啤酒酵母。1970年以后，与类哥酵母、葡萄汁酵母合并成一个种，统称为葡萄汁酵母。上面啤酒酵母悬浮于液面之上，用于生产上面发酵啤酒，而下面啤酒酵母则呈凝聚状，沉积于容器的底部，用于生产下面发酵啤酒。

现今，欧洲主要用下面啤酒酵母进行啤酒生产，英国、新西兰等国家则主要用上面啤酒酵母进行啤酒生产。目前我国各啤酒厂大多使用下面啤酒酵母，常用的菌种有青岛啤酒酵母、沈啤1号、沈啤5号、首啤酵母等。

2. 啤酒生产用原料

啤酒生产主要原料为大麦，以大麦为主要原料的原因：

(1)大麦便于发芽，发芽后产生大量水解酶类；

(2)大麦适应力强,对土壤肥力及气候条件要求不高,种植面积广泛;

(3)大麦的化学成分适宜酿造啤酒;

(4)大麦不是主粮,不会与人类争夺口粮引发粮食危机。

啤酒生产用大麦芽种类繁多,如基础麦芽、焦香麦芽、结晶麦芽、黑麦芽等,适合生产不同口味风格的啤酒。

3.啤酒生产用辅料

(1)大米。大米是啤酒酿造中常用辅料,糖化率高并含有较多的泡持蛋白,而且价格便宜,大米水解糖可以部分代替麦芽,降低成本,我国大部分啤酒厂生产啤酒时,大米水解糖使用量为25%左右。

(2)玉米。我国少数啤酒厂添加玉米作为啤酒辅料,成本较低,而且有玉米独特风味。但玉米胚芽富含油脂,可破坏啤酒气泡效果,氧化后还有异味,所以使用时需要先去除玉米胚芽。

(3)小麦。小麦中蛋白质含量为12%左右,糖蛋白含量高,泡沫丰富,有利于啤酒非生物稳定性,使啤酒具有独特的小麦酸香风味,是生产小麦啤酒的必备辅料。一般使用比例为15%~20%。

4.啤酒花和酒花制品

啤酒花也称酒花或蛇麻花,为多年生蔓性攀缘草本植物,雌雄异株,雌花用于啤酒酿造。啤酒花中含有α-酸、β-酸等苦味物质,也含有酒花精油等芳香类物质,还含有多酚类物质。在啤酒酿造过程中,香味与苦味物质能赋予啤酒特殊的苦香口感,增加麦芽汁的防腐能力,提高啤酒起泡性,多酚物质还可以使麦芽汁沸腾时,促进其中的蛋白质凝沉,增加啤酒的稳定性。

5.啤酒生产用水

啤酒生产用水包括酿造用水(直接进入产品中的水如糖化用水、洗糟用水、啤酒稀释用水)和洗涤、冷却用水及锅炉用水。成品啤酒中水的含量最大,俗称啤酒的“血液”,水质的好坏将直接影响啤酒的质量,因此酿造优质的啤酒必须有优质的水源。酿造用水的水质好坏主要取决于水中溶解盐的种类与含量、水的生物学纯净度及气味,这些因素将对啤酒酿造、啤酒风味和稳定性产生很大影响,因此必须重视酿造用水的质量。

酿造用水直接进入啤酒,是啤酒中最重要的成分之一。酿造用水除必须符合饮用水标准外,还要满足啤酒生产的特殊要求。淡色啤酒的酿造用水质量要求见表6-4。

表6-4 酿造用水质量要求

项目	单位	理想要求	最高极限	原因
混浊度		透明,无沉淀	透明,无沉淀	影响麦汁浊度,啤酒容易混浊
色		无色	无色	有色水是污染的水,不能使用
味		20℃无味 50℃无味	20℃无味 50℃无味	若有异味,污染啤酒,口味恶劣
残余碱度(RA)	mmol/L	≤1.068	≤1.780(淡色啤酒)	影响糖化醪pH,使啤酒的风味改变
pH		6.8~7.2	6.5~7.8	不利于糖化时酶发挥作用,造成糖化困难,增加麦皮色素的溶出,使啤酒色度增加、口味不佳
总溶解盐类	mg/L	150~200	<500	含盐过高,使啤酒口味苦涩、粗糙

续表6-4

项目	单位	理想要求	最高极限	原因
硝酸根态氮	mg/L（氮计）	<0.2	0.5	会妨碍发酵，饮用水硝酸盐含量规定为<50 mg/L
亚硝酸根态氮	mg/L（氮计）	0	0.05	影响糖化进行，妨碍酵母发酵，使酵母变异，口味改变，并有致癌作用
氨态氮	mg/L	0	0.5	表明水源受污染的程度
氯化物	mg/L	20～60	<100	适量，糖化时促进酶的作用，提高酵母活性，啤酒口味柔和；过量，引起酵母早衰，啤酒有咸味
硫酸盐	mg/L	<100	240	过量使啤酒涩味重
铁	mg/L	<0.05	<0.1	过量水呈红或褐色，有铁腥味，麦汁色泽暗
锰	mg/L	<0.03	<0.1	过量使啤酒缺乏光泽，口味粗糙
硅酸盐	mg/L	<20	<50	麦汁不清，发酵时形成胶团，影响发酵和过滤，引起啤酒混浊，口味粗糙
高锰酸钾消耗量	mg/L	<3	<10	超过 10 mg/L 时，有机物污染严重，不能使用
微生物			细菌总数<100 个/mL，不得有大肠杆菌和八叠球菌	超标对人体健康有害

（二）啤酒的生产工艺

啤酒的酿造分为制麦芽、糖化、发酵、后处理等过程。

（1）制麦芽。制麦芽是原料大麦制成麦芽的过程。大麦在此过程中发芽产生各类水解酶，作为麦芽汁制备时的催化剂。另外，绿麦芽经过干燥处理，还能产生特有的色、香和风味成分。

（2）糖化与麦芽汁制造。糖化即是啤酒生产过程中麦芽汁的制造。就是将干麦芽和未发芽的谷物粉碎后，以水为溶剂，依靠麦芽自身含有的各种酶类，将麦芽中的淀粉、蛋白质等大分子物质分解成可溶性的麦芽糖、糊精、低聚糖和蛋白胨、氨基酸、多肽等小分子物质，制成营养丰富、适合于酵母生长和发酵的麦芽汁，好的麦芽汁中麦芽内容物的浸出率可达到80%。糖化后的糖化醪经过滤、煮沸、添加酒花后，冷却澄清后供发酵用。

（3）发酵。冷却后的麦汁接种酵母开始发酵。发酵分为主发酵和后发酵两个阶段，根据发酵表面现象又可将主发酵阶段分为低泡、高泡和落泡三个时期，后发酵是啤酒的贮藏阶段，在这一时期，残糖继续发酵，饱充 CO_2，啤酒逐渐趋于成熟与澄清。

啤酒发酵是一个非常复杂的生化反应过程，啤酒酵母在各种水解酶系的作用下，通过厌氧代谢，使大部分可发酵性糖转变为酒精和 CO_2，另外还有一系列的发酵副产物如醇类、酮类、酸类、醛类和硫化物等生成。这些发酵产物决定了啤酒的风味、色泽、泡沫和稳定性等各项性能，使啤酒具有独特的风味。

啤酒工业发展到今天，大量先进的生产设备和工艺已得到广泛应用。目前多数企业应用露天大罐低温发酵工艺生产啤酒。

（4）后处理。啤酒发酵结束，酒液需经过机械过滤或离心分离，除去啤酒中的少量酵母、浑浊物质、蛋白质、细菌等，使酒液澄清，改善啤酒的稳定性，即为生啤酒（又称鲜啤酒）。若生产的是熟啤酒，需在啤酒灌装后经巴氏灭菌处理。

二、白酒生产技术

白酒是以薯类、淀粉质谷物为主要原料，采用酒曲作为糖化发酵剂，经淀粉糖化、酒精发酵、蒸馏、陈酿、勾兑等工艺制成的具有较高酒精含量、独特芳香和风味的酒精饮料。我国白酒生产历史悠久，工艺独特，许多名优白酒在国际上都享有盛誉。

白酒的种类繁多，按使用的原料不同可分为高粱酒、五粮液酒、薯干酒、米酒等；按生产中所用糖化发酵剂不同分为小曲酒、大曲酒、麸曲酒；按生产工艺不同分为固态发酵白酒、半固态发酵白酒、液态发酵白酒；按香型划分为浓香型白酒（以四川泸州老窖为代表）、酱香型白酒（以贵州茅台酒为代表）、清香型白酒（以山西杏花村汾酒为代表）、米香型白酒（以广西桂林三花酒为代表）及其他香型白酒；按酒精含量分为高度白酒（酒精含量 41%～65%）和低度白酒（酒精含量 40%以下）两类。

（一）白酒生产用原辅料

1. 菌种

(1)糖化作用菌种。白酒原料主要为淀粉类粮食作物，淀粉分子较大，需要先将大分子淀粉转化为小分子糖类，生产中糖化菌种主要为霉菌类，如黑曲霉、黄曲霉、根霉等，生产用菌种要求繁殖能力、抗污染能力和糖化能力强，不产生毒素。

(2)酒化作用菌种。白酒生产中的乙醇成分，由酒精酵母发酵小分子糖产生，同时，白酒生产中加入酯化酵母（也称生香酵母），可使酒醅中产酯量增加，使酒体呈现独特香气。要求酵母菌活性强繁殖力高，抗渗透压能力较强。

(3)产香作用细菌。白酒生产中，酒体主要成分为乙醇，还有其他醇类、酸类、酯类等有机物质，其他有机物质含量极低，却是白酒不同风格特殊香味的主要来源，不同有机物的产生，主要依靠白酒酿造中不同细菌的作用。

① 乳酸菌。乳酸菌能发酵糖类，在酒醅中产生大量乳酸，乳酸与乙醇发生酯化作用生成乳酸乙酯，使白酒产生特殊香气，也是浓香型白酒中酒体的香味特征。但乳酸量不可过大，否则影响出酒率和酒质，会造成酒体主体香气不突出。

②醋酸菌。醋酸菌是自然界存在的天然微生物，白酒生产中广泛存在。在发酵过程中产生乙酸，与乙醇酯化生成乙酸乙酯，也是清香型白酒中酒体的香味特征。

③丁酸菌与己酸菌。为梭状芽孢杆菌，生长在大曲生产中的窖泥中，利用酒醅浸润窖泥，产生丁酸与己酸。正是由于这些功能性菌，才能产生窖香浓郁、回味悠长的曲酒。

固态法白酒生产中，发酵方式是开放式的，细菌广泛存在于培养空气中和窖池内生产工具上，利用自然的细菌进行白酒酿造即可，一般情况下，不需要额外人工添加产香细菌。

2. 白酒生产用原、辅料

(1)主要原料。只要含有淀粉类或糖类物质，就可以生产白酒。常用的白酒生产主要原料有：

①高粱。高粱按其所含蛋白质的淀粉性质分为粳高粱和糯高粱。粳高粱含直链淀粉较多，结构紧密，较难溶于水，蛋白质含量高于糯高粱。糯高粱中淀粉基本都是直链淀粉，含量较粳高粱低，但吸水力强容易糊化，出酒率高，而且高粱中含有一定的单宁，在白酒酿造中产生特殊风味，生产的白酒质量好，是历史悠久的酿酒原料。

②玉米。玉米淀粉主要集中在胚乳内，结构致密坚硬，需要长时间蒸煮才能糊化，玉米胚芽中含有5%左右的脂肪，发酵过程中易氧化产生异味，一般来说，以玉米作原料生产的白酒质量没有高粱生产的纯净。

③大米。大米淀粉含量70%以上，质地纯正，结构疏松，利于糊化，蛋白质脂肪等较少。在蒸馏过程中，可将米饭味带入酒中，酿造的酒具有爽净特点。

④小麦。小麦不但可以酿酒，也是生产酒曲的主要原料之一。其富含淀粉和蛋白质，无机盐离子也很丰富。小麦黏着力强，发酵过程中产热量大，生产中尽量不要单独使用。

⑤豌豆。豌豆淀粉含量低，不作为酿酒原料，但可以作为制曲原料，与大麦等搭配使用，可弥补大麦蛋白不足，促进菌种良好生长，使用量不宜过多。

⑥甘薯。甘薯也称红薯、地瓜，质地疏松，含糖量大，容易糊化，出酒率高。但酒体中会有令人不愉快的薯干味，而且甘薯中含有大量果胶质，发酵过程中会产生果胶酸进一步分解为甲醇，所以使用甘薯作为酿酒原料，需要控制成品酒中甲醇的含量。

(2)主要辅料。白酒生产中使用的辅料，主要用于调整酒醅的淀粉浓度、酸度、水分和发酵温度等，使酒醅疏松不黏，有一定的含氧量，保证菌种正常生长发酵和提高蒸馏效率。

①稻壳。稻壳是酿制大曲酒与麸曲酒的主要辅料，是一种优良的填充剂，生产中用量多少和质量的优劣，对产品的产量、质量影响很大。稻壳中的多缩戊糖和果胶质，在酿酒过程中生成糠醛和甲醇物质，使用前必须清蒸30 min，以去除杂味和减少有害杂菌。

②谷糠。谷糠指小米或黍米的外壳，酿酒中用的是粗谷糠。粗谷糠的疏松度和吸水性较好，透气性和发酵性能高。用清蒸的谷糠酿酒，能赋予白酒特有的醇香和糟香。

(二)白酒的生产工艺

白酒生产根据使用的菌种和工艺不同，可分为大曲酒、小曲酒和麸曲酒。

1.大曲酒的酿造

大曲白酒是中国蒸馏酒的代表，产量约占白酒总产量的20%。它是以高粱、玉米等为原料，采用大曲为糖化、发酵剂，经过固态发酵、蒸馏、勾兑而制成。

(1)大曲。大曲是固态发酵法酿造大曲白酒的糖化发酵剂。它以小麦或大麦、豌豆为曲料，采用自然繁殖微生物的方法制成形似砖块、大小不等的酒曲。根据制曲过程中控制曲坯温度的不同，将大曲分为高温曲(制曲温度60℃以上)、中温曲(制曲温度不超过60℃)和低温曲(制曲温度不超过50℃)。目前国内绝大多数著名的大曲白酒均采用中、高温曲生产，如茅台、五粮液、西凤、泸州老窖等。

大曲中的微生物主要来自原料、空气、水、器具和房屋环境等方面，由于制曲季节、培养条件的不同，故大曲中的微生物群极其复杂，主要有霉菌、酵母菌和细菌(表6-5)。在制曲过程中因温度、水分、通气等条件的变化，成品曲中各种微生物的种类和数量均有差异，因此影响到大曲酒的产量和质量。

表6-5　高温曲与中温曲中的主要微生物类群

分类	高温曲	中温曲
霉菌	青霉、毛霉、地霉、犁头霉、拟青霉	毛霉、根霉、犁头霉、黄曲霉、米曲霉、红曲霉、白地霉、黑曲霉
酵母菌	红酵母、汉逊酵母、毕赤酵母、假丝酵母	假丝酵母、酒精酵母、汉逊酵母
细菌	枯草杆菌、地衣芽孢杆菌、凝结芽孢杆菌	乳酸杆菌、乳链球菌、醋酸杆菌、芽孢杆菌、产气杆菌等

(2)大曲白酒的生产工艺。国内主要采用清渣法和续渣法两种工艺来生产大曲白酒。其中以续渣法生产工艺较为普遍。

续渣法是将粉碎后的生原料和酒醅混合,在甑桶内同时进行蒸酒和蒸料,蒸馏完毕,取出酒醅,冷却后接入大曲入池继续发酵,如此反复地进行。浓香型白酒和酱香型白酒生产均采用此法,工艺流程如图 6-2 所示。

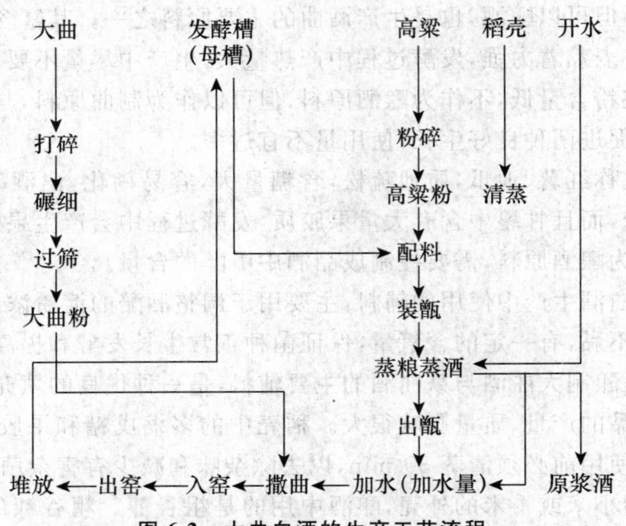

图 6-2 大曲白酒的生产工艺流程

2. 麸曲白酒的酿造

麸曲白酒是以高粱、高粱糠、薯干及玉米等含淀粉的物质为原料,以纯种麸曲为糖化剂和纯种培养的酒母为发酵剂,经固态发酵和固态蒸馏而酿制的蒸馏酒。麸曲白酒是白酒中产量最高的酒种,具有发酵时间较短,出酒率高的优点,但酒的质量不及大曲白酒。

(1)麸曲。麸曲是固态发酵法酿造麸曲白酒的糖化剂。它以麸皮为主要曲料,蒸熟后接入纯种曲霉菌或其他霉菌,经通风培养制成成曲。这种曲具有周期短、节约粮食等优点,适合中、低档白酒的酿制,不过酒的风味单纯。

(2)麸曲白酒的生产。麸曲白酒有混烧法、清蒸法两种酿造工艺。混烧法是蒸煮原料和蒸馏酒精同时进行,清蒸法是原料蒸煮和酒精蒸馏分开进行,有利于淀粉糊化和蒸去有害物质。

3. 小曲白酒的酿造

小曲白酒是我国的主要蒸馏酒品种之一,普遍存在于我国南部、西部地区。广东长乐烧、广西湘山酒、桂林三花酒等都是著名的小曲酒。它是以高粱、玉米、大米等为原料,以小曲为糖化发酵剂,采用半固态发酵,经蒸馏、勾兑而成。由于采用半固态的酿造工艺,故有利于糖化和发酵,能减少用曲量,提高原料利用率,缩短发酵周期。

(1)小曲。小曲又称酒药,它是半固态发酵法酿造小曲白酒(米酒)的糖化发酵剂。它以米糠或米粉为原料,添加或不添加中草药,经过浸泡、粉碎,自然发酵或接种曲母,或接入纯种根霉和酵母菌,然后培养而成,因为呈颗粒状或饼状,体积较小,习惯称之为小曲。根据是否添加中草药,将小曲分为药小曲和无药白曲,其制作方法大同小异,药小曲制作的工艺流程:大米→浸泡→粉碎→添加中草药→接种曲母→制坯→入室培曲→出曲干燥→成品。

(2)小曲白酒的酿造工艺。小曲白酒的酿造工艺有先糖化后发酵法和边糖化边发酵法两种。

①先糖化后发酵工艺流程:大米→浸洗→蒸饭→摊放冷却→接曲→入缸糖化→加水发酵→蒸馏→陈酿→勾兑→装瓶→成品。

②边糖化边发酵工艺流程:大米→浸洗→蒸饭→摊放冷却→接曲→加水→入缸糖化发酵→蒸馏→陈酿→沉淀→压滤→勾兑→装瓶→成品。

三、果酒生产技术

以葡萄、苹果、梨、山楂、橘子、杨梅、猕猴桃等果品为原料,经发酵而酿制的各种低酒度(酒精含量一般为8.5%～16%)饮料称为果酒。其不但含有维生素、糖类、有机酸、氨基酸、矿物质等多种营养成分,而且还带有果品的独特风味,适量饮用有促进消化、增进食欲等功效。在各种果酒中葡萄酒是主要品种。

果酒一般以所用的原料来命名,如葡萄酒、梨酒、苹果酒等。根据酿制方法分类分为发酵酒、蒸馏酒、露酒、汽酒;根据果酒含糖量多少分为干酒、半干酒、半甜酒、甜酒;根据果酒酒精含量分为低度果酒(酒精含量在17%以下果酒)、高度果酒(酒精含量在18%以上的果酒)。

(一)果酒生产原辅料

1.果酒生产用菌种

果酒生产中,传统方法直接采用水果表皮附着的天然酵母菌,但由于天然酵母菌种类不稳定,杂菌较多,使果酒产品的质量也不稳定。现在一般使用通过科学方法分离的纯酿酒酵母菌菌种,产乙醇率高,繁殖能力强,不易污染。一些工厂采用本厂研发的特殊酿酒酵母,产乙醇同时,还能产生某些酯类,使果酒增加香味。

2.果酒生产用原料

果酒生产中,一般使用当年新鲜的水果作原料进行生产。要求水果新鲜,无霉变虫蛀等问题。少数工厂也可使用鲜果汁作果酒生产原料。

3.果酒生产用辅料

果酒生产中,果汁需要二氧化硫进行杀菌处理;发酵完成后,还需要用明胶、鱼胶、硅藻土等物质进行凝聚沉淀酵母或杂质等;某些果酒产品或工艺还需要活性炭等物质进行脱色。添加辅料时,切不可过量使用,可先进行少量试验,确定使用量后再按比例增加用量。

(二)果酒生产工艺

果酒生产工艺流程如图6-3所示。

四、黄酒生产技术

黄酒是世界最古老的酒精饮料之一,与啤酒、葡萄酒并称世界三大古酒。黄酒是以大米或黍米为原料,经蒸煮、糖化、发酵、压榨而成,糖化发酵剂一般采用麦曲、小曲(俗称酒药)等,给黄酒带来鲜味、苦味和曲香。由于它是由许多霉菌、酵母和细菌共同作用而成,使黄酒成分十分丰富和复杂。黄酒制造是糖化、发酵同时进行,发酵醪浓度高,酒精含量达15%～18%。为保持其特有的色香味,黄酒发酵采用低温长时,生酒经灭菌、密封、贮存,形成产品。

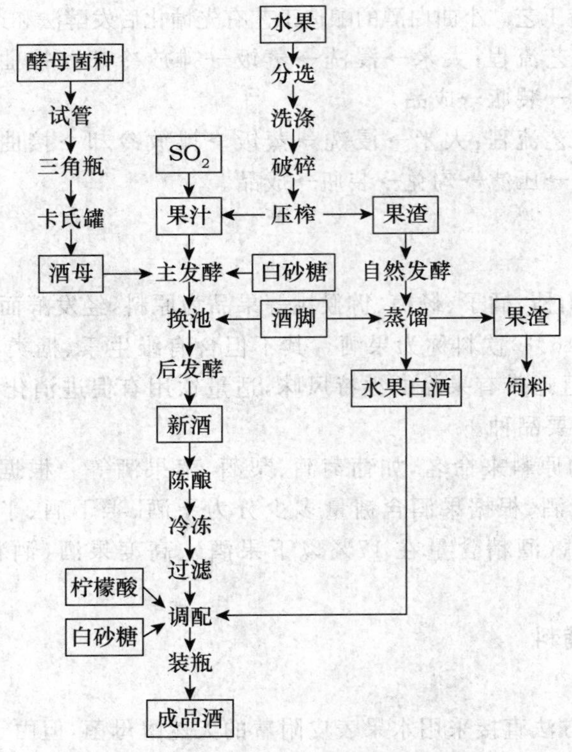

图 6-3　果酒生产工艺流程

(一)黄酒生产使用原辅料

黄酒生产中,传统使用菌种称为"酒药""酒母"或"药曲",其含有天然霉菌和酵母菌及辣蓼草等中草药成分,能糖化发酵黄酒原料,产生风味。现代科学分离培养后,可使用纯种培养微生物进行黄酒生产。

1. 菌种

(1)糖化用菌种。

①曲霉菌。一般使用黄曲霉或黑曲霉,分解糖化淀粉能力强,出酒率高,为北方黄酒生产主要的糖化菌种。

②根霉菌。根霉菌是传统黄酒小曲(酒药)中的主要糖化菌种。糖化力强,几乎能将全部淀粉水解为葡萄糖,还能分泌乳酸、琥珀酸和延胡索酸等有机酸,使黄酒口感丰富柔和。

③红曲霉。红曲霉可以生产红曲,在培养料上分泌红色色素而使曲种呈现紫红色,红曲霉色素为食用性色素,可广泛应用在食品加工技术中,传统黄酒"女儿红""状元红",酒体呈红色,即为红曲霉色素在黄酒发酵过程中起到的作用。红曲霉也能产生淀粉酶、蛋白酶、柠檬酸、乙醇等,增加黄酒的风味。

(2)酒化用菌种。传统黄酒酿造中采用多种酵母菌发酵,可产生不同的醇类、酯类和多种有机物,使黄酒酒体口感丰满厚重,风味独特多样。

(3)生产中的有害菌。黄酒生产为开放式生产,来自原料、环境、设备等处的细菌会参与到发酵过程中,如果发酵条件控制不当或灭菌不合格,会造成产酸细菌大量繁殖,导致黄酒发酵酸败。常见的有害菌有醋酸菌、乳酸菌和枯草芽孢杆菌。

2.黄酒生产用原辅料

(1)生产原料。主要原料包括大米(糯米、粳米、籼米)、黍米(大黄米)、玉米、粟米(小米)等。

(2)生产辅料。辅助原料包括小麦、大麦、麸皮、水等。

(二)黄酒生产工艺

1.淘洗与浸泡

把筛过的糯米,用清水淘洗干净以后,加水浸泡,一般浸 4 h。冬天气温低,需要用温水浸泡 8 h。米要浸透,要使米粒充分吸收水分变软发胖,用手捻时能成粉浆,说明米已泡透。若米浸不透,则蒸熟的饭粒坚硬,不利于糖化发酵和成品质量。

2.蒸饭

把浸泡好的糯米滤过水以后,平摊在铺有屉布的笼屉里,隔水用旺火蒸 0.5～1 h,蒸得好的饭粒应松而不硬。若用小火或蒸的时间过长,则饭粒烂而黏结成块,酒曲不易拌匀,且成品比较混浊。

3.淋饭

若用蒸桶蒸饭,饭量较多,则可将蒸桶架于陶缸上,第一次用冷水淋饭,再用沥出的热水进行回淋,使饭粒松散无黏性并降温。若饭量较少,则第一次就应以凉开水淋饭。入缸的饭温为35℃左右,若有结块现象,应予以消除,饭应斜堆于容器内。

4.拌曲

酒药的用量为糯米重量的 2%。酒药研磨成粉后,与 1.5 倍的白砂糖拌匀,再撒在饭粒上,边撒边翻,应撒匀翻透。然后,将物料堆成喇叭形窝,并压平压实表层,再在表层撒上剩余的少量酒药,若撒上少量桂花香料则更好。最后洒入少许凉开水,并将容器口边的饭粒用洁净的纱布擦去,加盖封口。

5.保温发酵

糯米饭经霉菌糖化之后,淀粉转化为糖,酵母菌大量繁殖,使糯米饭发酵生成酒。酵母的繁殖温度以 28～32℃比较适宜。温度偏低发酵不好,容易产生杂菌,引起发霉。温度过高菌种会被烫死,米酒会变酸或发红。通常采取的保温措施是,用棉被把酿制容器捂严,放在干燥通风的地方即可。黄酒酿制的最佳成熟期,一般冬季为 10 d,夏季为 5 d 左右,春、秋季为 7 d。当掀开被子时,有扑鼻的酒香气,说明已经出酒汁。

6.后发酵

打开坛盖,如果上面有一层清汤,米粒完全沉淀,说明酒已酿成。带糟封存 80 d 左右,压榨滤去酒渣。

7.煎酒封装

清液(即米酒)进行煎酒即低温杀菌(80～85℃,5～10 min),消毒后立即趁热装坛封口,入库贮存。

五、新工艺白酒生产技术

应用现代化酒精工艺生产食用酒精,再进行串香、调香和固液结合法生产白酒,是白酒生产的最新工艺。

(一)新工艺白酒生产工艺

1. 工艺流程

酒体设计→食用酒精→稀释→除杂脱臭→澄清过滤→加固态白酒→调香→贮存→成品。

2. 工艺操作

(1)酒体设计。根据工厂的实际生产能力、工艺特点、技术条件、产品质量等情况，在保证卫生、质量均符合国家标准的前提下，设计出不同风格特色的酒体。

(2)食用酒精及处理。食用酒精分为特级、优级和普通级三类。为了改善低级酒精的质量，在勾调前，可对酒精进行脱臭净化处理。对酒精进行降度处理时，降度用水必须使用无色无臭无味且符合生活饮用水标准，经过离子交换树脂处理，再经过活性炭处理过滤后的软化水。

(3)固态白酒。各项卫生、理化指标必须符合国家标准，并且气味纯正，无怪杂味，香味谐调、酒尾较净，能够满足配制新工艺白酒的要求。当然，固态白酒品质越好，其配制的白酒质量也就越高。固态白酒的用量一般为5%～30%。

(4)调香。新工艺白酒调兑时，使用香精香料要严格按照GB 2760—2014《食品安全国家标准　食品添加剂使用标准》。在具体配制过程中，香精的种类宜多，用量宜少；并且既要注意区分醇溶性和水溶性的香精，还要注意分配程序，一般按照酸、醇、酯、醛的顺序加入酒中。

(5)贮存。为了保证酒精分子和水分子以及各种有机分子之间更好地结合，使酒质更加稳定，配制工作完成后，必须要贮存一段时间。但由于加入的食用香精都容易挥发，因此，贮存时间又不宜过长，一般15～20 d即可。

(二)新工艺白酒的特点

1. 经济效益高

新型白酒淀粉出酒率高，能节粮降耗，大幅度降低成本，经济效益高。据测算，传统固态法白酒平均每吨酒耗粮2.6～3.0 t，而液态法白酒每吨耗粮仅1.7～1.8 t，每吨酒节粮近40%；两者结合生产的新型白酒成本比传统固态白酒降低30%以上，若生产中、低度白酒，成本更低，有很好的经济效益和社会效益，又符合国家酒类发展的方针政策。

2. 安全卫生

食用酒精比固态法白酒杂质少，安全卫生。目前，食用酒精标准提高了对优级酒精中醛、正丙醇和不挥发物的要求，其有害物质如甲醇、杂醇油等比固态法白酒低得多，优质食用酒精稀释后带甜味，没有一般固态法白酒中的苦味、涩味，更不会有霉味、糠味、泥臭味等异杂味。故以食用酒精为基础的新型白酒口感舒适、干净带甜、卫生安全。

3. 提高中、低档固态法白酒质量的捷径

传统的中、低档固态法白酒，一般质量上存在一定的问题，如基酒中主体香味成分比例失调，其他微量成分含量不足或不协调，苦味、涩味等异杂味较重，若将其与食用酒精相结合生产新型白酒，质量问题就不难解决。若采用精湛的勾兑技艺，可使原有的固态法白酒质量提高1～2个档次。

4. 新型白酒的可塑性强

可根据市场需要和不同消费者的口味特点，随意开发新品种。白酒微量成分的剖析和勾调技术的进步，为新型白酒的生产提供了科学依据，可开发不同香型、不同风格、不同消毒方式的各类产品以参与激烈的市场竞争。

5.便于全国基酒大流通

有利于南北优势互补。北方地区受气候、水土、微生物区系等条件的限制，较难生产出优质浓香型基酒，其普遍存在乳酸乙酯含量偏高、乙酸乙酯含量偏低、异杂味重、典型性差等问题，适当从四川、贵州等盛产浓香型、酱香型曲酒的地区引进优质基酒和调味酒，可弥补北方酒的不足。北方食用酒精产量大，质量不错，价格也较合适。全国基酒大流通加速了资金的周转，促进了新型白酒的发展。

(三)新工艺白酒生产的改良技术

(1)传统固态法白酒基酒的质量。不论哪种香型的基酒，若酒质好，在勾调新型白酒时，用量可以减少，成本可降低，且成品酒质量好；若基酒质量较差，带苦味、涩味甚至带臭味、霉味、糠味等异杂味，即使在勾调新型白酒时加入较少，有些杂味仍然难以克服，以致严重影响成品酒的质量

(2)通过串蒸使食用酒精去杂增香。这是生产新型白酒的主要方法之一，其串蒸所用的固态法酒醅质量至关重要。浓香型大曲酒的底糟、红糟、粮槽、上中下层糟、特殊工艺糟；清香型大曲酒的大曲酒醅、酱香型大曲酒不同轮次的糟醅等，串蒸出来的酒差异很大。

(3)传统固态法白酒的酒头、酒尾等亦左右着新型白酒的质量。

(4)传统固态法白酒的调味酒是补充新型白酒中“复杂成分”的关键材料，没有好的调味酒，难以使新型白酒“香气柔和自然，口感绵顺、协调”。

(5)名优白酒香味成分的剖析。新型白酒的勾调要先搭好“骨架”，再用“协调成分”使酒体协调，最后用调味酒中的“复杂成分”画龙点睛，对香味成分的科学分析为此提供了科学依据。

思政园地

勇于探索，学以致用

有关专家认为，葡萄酒生产中选育并使用本土酵母，有利于体现产地的典型性和葡萄酒的多样化，而依赖进口商业酵母则会使葡萄酒缺乏个性。

张裕公司拥有国家级企业技术中心、葡萄酒微生物与酶国家共建实验室、山东省葡萄酒微生物发酵技术重点实验室等9个国家和省级科研平台，近年来先后引进两名博士后和两名硕士专门从事本土酵母的选育研究，开展的研究课题包括“采用本土选育酵母生产果香型葡萄酒产业化技术开发”“不同葡萄产区本土酵母类群分析及优良葡萄酒酵母菌种的选育应用”“果香型酿酒酵母的定向选育及葡萄酒香气质量提升关键技术研究”“非酿酒酵母和酿酒酵母混合发酵葡萄酒关键技术研究”等，其中，“采用本土选育酵母生产果香型葡萄酒产业化技术开发”项目，建立了系统的果香型葡萄酒发酵工艺技术体系，已产业化应用于张裕醉诗仙系列葡萄酒的生产中，显著地提升了产品果香的浓郁度。

实验 6-3　大曲白酒的生产

任务准备

1. 原料

高粱、中温大曲、水。

2. 器材

255 kg 和 127 kg 规格的陶瓷缸，活甑桶。

任务实施

一、安排学生课前预习

学生通过查阅资料和观看视频等完成预习报告。预习报告内容包括：(1)实验目的。(2)实验原理。(3)实验步骤。(4)思考题：①如何选择高粱？②大曲白酒用水的标准是什么？③发酵过程中应注意哪些问题？

二、检查学生预习情况

小组讨论，根据预习的知识用集体的智慧确定实验步骤。

三、知识储备

1. 原理

大曲白酒是谷物经过酒精发酵、淀粉糖化、制曲、原料处理、蒸馏取酒、老熟陈酿、勾兑调味而成。

2. 注意事项

制曲得当，利于微生物生长代谢；蒸料符合标准，蒸出香味；原料粉碎粗细得当；拌料均匀、水分得当；发酵、蒸馏适时准确。

四、学生分组实验

(1)原料处理。原辅料应符合 GB 1351、GB/T 8231、DB52/T 867、DB52/T 868、DB52/T 869、DB52/T 870、DB52/T 866 的规定。

(2)蒸料。先将底锅水煮沸，然后将 500 kg 湿润的红糁均匀地撒入甑桶。等蒸汽上匀后，在料面上泼撒 60℃的热水，加料量为原料的 26%～30%。品温由初期 98～99℃逐渐上升到出甑时的 105℃。整个蒸料时间约 80 min。出甑时要求熟而不黏，内无生心，有高粱糁香味，无异杂味。

(3)摊晾拌曲。将蒸好的红糁应趁热取出，随即泼入原料重量 28%～30%的冷水，并立即翻拌使之充分吸水，通气晾渣，使红糁的温度降至 30℃左右，撒入适量曲粉，曲粉量为原料高粱重量的 9%～11%，加曲温度取决于入缸温度。

(4)入缸。陶瓷缸需埋在地下,口与地面平,缸距为 10～24 cm,入缸温度以 10～16℃为宜。入缸水分控制在 52%～53%。入缸后用清蒸后的小米壳封口,加盖石板,盖上还可用稻壳保温。

(5)发酵管理。前期 6～7 d,品温缓慢上升到 20～30℃;中期 10 d 左右,发酵旺盛,淀粉含量下降迅速,酒精量增加显著。后期 11～12 d,是酒的香味物质形成期。

(6)出缸蒸馏。酒醅出缸,加入原料量 18%～20%的糠壳作为疏松填充物,其中稻壳∶小米壳为 3∶1。前期蒸汽量宜小,后期宜"大汽追尾"。流酒后每甑约截酒头 1 kg,可回缸发酵。流酒温度控制在 25～30℃,流酒速度为 3～4 kg/min。当流酒的酒度降至低于 30%时为酒尾,应于下次蒸馏时回入甑桶。

(7)入缸再发酵。将蒸完酒后的大渣酒醅再进行一次发酵,发酵方法与大渣发酵相似。

(8)贮存和勾兑。蒸出的大渣酒、二渣酒应进行品尝分级,并分别存放在耐酸搪瓷罐中,一般规定贮存期为 3 年,然后精心勾兑,包装出厂。

五、结果记录

记录生产工艺的关键控制点;品评产品并记录结果。

拓展知识

世界六大蒸馏酒

1. 白兰地

白兰地是英文 brandy 的音译,意译为生命之水,泛指水果发酵蒸馏,经橡木桶贮藏陈酿而得到的蒸馏酒,如樱桃白兰地、苹果白兰地和李子白兰地等。由于葡萄白兰地的优异品质,以及世界范围的产业发展,现在所说的白兰地已特指葡萄白兰地,是由葡萄汁经过 2 次蒸馏而成。

2. 威士忌

威士忌是英文 whisky 或 whiskey 的音译,是一种以大麦、黑麦、燕麦、玉米等谷物类为原料,经糖化、发酵、蒸馏、陈酿而成的一种酒精度 38%～48%的蒸馏酒。

3. 俄得克

俄得克是英、法文 vodka 音译,国内也译成伏特加或俄斯克。起源于俄罗斯和波兰,俄语中意思是小水滴。由高纯度精馏酒精与软水混合后,经活性炭处理和过滤而成,是酒精度 38%～40%的极纯酒精饮料。生产高纯度精馏酒精的原料可以是禾谷类的大麦、小麦、黑麦、玉米或薯类原料如马铃薯、山芋,也可以是糖类原料,如蔗糖、糖蜜等。

4. 老姆酒

老姆酒是英文 rum 和法文 rhum 的音译,其他中文译名还有朗姆、兰姆、罗姆和劳姆。老姆酒也称火酒,据说过去横行在加勒比海地域的海盗酷爱此酒,又称"海盗之酒"。老姆酒是以甘蔗汁或甘蔗糖蜜为原料,经酵母发酵后,蒸馏、贮存、勾兑而成的蒸馏酒,酒精度 45%～55%。

5. 金酒

金酒,又名锦酒、琴酒和毡酒,是英文 gin 的音译。由于使用了杜松子,又称为杜松子酒。是以粮谷(大麦、黑麦、玉米等)为原料,经过糖化、发酵、蒸馏后,又用杜松子浸泡或串香,酒精度在40%的蒸馏酒。

6. 中国白酒

中国白酒属于蒸馏酒类，是世界著名的六大蒸馏酒之一。包括以曲类、酒母为糖化发酵剂，利用淀粉质（糖质）原料，经蒸煮、糖化、发酵、蒸馏、陈酿和勾兑酿制而成的各类白酒。如大曲酒、小曲酒、麸曲酒等。

练习题

二维码 6-2
项目六练习题参考答案

一、选择题

1. 酒精含量在（　　）果酒是低度果酒。

A. 17%　　B. 18%　　C. 19%　　D. 20%

2. 啤酒的酿造分为制麦芽、（　　）、发酵、后处理等过程。

A. 灭菌　　B. 糖化　　C. 接种　　D. 化合

3. 酱油生产中应用的曲霉菌主要是（　　）。

A. 米曲霉　　B. 雷斯2号酵母　　C. 酱油曲霉　　D. K氏酵母

4. 能催化生物体内各种物质的氢原子或电子转移的氧化还原反应的酶是（　　）。

A. 氧化还原酶　　B. 裂解酶　　C. 异构酶　　D. 水解酶

5. 纳豆生产中，使用的菌种是（　　）。

A. 乳酸菌　　B. 芽孢杆菌　　C. 酵母菌　　D. 青霉菌

二、填空题

1. 生产酸奶的主要菌种是__________和__________。

2. 根据酿制方法可将酒分为______、______、______、______。

3. 食醋可分为______、______、______。

4. 麸曲白酒生产所用的酒母通常分为两类：__________和__________。

5. 大曲白酒是以______、______等为原料，采用大曲为糖化、发酵剂，经过固态发酵、蒸馏、勾兑而制成。

三、问答题

1. 简述酸奶的制作过程。

2. 生产大曲酒需要注意什么。

3. 从微生物角度分析酸奶生产的关键环节。

4. 简要说明细菌、酵母菌、霉菌在食品工业中的应用。

5. 简述啤酒发酵的菌种及工艺过程。

6. “酒花”是什么？其在啤酒发酵中有何作用？应怎样正确地使用？

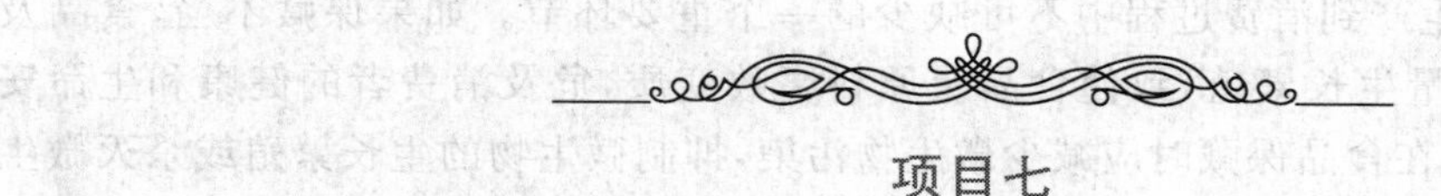

项目七 腐败微生物和食品保藏技术

本项目学习目标

[知识目标]

二维码 7-1

项目七 课程 PPT

1. 掌握食品腐败变质的概念及微生物引起食品腐败变质的基本条件。
2. 了解食品腐败变质的化学过程。
3. 熟悉食品腐败变质的初步鉴评方法。
4. 掌握腐败微生物防治及食品保藏技术的主要方法和基本原理。
5. 能够分析某食品是否可能发生变质及变质的原因。
6. 掌握在生产中如何采取合理的预防食品腐败变质的措施。

[技能目标]

1. 会对不同种类的食品进行合理加工、贮藏、运输等，防止和减少食品的腐败变质。
2. 能够对食品的腐败变质进行初步鉴定。
3. 能够对常见食品进行防腐、杀菌及保藏处理。

[素质目标]

1. 养成爱护仪器设备、规范操作、安全操作的良好习惯。
2. 具有良好的团队协作精神和积极主动的学习态度。
3. 具有自主学习、探究和解决问题的能力。

项目概述

食品受到自然界中存在的一定类型和数量的微生物污染而且环境条件适宜时，微生物就会迅速生长繁殖，造成食品的腐败变质。食品的腐败变质不仅降低了食品的营养价值和卫生质量，而且还可能危害人体的健康。食品腐败变质以食品本身的组成和性质为基础，在环境的影响下，主要由微生物的作用所引起，是食品本身、环境因素和微生物三者互为条件、互相影响、综合作用的结果。食品营养成分组成、水分多少、pH 高低和渗透压大小等，对食品中微生物的增殖速度、菌种组成和优势菌种有重要影响，从而决定食品的耐藏或易腐，以及腐败变质的进程和特征。

食品保藏是食品从生产到消费过程中不可缺少的一个重要环节。如果保藏不当，食品及原料上的微生物就会大量生长繁殖，致使食品及原料腐败变质，危及消费者的健康和生命安全。为了尽量减少损失，在食品保藏时应减少微生物污染，抑制微生物的生长繁殖或杀灭微生物。另外，食品保藏也是调节不同地区在不同季节以及各种环境条件下都能吃到营养可口的食物的重要手段和措施。

食品保藏的原理就是围绕着防止微生物污染、杀灭微生物或抑制微生物生长繁殖以及延缓食品自身组织酶的分解作用，采用物理、化学和生物学方法，使食品在尽可能长的时间内保持其原有的营养价值、色、香、味及良好的感官性状。为了防止微生物的污染，就需要对食品进行必要的包装，使食品与外界环境隔绝，并在贮藏中始终保持其完整性和密封性。因此食品的保藏与食品的包装也是紧密联系的(图 7-1)。

任务一 微生物引起食品腐败变质的条件

任务目标

掌握食品腐败变质的概念以及微生物引起食品变质的基本条件。能够测定温度对食物腐败速率的影响，选取最适宜的保存食物的温度。

相关知识

一、食品腐败变质的定义

食品腐败变质是指食品受到各种内外因素的影响，造成其原有化学性质或物理性质发生变化，降低或失去其营养价值和商品价值的过程。如鱼肉的腐臭、油脂的酸败、水果蔬菜的腐烂和粮食的霉变等。

二、食品腐败变质的原因

食品的腐败变质原因很多，有物理因素、化学因素和生物性因素，如动、植物食品组织内酶的作用，昆虫、寄生虫以及微生物的污染等。其中由微生物污染所引起的食品腐败变质是最为重要和普遍的，因为微生物广泛分布于自然界中，食品不可避免地会受到一定类型和数量的微生物的污染，一旦环境条件适宜时，它们就会迅速生长繁殖，造成食品的腐败与变质。

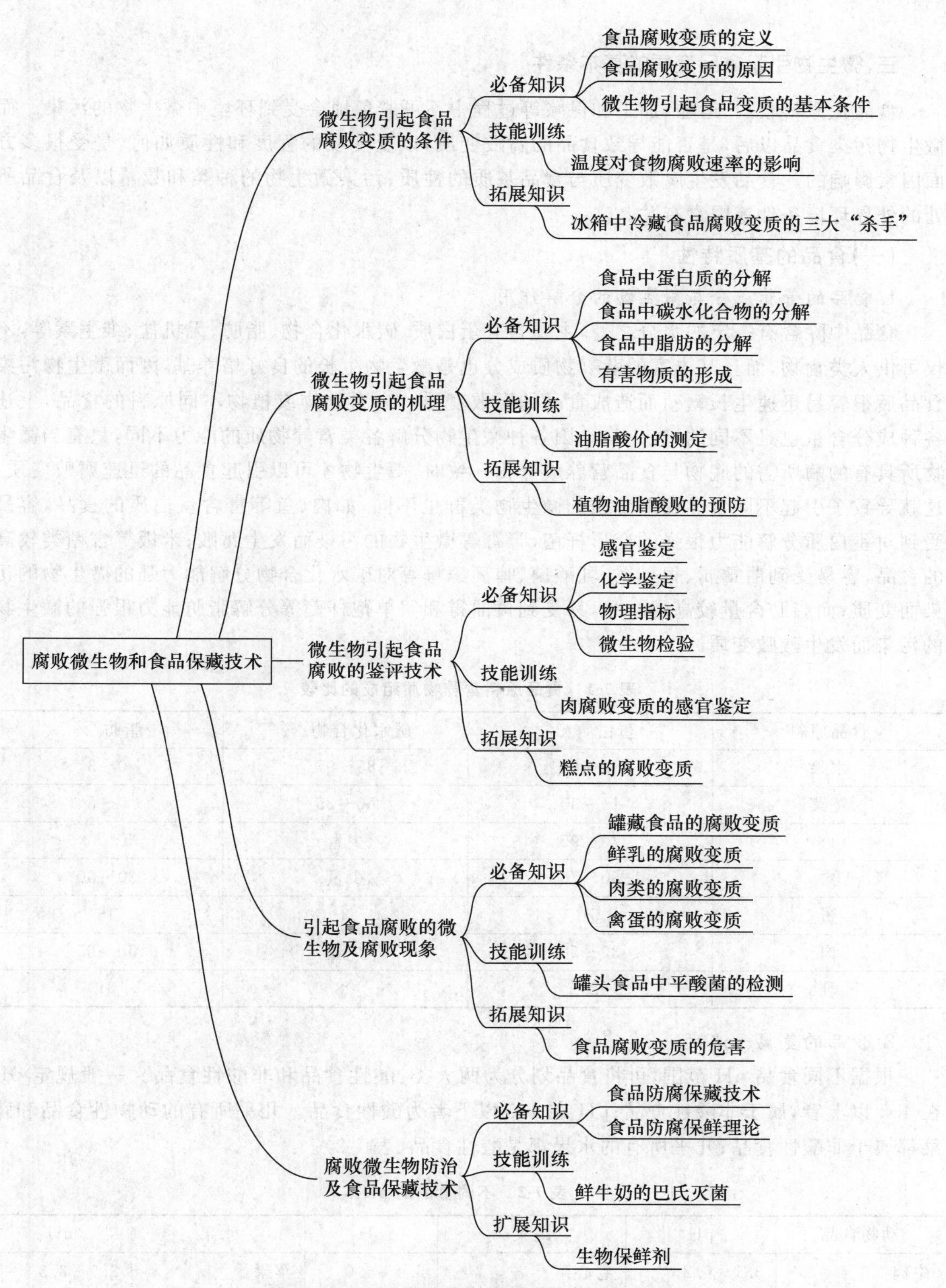

图 7-1　腐败微生物和食品保藏技术项目导图

三、微生物引起食品变质的基本条件

食品在原料收购、运输、加工和保藏等过程中不可避免地会受到环境中微生物的污染。而微生物污染食品以后，是否能导致食品的腐败变质，以及变质的程度和性质如何，是受很多方面因素影响的。食品发生腐败变质与食品基质的性质、污染微生物的种类和数量以及食品所处的外界环境条件等因素有关。

(一)食品的基质特性

1.食品的营养成分与微生物的分解作用

食品中除含有一定的水分之外，主要含有蛋白质、碳水化合物、脂肪、无机盐、维生素等，不仅可供人类食物，而且其丰富的营养物质成分也是微生物生长的良好培养基，因而微生物污染食品后很容易迅速生长繁殖而造成食品的腐败变质。来自动物或植物不同原料的食品，上述各种成分含量也是不同的(表 7-1)。因各种微生物分解各类营养物质的能力不同，只有当微生物所具有的酶所需的底物与食品营养成分相一致时，微生物才可以引起食品的迅速腐败变质，这就导致了引起不同食品腐败变质的微生物类群也不同，如肉、鱼等富含蛋白质的食品，容易受到对蛋白质分解能力很强的变形杆菌、青霉等微生物的污染而发生腐败；米饭等含糖类较高的食品，容易受到曲霉属、根霉属、乳酸菌、啤酒酵母等对碳水化合物分解能力强的微生物的污染而变质；而脂肪含量较高的食品，易受到黄曲霉和假单孢杆菌等分解脂肪能力很强的微生物的污染而发生酸败变质。

表 7-1 食品原料营养物质组成的比较

食品原料	蛋白质/%	碳水化合物/%	脂肪/%
水果	2～8	85～97	0～3
蔬菜	15～30	50～85	0～5
鱼	70～95	少量	5～30
禽	50～70	少量	30～50
蛋	51	3	46
肉	35～50	少量	50～65
乳	29	38	31

2.食品的氢离子浓度

根据不同食品 pH 范围，可将食品划分为两大类：酸性食品和非酸性食品。一般规定 pH 在 4.5 以上者，属于非酸性食品；pH 在 4.5 以下者为酸性食品。几乎所有的动物性食品和蔬菜都属于非酸性食品；几乎所有的水果都是酸性食品(表 7-2)。

表 7-2 不同食品的 pH

动物食品	pH	蔬菜	pH	水果	pH
牛肉	5.1～6.2	卷心菜	5.4～6.0	苹果	2.9～3.3
羊肉	5.4～6.7	花椰菜	5.6	香蕉	4.5～4.7
猪肉	5.3～6.9	芹菜	5.7～6.0	柿子	4.6

续表7-2

动物食品	pH	蔬菜	pH	水果	pH
鸡肉	6.2～6.4	茄子	4.5	葡萄	3.4～4.5
鱼肉(多数)	6.6～6.8	莴苣	6.0	柠檬	1.8～2.0
蛤肉	6.5	洋葱(红)	5.3～5.8	橘子	3.6～4.3
蟹肉	7.0	菠菜	5.5～6.0	西瓜	5.2～5.6
牡蛎肉	4.8～6.3	番茄	4.2～4.3	无花果	4.6
小虾肉	6.8～7.0	萝卜	5.2～5.5	橙	3.6～4.3
金枪鱼	5.2～6.0	芦笋(花与茎)	5.7～6.1	李子	2.8～4.6
大马哈鱼	6.1～6.3	豆(青刀豆)	4.6～6.5	葡萄柚(汁)	3.0
火腿	5.9～6.1	玉米(甜)	7.3		
牛乳	6.5～6.7	菠菜	5.5～6.0		
奶油	6.1～6.4	南瓜	4.8～5.2		
酪乳	4.5	马铃薯	5.3～5.6		
奶酪	4.9～5.9	荷兰芹	5.7～6.0		

食品中氢离子浓度可影响微生物菌体细胞膜上电荷的性质，当微生物细胞膜上的电荷性质受到食品氢离子浓度的影响而改变后，微生物对某些物质的吸收机制会发生改变，从而影响细胞正常物质代谢活动和酶的作用。

食品的酸度不同，引起食品腐败变质的微生物类群也不同。各类微生物都有其最适宜的pH范围，绝大多数细菌最适生长的pH是7.0左右，所以非酸性食品最适合于绝大多数细菌的生长。当食品pH在5.5以下时，腐败细菌基本上被抑制，只有少数细菌，如大肠杆菌和个别耐酸细菌(如乳杆菌属)尚能继续生长。由于酵母菌生长的最适pH范围是3.8～6.0，霉菌生长的最适pH范围是4.0～5.8，因此酸性食品的腐败变质主要是酵母菌和霉菌的生长引起的。

微生物在食品中生长繁殖也会引起食品的pH发生改变，当微生物生长在含糖与蛋白质的食品基质中，微生物首先分解糖产酸使食品的pH下降；当糖不足时，蛋白质被分解，pH又回升。由于微生物的活动，使食品基质的pH发生很大变化，当酸或碱积累到一定量时，反过来又会抑制微生物的继续活动。

3.食品的水分

微生物的生命活动离不开水，这不仅因为水是细胞的重要组成成分，还因为它是一种起着溶剂和运输介质作用的物质，参与细胞内水解、缩合、氧化和还原等反应。因此，水对微生物有深远影响。

食品中水分以游离水和结合水两种形式存在。微生物在食品上生长繁殖，能利用的水是游离水，因而微生物在食品中的生长繁殖所需要的水不是取决于总含水量，而是取决于水分活度(A_w，也称水活性)。因为一部分水是与蛋白质、碳水化合物及一些可溶性物质如氨基酸、糖、盐等结合，这种结合水对微生物是无用的。因而通常使用水分活度来表示食品中可以被微生物利用的水。

水分活度(A_w)是指食品在密闭容器内的水蒸气压(p)与纯水蒸气压(p_0)之比,即$A_w = p/p_0$。纯水的$A_w=1$;无水食品的$A_w=0$,由此可见,食品的A_w值在0～1之间,表7-3给出了不同类群微生物生长的最低A_w值范围。

表7-3 食品中主要微生物类群生长的最低A_w值

微生物类群	最低A_w值	微生物类群	最低A_w值
大多数细菌	0.99～0.94	嗜盐性细菌	0.75
大多数酵母菌	0.94～0.88	耐高渗酵母	0.60
大多数霉菌	0.94～0.73	干性霉菌	0.65

注:引自江汉湖,《食品微生物学》,2002。

各类微生物生长繁殖所要求的水分含量不同(表7-4),因此,食品中的水分含量决定了生长微生物的种类。一般来说,含水分较多的食品,细菌容易繁殖;含水分少的食品,霉菌和酵母菌则容易繁殖。

表7-4 不同微生物生长的最低A_w值

微生物类群	最低A_w	微生物类群	最低A_w
细菌		霉菌	
大肠杆菌	0.93～0.960	黄曲霉	0.900
沙门氏菌	0.945	黑曲霉	0.880
枯草芽孢杆菌	0.950	耐旱真菌	0.600
八叠球菌	0.915～0.930	酵母菌	
金黄色葡萄球菌	0.900	酿酒酵母	0.940
嗜盐杆菌	0.750	产朊假丝酵母	0.940
		鲁氏酵母	0.650

注:引自诸葛健,《微生物学》,2009。

研究证明,在A_w值低的基质中微生物生长不良,当A_w低于一定界限,微生物的生长即停止。不同类群微生物生长的最低A_w是有较大差异的,以霉菌生长所要求的最低,酵母次之,细菌要求较高。从细菌、酵母、霉菌三大类微生物来看,当A_w接近0.9时,绝大多数细菌生长的能力已很微弱,当A_w低于0.9时细菌几乎已不能生长。当A_w下降至0.88时,绝大多数酵母菌生长受到严重影响,仅有少数耐渗透压酵母菌能在A_w值为0.6时生长。多数霉菌生长的最低A_w值为0.8。

新鲜的食品原料如鱼、肉、水果、蔬菜等含有较多的水分,A_w值一般在0.98～0.99,适合多数微生物的生长,如果不及时加以处理,很容易发生腐败变质。为了防止食品变质,最常用的办法就是要降低食品的含水量,使A_w值降低至0.70以下,这样可以较长期地进行保存。许多研究报道,A_w值为0.80～0.85的食品,一般只能保存几天;A_w值在0.72左右的食品,可以保存2～3个月;如果A_w在0.65以下,则可保存1～3年。食品的A_w值在0.60以下,则认为微生物不能生长。一般认为食品A_w值在0.64以下,是食品安全贮藏的防霉含水量。

实际上,为了方便也常用含水量百分率来表示食品的含水量,并以此作为控制微生物生长的一项衡量指标。例如，为了达到保藏目的，奶粉含水量应为8%以下，大米含水量应为13%左右，豆类为15%以下，脱水蔬菜为14%～20%。这些物质含水量百分率虽然不同，但其A_w值约在0.7以下。

4.食品的渗透压

渗透压与微生物的生命活动有一定的关系。如将微生物置于低渗溶液(如0.1 g/L氯化钠)中，菌体吸收水分发生膨胀，甚至破裂；若置于高渗溶液中(如200 g/L氯化钠)，菌体则发生脱水，甚至死亡。一般来讲，微生物在低渗透压的食品中有一定的抵抗力，较易生长，而在高渗食品中，微生物常因脱水而死亡。不同微生物种类对渗透压的耐受能力大不相同。绝大多数细菌不能在较高渗透压的食品中生长，只有少数能在高渗环境中生长，如盐杆菌属中的一些种，在20%～30%的食盐浓度的食品中能够生活；肠膜明串珠菌能耐高浓度糖。而少数酵母菌和多数霉菌一般能耐受较高的渗透压，如异常汉逊氏酵母、鲁氏酵母、膜醭毕赤氏酵母、蜂蜜酵母、意大利酵母、汉氏德巴利酵母等能耐受高糖，常引起糖浆、果酱、果汁等高糖食品的变质。一般霉菌的耐盐能力比酵母和细菌强得多。引起高渗透压食品变质的霉菌有灰绿曲霉、青霉属、芽枝霉属、匍匐曲霉等。

食盐和糖是形成不同渗透压的主要物质。在食品中加入不同量的糖或盐，可以形成不同的渗透压，所加的糖或盐越多，则浓度越高，渗透压越大，食品的A_w值就越小。通常为了防止食品腐败变质，常用盐腌和糖渍方法来较长时间地保存食品。

(二)引起食品变质的微生物种类

引起食品发生腐败变质的微生物种类很多，主要有细菌、酵母和霉菌。一般情况下细菌常比酵母菌占优势。在这些微生物中，有病原菌和非病原菌，有芽孢菌和非芽孢菌，有嗜热性菌、嗜温性菌和嗜冷性菌，有好氧菌或厌氧菌，有分解蛋白质、糖类、脂肪能力强的微生物。对容易引起不同食品腐败变质的微生物见表7-5。

1.分解蛋白质类食品的微生物

分解蛋白质而使食品变质的微生物主要是细菌、霉菌和酵母菌，它们多数是通过分泌胞外蛋白酶来完成的。

表7-5　部分食品腐败类型和引起腐败的微生物

食品	腐败类型	引起腐败的微生物
面包	发霉、产生黏液	黑根霉、青霉属、黑曲霉、枯草芽孢杆菌
糖浆	产生黏液	产气肠杆菌、酵母属
	发酵	接合酵母属
	呈粉红色发霉	玫瑰色微球菌、曲霉属、青霉属
新鲜水果和蔬菜	软腐	根霉属、欧文氏杆菌属
	灰色霉菌腐烂	葡萄孢属
	黑色霉菌腐烂	黑曲霉、假单胞菌属
泡菜、酸菜	表面出现白膜	红酵母属
新鲜的肉	腐败、变黑、发霉、变酸	产碱菌属、梭菌属、普通变形菌、突光假单胞菌、腐败假单胞菌、曲霉属、根霉属、青霉属假单胞菌属、微球菌属、乳杆菌属、明串珠菌属

续表7-5

食品	腐败类型	引起腐败的微生物
鱼	变绿色、变黏、变色、腐败	假单胞菌属、产碱菌属、黄杆菌属、腐败桑瓦拉菌
蛋	绿色腐败、褪色腐畋、黑色腐败	荧光假单胞菌、假单胞菌属、产碱菌属、变形菌属
家禽	变黏、有气味	假单胞菌属、产碱菌属
浓缩橘汁	失去风味	乳杆菌属、明串珠菌属、醋杆菌属

注:引自何国庆,《食品微生物学》,2002。

细菌都有分解蛋白质的能力,其中芽孢杆菌属、梭状芽孢杆菌属、假单胞菌属、变形杆菌属、链球菌属等分解蛋白质能力较强,即使无糖存在,它们在以蛋白质为主要成分的食品上生长良好;肉毒梭状芽孢杆菌分解蛋白质能力很微弱,但该菌为厌氧菌,可引起罐头的腐败变质;小球菌属、葡萄球菌属、黄杆菌属、产碱杆菌属、埃希菌属等分解蛋白质较弱。

许多霉菌都具有分解蛋白质的能力,霉菌比细菌更能利用天然蛋白质。常见的有青霉属、毛霉属、曲霉属、木霉属、根霉属等。尤其是沙门柏干酪青霉和洋葱曲霉能迅速分解蛋白质。当环境中有大量碳水化合物时,更能促进蛋白酶的形成。

多数酵母菌对蛋白质的分解能力极弱。如啤酒酵母属、毕赤氏酵母属、汉逊氏酵母属、假丝酵母属、球拟酵母属等能使凝固的蛋白质缓慢分解。

2.分解碳水化合物类食品的微生物

细菌中能强烈分解淀粉的为数不多,主要是芽孢杆菌属和梭状芽孢杆菌属的某些种,如枯草芽孢杆菌、巨大芽孢杆菌、马铃薯芽孢杆菌、淀粉梭状芽孢杆菌等,它们是引起米饭发酵、面包黏液化的主要菌株;能分解纤维素和半纤维素的细菌仅有少数种,即芽孢杆菌属、梭状芽孢杆菌属和八叠球菌属的一些种;但绝大多数细菌都具有分解某些单糖或双糖的能力,特别是利用单糖的能力极为普遍;某些细菌能利用有机酸或醇类;能分解果胶的细菌主要有芽孢杆菌属、欧氏植病杆菌属、梭状芽孢杆菌属中的部分菌株,如胡萝卜软腐病欧氏杆菌、多黏芽孢杆菌等,它们参与果蔬的腐败。

多数霉菌都有分解简单碳水化合物的能力;能够分解纤维素的霉菌并不多,常见的有青霉属、曲霉属、木霉属等中的几个种,其中绿色木霉、里氏木霉、康氏木霉分解纤维素的能力特别强。分解果胶质的霉菌活力强的有曲霉属、毛霉属、蜡叶芽枝霉等;曲霉属、毛霉属和镰刀霉属等还具有利用某些简单有机酸和醇类的能力。

绝大多数酵母不能使淀粉水解,少数酵母如拟内胞霉属的酵母能分解多糖;极少数酵母如脆壁酵母能分解果胶;大多数酵母有利用有机酸的能力。

3.分解脂肪类食品的微生物

分解脂肪的微生物能生成脂肪酶,使脂肪水解为甘油和脂肪酸。一般来讲,对蛋白质分解能力强的需氧性细菌,大多数也能同时分解脂肪。细菌中的假单胞菌属、无色杆菌属、黄色杆菌属、产碱杆菌属和芽孢杆菌属中的许多种,都具有分解脂肪的特性。其中分解脂肪能力特别强的是荧光假单胞菌。

能分解脂肪的霉菌比细菌多,在食品中常见的有曲霉属、白地霉、代氏根霉、娄地青霉和芽枝霉属等。

酵母菌中能分解脂肪的菌种不多,主要是解脂假丝酵母,这种酵母不发酵糖类,但分解脂肪和蛋白质的能力却很强。因此，在肉类食品、乳及其制品中脂肪酸败时，也应考虑到是否为该类酵母引起。

(三)食品的环境条件

食品中污染的微生物能否生长繁殖并造成食品的腐败变质，除了与食品的基质条件有关外，还与环境条件密切相关，影响食品变质的最重要的几个环境因素有温度、湿度和气体。

1. 温度

根据微生物生长的最适温度，可将微生物分为嗜冷、嗜温、嗜热 3 个生理类群。每一类群微生物都有最适宜生长的温度范围，但这 3 群微生物又都可以在 20～30℃生长繁殖，当食品处于这种温度的环境中，各种微生物都可生长繁殖而引起食品的变质。

(1)低温对微生物生长的影响。低温对微生物生长极为不利，但低温微生物在 5℃左右或更低的温度(甚至－20℃以下)下仍能生长繁殖，使食品发生腐败变质。低温微生物是引起冷藏、冷冻食品变质的主要微生物。食品中不同微生物生长的最低温度见表 7-6。

表 7-6　食品中微生物生长的最低温度

食品	微生物	生长最低温度/℃	食品	微生物	生长最低温度/℃
猪肉	细菌	－4	乳	细菌	－1～0
牛肉	霉菌、酵母菌	－1～1.6	冰激凌	细菌	－10～－3
腊肠	细菌	5	苹果	霉菌	0
熏肋肉	细菌	－10～5	葡萄汁	酵母菌	0
鱼贝类	细菌	－7～－4	浓橘汁	酵母菌	－10

注：引自江汉湖，《食品微生物学》，2002。

这些微生物虽然能在低温条件下生长，但其新陈代谢活动极为缓慢，生长繁殖的速度也非常迟缓，因而它们引起冷藏食品变质的速度也较慢。

(2)高温对微生物生长的影响　当温度在 45℃以上时，对大多数微生物的生长十分不利。在高温条件下，微生物体内的酶、蛋白质、脂质体很容易发生变性失活，细胞膜也易受到破坏，这样会加速细胞的死亡。温度越高，死亡率也越高。

在高温条件下，仍然有少数微生物能够生长。通常把凡能在 45℃以上温度条件下进行代谢活动的微生物，称为高温微生物或嗜热微生物。和其他微生物相比，嗜热微生物的生长曲线独特，延滞期、对数期都非常短，进入稳定期后，迅速死亡。

在高温条件下，嗜热微生物的新陈代谢活动加快，所产生的酶对蛋白质和糖类等物质的分解速度也比其他微生物快，因而使食品发生变质的时间缩短，比一般嗜温细菌快 7～14 倍。由于它们在食品中经过旺盛的生长繁殖后，很容易死亡，所以在实际工作中，若不及时进行分离培养，就会失去检出的机会。高温微生物造成的食品变质主要是酸败，是其分解糖类产酸而引起的。

2. 气体

微生物与氧气有着十分密切的关系。一般来讲，在有氧的环境中，微生物进行有氧呼吸，生长、代谢速度快，食品变质速度也快；缺乏氧气条件下，由厌氧性微生物引起的食品变质速度较慢。氧气存在与否决定着兼性厌氧微生物是否生长和生长速度的快慢，兼性厌氧微生物在有氧环境中引起的食品变质也要比在缺氧环境中快得多。例如，当 A_w 值是 0.80 时，无氧条件下金黄色葡萄球菌不能生长或生长极其缓慢；而在有氧情况下则能良好生长。

新鲜食品原料中，由于组织内一般存在着还原性物质，如植物组织常含有维生素C和还原糖，动物原料组织内含有巯基，此外，组织细胞呼吸耗氧，因而具有抗氧化能力。在食品原料内部生长的微生物绝大部分应该是厌氧微生物；而在原料表面生长的则是需氧微生物。食品经过加工，物质结构改变，需氧微生物能进入组织内部，食品更易发生变质。

另外，氢气和二氧化碳等气体的存在，对微生物的生长也有一定的影响，它们可防止好氧性细菌和霉菌所引起的食品变质，但乳酸菌和酵母等对二氧化碳有较大耐受力，实际应用中可通过控制它们的浓度来防止食品变质。

3. 湿度

空气中的湿度对于微生物生长和食品变质来讲起着重要的作用，尤其是未经包装的食品。例如，把含水量少的脱水食品放在湿度大的地方，食品则易吸潮，表面水分迅速增加。长江流域梅雨季节，粮食、物品容易发霉，就是因为空气湿度太大（相对湿度70%以上）的缘故。当含水量较高的食品置于湿度较小的贮藏环境时，食品的 A_w 就会降低，直至与周围环境建立平衡为止。

实验7-1 温度对食物腐败速率的影响

任务准备

1. 器材与设备

冰箱、温箱、培养皿、三角瓶。

2. 材料

营养牛肉汤。

任务实施

一、安排学生课前预习

学生通过查阅资料和复习已经学习过的知识等完成预习报告。预习报告内容包括：(1)实验原理。(2)注意事项。(3)思考题：①食物腐败变质的原因有哪些？②食物腐败的速率和温度的关系如何？③怎样确定保存食物较适宜的温度范围？

二、检查学生预习情况

检查学生对温度对食物腐败速率的影响的实验方法是否掌握。分小组讨论，总结温度对食物腐败速率的影响，用集体的智慧确定实验步骤。

三、知识储备

1. 实验原理

肉、鱼、禽蛋和豆制品等富含高蛋白质的食品，主要是以蛋白质分解为其腐败变质特征。蛋白质在动物、植物组织酶以及微生物分泌的蛋白酶和肽链内切酶等的作用下先水解成多肽，进而裂解形成氨基酸。氨基酸通过脱羧基、脱氨基、脱硫等作用进一步分解成相应的氨、胺类、有机酸类和各种碳氢化合物。蛋白质分解后所产生的胺类是碱性含氮化合物，如胺、伯胺、仲胺及叔胺等具有挥发性和特异的臭味的特质。而脂肪的变质主要是酸败，是动植物组织或微生物所产生的酶和紫外线、氧、水分的作用，使食品中的中性脂肪分解为甘油和脂肪酸。而油脂的分子式中有不饱和的键，这种键很不稳定，很容易被氧化，氧化后的油脂有怪味。脂肪酸进一步分解生成过氧化物和氧化物，随之产生具有特殊刺激气味的酮和醛等酸败产物，即所谓“哈喇”味。

2. 注意事项

实验中所用肉汤必须是无菌的，否则会影响实验结果。

四、学生操作

（一）准备完全相同的营养牛肉汤各 10 mL，分别放入 3 个相同的培养皿 A、B、C 中。将培养皿 A 放入冰箱冷藏室中（5℃），作为实验组；将培养皿 B 置于室温环境中（25℃）；将培养皿 C 置于恒温培养箱中（35℃）作为对照组。每隔 12 h，记录一次肉汤的状态。

（二）实验完毕后的工作

实验器具清洗归位，整理试验台面。

五、数据记录及处理

表 7-7　温度对食品腐败速率的影响

温度	实验时间				
	12 h	24 h	36 h	48 h	54 h
A(5℃)					
B(25℃)					
C(35℃)					

拓展知识

冰箱中导致冷藏食品腐败变质的三大“杀手”

很多人认为，把食物塞进冰箱就万事大吉了，但一段时间后发现，食物竟然还是变质了。一不留神吃下变质食品而呕吐、腹泻的人也不在少数。是什么导致食物在冰箱里还能变质呢？

今天就带大家认识一下冰箱里的“杀手”级微生物——嗜冷菌。

众所周知，低温保藏能控制微生物的生长繁殖、酶活动及其他化学反应。虽说绝大多数微生物在低温时，新陈代谢已减弱，呈休眠状态。再进一步降温，就有可能导致微生物的死亡。但还是有少数微生物中的“爱斯基摩菌”，能在低温范围下正常生长。引起冷藏食品腐败变质的罪魁祸首大多是这些可恶的嗜冷菌。

第一名：假单胞杆菌属。

上榜理由：其属下很多种类在低温下能很好地生长，在冷藏食品的腐败变质中起主要作用。

如荧光假单胞菌，在 4℃下反而繁殖非常快，是导致奶类、蛋类在低温条件下保存腐败变质的主要细菌之一；腐败假单胞杆菌可使鱼、牛奶及乳制品腐败变质，可使奶油的表面出现污点。

第二名：单核细胞增生李斯特菌。

上榜理由：能耐受−20℃的低温且部分存活。

从抽检的冷冻生肉(包括禽类)、冷冻生水产品、冷藏生禽、冷藏豆制品、冷冻冷藏蔬菜、鲜奶6类食品共3 568份样品中的调查情况来看，单增李斯特菌阳性样品率为2.18%，其他李斯特菌阳性样品率为2.48%，多重污染现象较为普遍，生鲜奶、生肉禽类、蔬菜类不仅带李斯特菌率高，且带单增李斯特菌率高，是主要的危险食品。

若不幸被单增李斯特菌感染，患者初期表现出恶心、呕吐、发烧等症状，再严重点就会发生脑膜炎、败血症、心内膜炎。

第三名：金黄色葡萄球菌。

上榜理由：金黄色葡萄球菌也是速冻产品中的大杀器，经常被检出，而且不好控制。甚至原卫生部于2011年11月21日公布的《食品安全国家标准　速冻面米制品》中规定，允许金黄色葡萄球菌限量存在。

金黄葡萄球菌本身不耐冷，但其主要危害在于其处于低温环境中8～10 h即可产生多肽类肠毒素。这种毒素极少量就可引起中毒，且毒素耐热性高，100℃、90 min处理仍不能破坏全部毒素；抗酸，并能经受胃蛋白酶的水解。很多人以为冰箱里东西即便是污染了，煮熟了还能吃，结果造成食物中毒。

速冻食品中的金黄色葡萄球菌，经过速冻工艺、冷冻冷藏、解冻等各个环节后，通常处于未受损、亚致死以及死亡3种不同的状态。未受损的金黄色葡萄球菌存活时间长，最长达1年之久，大部分可超过产品保质期。受损伤的金黄色葡萄球菌，由于胞内外冰晶的形成，其结构遭受了不同程度的损伤，成为亚致死或失活状态。亚致死状态的金黄色葡萄球菌具有较强的抗冷冻胁迫能力，处于一种中间过渡状态，在适宜的温度条件下，亚致死细胞会快速恢复为正常状态，流通过程一旦符合金黄色葡萄球菌繁殖条件，则致病性和毒力可恢复，容易造成食源性疾病暴发流行。

任务二　微生物引起食品腐败变质的机理

任务目标

掌握微生物引起食品腐败变质的机理，了解食品中蛋白质、碳水化合物、脂肪等的分解代谢过程。能够熟练地掌握油脂酸价的检测方法。

相关知识

食品腐败变质的过程实质上是食品中蛋白质、碳水化合物、脂肪等被污染微生物的分解代谢作用或自身组织酶进行的某些生化过程。例如，新鲜的肉、鱼类的后熟，粮食、水果的呼吸等可以引起食品成分的分解、食品组织溃破和细胞膜碎裂，为微生物的侵入与作用提供条件，结果导致食品的腐败变质。当然，由于食品成分的分解过程和形成的产物十分复杂，因此，建立食品腐败变质的定量检测尚有一定的难度。

一、食品中蛋白质的分解

肉、鱼、禽蛋和豆制品等富含高蛋白质的食品，主要是以蛋白质分解为其腐败变质特征。

由微生物引起蛋白质食品发生的变质，通常称为腐败。

蛋白质在动物、植物组织酶以及微生物分泌的蛋白酶和肽链内切酶等的作用下，首先水解成多肽，进而裂解形成氨基酸。氨基酸通过脱羧基、脱氨基、脱硫等作用进一步分解成相应的氨、胺类、有机酸类和各种碳氢化合物，食品即表现出腐败特征。

蛋白质分解后所产生的胺类是碱性含氮化合物，如胺、伯胺、仲胺及叔胺等，具有挥发性和特异的臭味。各种不同的氨基酸分解产生的腐败胺类和其他物质各不相同，甘氨酸产生甲胺，鸟氨酸产生腐胺，精氨酸产生色胺进而又分解成吲哚，含硫氨基酸分解产生硫化氢和氨、乙硫醇等。这些物质都是蛋白质腐败产生的主要臭味物质。

（一）氨基酸的分解

氨基酸可以通过脱氨基、脱羧基而被分解。

1. 脱氨反应

在氨基酸脱氨反应中，通过氧化脱氨生成羧酸和α-酮酸，直接脱氨则生成不饱和脂肪酸，若还原脱氨则生成有机酸。

$$RCH_2CHNH_2COOH(\text{氨基酸}) + O_2 \rightarrow RCH_2COCOOH(\alpha\text{-酮酸}) + NH_3$$

$$RCH_2CHNH_2COOH(\text{氨基酸}) + O_2 \rightarrow RCOOH(\text{羧酸}) + NH_3 + CO_2$$

$$RCH_2CHNH_2COOH(\text{氨基酸}) \rightarrow RCH{=}CHCOOH(\text{不饱和脂肪酸}) + NH_3$$

$$RCH_2CHNH_2COOH(\text{氨基酸}) + H_2 \rightarrow RCH_2CH_2COOH(\text{有机酸}) + NH_3$$

2. 脱羧反应

氨基酸脱羧基并生成胺类。

$$CH_2NH_2COOH(\text{甘氨酸}) \rightarrow CH_3NH_2(\text{甲胺}) + CO_2$$

$$CH_2NH_2(CH_2)_2CHNH_2COOH(\text{鸟氨酸}) \rightarrow CH_2NH_2(CH_2)_2CH_2NH_2(\text{腐胺}) + CO_2$$

$$CH_2NH_2(CH_2)_3CHNH_2COOH(\text{精氨酸}) \rightarrow CH_2NH_2(CH_2)_3CH_2NH_2(\text{尸胺}) + CO_2$$

3. 脱氨、脱羧同时进行

上述两种反应也可以同时进行。

$$(CH_3)_2CHCHNH_2COOH(\text{缬氨酸}) + H_2O \rightarrow (CH_3)_2CH\ CH_2OH(\text{异丁醇}) + NH_3 + CO_2$$

$$CH_3CHNH_2COOH(\text{丙氨酸}) + O_2 \rightarrow CH_3COOH(\text{乙酸}) + NH_3 + CO_2$$

$$CH_2NH_2COOH(\text{甘氨酸}) + H_2 \rightarrow CH_4(\text{甲烷}) + NH_3 + CO_2$$

（二）胺的分解

腐败中生成的胺类通过细菌的胺氧化酶被分解，最后生成氨、二氧化碳和水。

$$RCH_2NH_2(\text{胺}) + O_2 + H_2O \rightarrow RCHO + H_2O_2 + NH_3$$

过氧化氢通过过氧化氢酶被分解，同时醛也经过相应酶再分解为二氧化碳和水。

（三）硫醇的生成

硫醇是通过含硫化合物的分解而生成的。例如甲硫氨酸被甲硫氨酸脱硫醇脱氨基酶进行如下的分解作用。

$$CH_3SCH_2CHNH_2COOH(\text{甲硫氨酸}) + H_2O \rightarrow CH_3SH(\text{甲硫醇}) + NH_3 + CH_3CH_2COCOOH(\alpha\text{-酮酸})$$

（四）三甲胺的生成

鱼、贝、肉类的正常成分三甲胺氧化物可被细菌的三甲胺氧化还原酶还原生成三甲胺，此时细菌需要一些中间代谢产物（有机酸、糖、氨基酸等）作为供氢体。

$$(CH_3)_3NO + NADH \rightarrow (CH_3)_3N(\text{三甲胺}) + NAD^+$$

二、食品中碳水化合物的分解

食品中碳水化合物包括纤维素、半纤维素、淀粉、糖原以及双糖和单糖等。含这些成分较多的食品主要有粮食、蔬菜、水果和糖类及其制品。在微生物及动植物组织中的各种酶及其他因素的作用下，这些食品组成成分可发生水解并顺次形成低级产物，如单糖、醇、醛、羧酸、二氧化碳和水等。由微生物引起糖类物质发生的变质，习惯上称为发酵或酵解。其主要指标变化是酸度升高，根据食品种类不同，还表现为糖、醇、醛、酮含量升高或产气(CO_2)，有时带有这些产物特有的气味。水果中的果胶可被一种曲霉和多酶梭菌所产生的果胶酶分解，并可使含酶较少的新鲜果蔬软化。

三、食品中脂肪的分解

虽然脂肪发生变质主要是由于化学作用所引起，但是许多研究表明，其与微生物也是有着密切的关系。脂肪发生变质的特征是产生酸和刺激的“哈喇”气味。人们一般把脂肪发生的变质称为酸败。

食品中油脂酸败的化学反应，主要是油脂自身氧化过程，其次是加水水解。油脂的自身氧化是一种自由基的氧化反应；而水解则是在微生物或动物组织中的解脂酶作用下，使食物中的中性脂肪分解成甘油和脂肪酸等。但油脂酸败的化学反应目前仍在研究中，过程较复杂，有些问题尚待澄清。

(一)油脂的自身氧化

油脂的自身氧化是一种自由基(游离基)氧化反应，其过程主要包括：脂肪酸(RCOOH)在热、光线或铜、铁等因素作用下，被活化生成不稳定的自由基R·、H·，这些自由基与O_2生成过氧化物自由基，接着自由基循环往复不断地传递生成新的自由基。在这一系列的氧化过程中，生成了氢过氧化物、羰基化合物(如醛类、酮类、低分子脂酸、醇类、酯类等)、羟酸以及脂肪酸聚合物、缩合物(如二聚体、三聚体等)。

(二)脂肪水解

脂肪食物＋分解脂肪微生物→脂肪酸＋甘油＋其他产物。它主要由于微生物产生的脂肪酶的水解作用，将脂肪水解产生游离脂肪酸、甘油及其不完全分解的产物，如甘油一酯、甘油二酯。

脂肪酸可进而断链而形成具有不愉快味道的酮类或酮酸；不饱和脂肪酸的不饱和键可形成过氧化物；脂肪酸也可再氧化分解成具有臭味的醛类和醛酸，即所谓的“哈喇”气味。这就是食用油脂和含脂肪丰富的食品发生酸败后感官性状改变的原因。

脂肪自身氧化以及加水分解所产生的复杂分解产物，使食用油脂或食品中脂肪带有若干明显特征：首先是过氧化值上升，这是脂肪酸败最早期的指标，其次是酸度上升，羰基(醛酮)反应阳性。在脂肪酸败过程中，脂肪酸的分解必然影响其固有的碘价(值)、凝固点(熔点)、密度、折光指数、皂化价等，使其发生变化。脂肪酸败所特有的“哈喇”味，肉、鱼类食品脂肪变黄，即肉类的超期氧化，鱼类的“油烧”现象，也是油脂酸败鉴定的较为实用的指标。

食品中脂肪及食用油脂的酸败程度，受脂肪的饱和度、紫外线、氧、水分、天然抗氧化剂以及铜、铁、镍离子等催化剂的影响。油脂中脂肪酸不饱和度、油料中动植物残渣等，均有促进油脂酸败的作用；而油脂的脂肪酸饱和程度、维生素C、维生素E等天然抗氧化物质及芳香化合物含量高时，则可减慢氧化和酸败。

四、有害物质的形成

腐败变质的食品表现出使人难以接受的感官性状，例如异常颜色、有刺激性气味和酸臭味、组织溃烂、发黏等，而且营养物质分解、营养价值也会下降。同时，食品的腐败变质可产生对人体有害的物质，如蛋白质类食品的腐败可生成某些胺类会使人中毒，脂肪酸败产物引起人的不良反应及中毒。由于微生物严重污染食品，因而也增加了致病菌和产毒菌存在的机会。微生物产生的毒素分为细菌毒素和真菌毒素，它们能引起食物中毒，有些毒素还能引起人体器官的病变及癌症。

实验 7-2　油脂酸价的测定

任务准备

1. 器材与设备

碱式滴定管（25 mL）、锥形瓶（150 mL）、量筒（50 mL）、称量瓶、电子天平等。

2. 试剂

氢氧化钾标准溶液 $c(KOH)=0.1$ mol/L：称取 5.61 g 干燥至恒重的分析纯氢氧化钾溶于 100 mL 蒸馏水（此操作在通风橱中进行）；中性乙醚-乙醇（2∶1）混合溶剂：乙醚和无水乙醇按体积比 2∶1 混合，加入酚酞指示剂数滴，用 0.3%氢氧化钾溶液中和至微红色；1%酚酞乙醇溶液：称取 1 g 酚酞溶于 100 mL 95%乙醇中。

任务实施

一、安排学生课前预习

学生通过查阅资料和复习理论知识等完成预习报告。预习报告内容包括：(1)油脂酸价测定的实验原理。(2)注意事项。(3)油脂酸价测定的方法。

二、检查学生预习情况

检查学生是否掌握油脂酸价测定的方法。分小组讨论，共同确定试验步骤及小组成员分工。

三、知识储备

1. 实验原理

油脂暴露于空气中一段时间后，在脂肪水解酶或微生物繁殖所产生的酶作用下，部分甘油酯会分解产生游离的脂肪酸，使油脂变质酸败。通过测定油脂中游离脂肪酸含量反映油脂新鲜程度。游离脂肪酸的含量可以用中和 1 g 油脂所需的氢氧化钾的质量（mg），即酸价来表示。

通过测定酸价的高低来检验油脂的质量。酸价越小，说明油脂质量越好，新鲜度和精炼程度越高。

典型的测量程序是，将一份质量已知的样品溶于有机溶剂，用浓度已知的氢氧化钾溶液滴定，并以酚酞溶液作为颜色指示剂。酸价可作为油脂变质程度的指标。

油脂中的游离脂肪酸与KOH发生中和反应，从KOH标准溶液消耗量可计算出游离脂肪酸的量，反应式如下：

$$RCOOH + KOH \rightarrow RCOOK + H_2O$$

2. 注意事项

氢氧化钾遇水和水蒸气大量放热，形成腐蚀性溶液，具有强腐蚀性。操作人员在称取药品时需佩戴防护口罩、手套，配置时需要在通风橱内进行。

四、学生操作

(1)称取均匀试样3～5 g于锥形瓶中，加入中性乙醚-乙醇混合溶液50 mL，摇动使试样溶解，再加2～3滴酚酞指示剂，用0.1 mol/L碱液滴定至出现微红色且在30 s后不消失，记下消耗的碱液体积。

(2)实验完毕后的工作。实验器具灭菌、清洗归位，试验台面整理。

五、数据记录及处理

油脂酸价X(mg/g)按下式计算：

$$X = \frac{V \times c \times 56.11}{m}$$

式中：V为滴定消耗的氢氧化钾溶液体积(mL)；c为氢氧化钾溶液的摩尔浓度(mol/L)；56.11为氢氧化钾的摩尔质量(g/mol)；m为试样质量(g)。

两次试验结果允许差不超过0.2 mg/g(KOH：油)，求其平均数，即为测定结果，测定结果取小数点后一位。我国食用油分级管理中对酸价的规定如表7-8所列。

表7-8 我国食用油分级管理的酸价卫生标准

品名	酸价/(mg/g)
菜籽原油、大豆原油、花生原油、葵花籽原油、棉籽原油、米糠原油、油茶籽原油、玉米原油	≤4.0
成品菜籽油、成品大豆油、成品玉米油和浸出成品油茶籽油	
一级	≤0.2
二级	≤0.3
三级	≤1.0
四级	≤3.0
成品葵花籽油、成品米糠油和浸出成品花生油	
一级	≤0.2
二级	≤0.3
三级	≤1.0

续表7-8

品名	酸价/(mg/g)
四级	≤3.0
压榨成品花生油和压榨成品油茶籽油	
一级	≤1.0
二级	≤2.5
成品棉籽油	
一级	≤0.2
二级	≤0.3
三级	≤1.0
麻油	≤4
色拉油	≤0.3
食用煎炸油	≤5
食用猪油	≤1.5
人造奶油	≤1
国际食品法典委员会规定的标准	
食用植物油	≤0.6
棕榈油	≤0.6

拓展知识

植物油脂酸败的预防

常用的预防油脂酸败的措施有加入抗氧化剂、避光、低温等。研究表明，使用抗氧化剂是预防植物油脂氧化酸败最重要的措施。

1.抗氧化剂

抗氧化剂的作用原理是:①它们比油脂更容易氧化，结合容器中的氧而保护了油脂；②它们能与过氧化自由基结合生成稳定的化合物，阻止连锁反应的传播，延长诱导期。抗氧化剂通常都是酚类或芳胺类化合物。根据抗氧化剂的抗氧化机理可将抗氧化剂分为:自由基清除剂、氢过氧化物分解剂、抗氧化剂增效剂、抗氧化剂还原剂、抗氧化剂混用剂、金属螯合剂、单线态氧淬灭剂、脂氧合酶抑制剂。常见的抗氧化剂有BHA、BHT、TBHQ、PG等。

2.低温、避光贮藏

阳光中的紫外线促进氧化和加速有害物质的形成，所以食用油要放在阴凉处保存，盛油的容器要尽量使用深颜色的。因此，为了减缓植物油脂的氧化酸败，最好在低温、避光条件下贮存。

3.包装材料的选择

选择包装材料，主要考虑的是阻氧与避光。最理想的包装材料应该具有避光与防潮的性能，以排除水分与紫外线对油脂氧化的促进作用。

4.去除氧

氧气是油脂发生氧化的反应物质之一，氧气的浓度是影响油脂氧化的最重要的因素之一，因此，采用去除氧的方法能够有效地抑制油脂的氧化。使用一些可食用的薄膜能够有效地降低油脂中氧气的浓度。例如，乳清蛋白可食用隔离膜，有效地将油脂与氧隔离开，从而延缓植物油脂的氧化。可以在油脂中加入吸氧剂，从而清除与油脂接触到的氧。另外，还可以向贮油罐充入氮气，将油与氧气隔离。

任务三　微生物引起食品腐败的鉴评技术

任务目标

掌握食品腐败变质的感官鉴定，熟悉用物理和化学鉴评方法检测食品的腐败变质。能够通过视觉、嗅觉、触觉、味觉来检验食品初期腐败变质。

相关知识

食品受到微生物的污染后，容易发生腐败变质。那么如何鉴别食品是否腐败变质呢？一般是从感官、物理变化、化学变化和微生物检验 4 个方面来进行食品腐败变质的鉴评。

一、感官鉴定

感官鉴定是以人的视觉、嗅觉、触觉、味觉来检验食品初期腐败变质的一种简单而灵敏的方法。食品腐败初期会产生腐败臭味，发生颜色的变化（褪色、变色、着色、失去光泽等），出现组织变软、变黏等现象。这些都可以通过感官分辨出来，一般还是很准确的。

（一）色泽

食品无论在加工前或加工后，本身均呈现一定的色泽。如果有微生物繁殖引起食品变质时，色泽就会发生改变。有些微生物产生色素，分泌至细胞外，色素不断累积就会造成食品原有色泽的改变。如食品腐败变质时常出现黄色、紫色、褐色、橙色、红色和黑色的片状斑点或全部变色。另外，由于微生物代谢产物的作用，促使食品发生化学变化时也可引起食品色泽的变化。例如，肉及肉制品的绿变就是由于硫化氢与血红蛋白结合形成硫化氢血红蛋白所引起的。腊肠由于乳酸菌增殖过程中产生了过氧化氢，促使肉中色素褪色或变绿。

（二）气味

食品本身有一定的气味，动、植物原料及其制品因微生物的繁殖而产生极轻微的变质时，人们的嗅觉就能敏感地觉察到有不正常的气味产生。如氨、三甲胺、乙酸、硫化氢、乙硫醇、粪臭素等具有腐败臭味。这些物质在空气中浓度为 $10^{-11} \sim 10^{-8}\ mol/m^3$ 时，人们的嗅觉就可以觉察得到。此外，食品变质时，其他胺类物质、甲酸、乙酸、酮、醛、醇类、酚类、靛基质化合物等也可觉察到。

食品中产生的腐败臭味，常是多种臭味混合而成的。有时也能分辨出比较突出的不良气味。例如，霉味臭、醋酸臭、胺臭、粪臭、硫化氢臭、酯臭等。但有时产生的有机酸的酸味，水果变坏产生的芳香味，人的嗅觉习惯不认为是臭味。因此，评定食品质量不是以香、臭味来划分，而是应该按照正常气味与异常气味来评定。

（三）口味

微生物造成食品腐败变质时也常引起食品口味的变化。而口味改变中比较容易分辨的是酸味和苦味。一般碳水化合物含量多的低酸食品，腐败变质初期产生酸是其主要的特征。但对原来酸味就高的食品，如番茄制品来讲，微生物造成酸败时，酸味稍有增高，辨别起来就不那么容易。另外，某些假单胞菌污染消毒乳后可产生苦味；蛋白质被大肠杆菌、小球菌等微生物作用也会产生苦味。

当然，口味的评定从卫生角度看是不符合卫生要求的，而且不同人评定的结果往往意见分歧较大，只能作大概的比较。为此，口味的评定应借助仪器来测试。

（四）组织状态

固体食品腐败变质时，动、植物性组织因微生物酶的作用，可使组织细胞破坏，造成细胞内容物外溢，这样食品的形状即出现变形、软化；鱼肉类食品则呈现肌肉松弛、弹性差，有时组织体表出现发黏等现象；微生物引起粉碎后加工制成的食品，如糕点、乳粉、果酱等变质后常出现黏稠、结块等表面变形及湿润或发黏现象。

液态食品变质后即会出现混浊、沉淀，表面出现浮膜、变稠等现象。鲜乳因微生物作用引起变质时可出现凝块、乳清析出、变稠等现象，有时还会产气（表7-9）。

表7-9　各种变质肉、禽、鱼类的感官鉴别

类别	色泽	外表	弹性	气味	肉汤	处理
变质肉类	肌肉无光泽，脂肪灰绿色	外表发黏、起腐、粘手	弹性差，指压后凹陷不能恢复，留有明显痕迹	有臭味	混浊、有絮状物，并带有臭味	不可食用
变质禽类	体表无光泽，观颈部常带暗褐色	眼球干缩，凹陷，晶体混浊，角膜无光	弹性差，指压后凹陷不能恢复，留有明显痕迹	体表和腹部有恶臭	混浊、有白色或黄色絮状物，脂肪可浮于表面，有腥臭味	不可食用
变质鱼类	暗淡无光泽，鳃呈灰褐色	眼球凹陷，角膜混浊，体表有污秽黏液，鳞片脱落不全，有腐臭味	腹部松软，膨隆，肉质松弛，骨肉分离，指压骨肉分离指压后凹陷不能恢复，留有明显痕迹	有臭味	混浊，有腥臭味	不可食用

注：引自江汉湖，《食品微生物学》，2002。

二、化学鉴定

微生物的代谢，可引起食品化学组成的变化，并产生多种腐败性产物，因此，直接测定这些腐败产物就可作为判断食品质量的依据。一般氨基酸、蛋白质类等含氮高的食品，如鱼、虾、贝类及肉类，在需氧性败坏时，常以测定挥发性盐基氮含量的多少作为评定的化学指标；对于含氮量少而含碳水化合物丰富的食品，在缺氧条件下腐败则经常以测定有机酸的含量或pH的变化作为指标。

1. 挥发性盐基总氮（TVBN）

挥发性盐基总氮系指肉、鱼类样品浸液在弱碱性条件下能与水蒸气一起蒸馏出来的总氮量，主要是氨和胺类（三甲胺和二甲胺），常用蒸馏法或Conway微量扩散法定量。该指标现已列入我国食品卫生标准。例如，一般在低温有氧条件下，鱼类挥发性盐基总氮的量达到300 mg/kg时，即认为是变质的标志。

2. 三甲胺

因为在挥发性盐基总氮构成的胺类中，主要的是三甲胺，是季胺类含氮物经微生物还原产生的。可用气相色谱法进行定量，或者将三甲胺制成碘的复盐，用二氯乙烯抽取测定。新鲜鱼、虾等水产品、肉中没有三甲胺，腐败初期，其量可达 40～60 mg/kg。

3. 组胺

鱼贝类可通过细菌分泌的组氨酸脱羧酶使组氨酸脱羧生成组胺而发生腐败变质。当鱼肉中的组胺达到 40～100 mg/kg，就会引起变态反应样的食物中毒。通常用圆形滤纸色谱法（卢塔-宫木法）进行定量。

4. K 值

K 值是反映鱼类鲜度的指标，指 ATP 分解的肌苷（HxR）和次黄嘌呤（Hx）低级产物占 ATP 系列分解产物（ATP＋ADP＋AMP＋IMP＋HxP＋Hx）的百分比。K 值主要适用于鉴定鱼类早期腐败。若 $K \leqslant 20\%$，说明鱼体绝对新鲜；$K \geqslant 40\%$时，鱼体开始有腐败迹象。

5. pH 的变化

食品中 pH 的变化，一方面可由微生物的作用或食品原料本身酶的消化作用，使食品中 pH 下降；另一方面也可以由微生物作用所产生的氨而促使 pH 上升。一般腐败开始时食品的 pH 略微降低，随后上升，因此多呈现 V 形变动。例如，牲畜和一些青皮红肉的鱼在死亡之后，肌肉中因碳水化合物产生消化作用，造成乳酸和磷酸在其中积累，以致引起 pH 下降；其后因腐败微生物繁殖，肌肉被分解，造成氨积累，促使 pH 上升。我们借助 pH 计测定则可评价食品腐败变质的程度。

但由于食品的种类、加工法不同以及污染的微生物种类不同，pH 的变动有很大差别，所以一般不用 pH 作为初期腐败的指标。

三、物理指标

食品的物理指标，主要是根据蛋白质分解时低分子物质增多这一现象，来先后研究食品浸出物量、浸出液电导度、折光率、冰点下降、黏度上升等指标。其中肉浸液的黏度测定尤为敏感，能反映腐败变质的程度。

四、微生物检验

对食品进行微生物菌数测定，可以反映食品被微生物污染的程度及是否发生腐败变质。同时，它是判定食品生产的一般卫生状况以及食品卫生质量的一项重要依据。在国家卫生标准中常用细菌总菌落数和大肠菌群的近似值来评定食品卫生质量。一般食品中的活菌数达到 10^8 CFU/g 时，则可认为处于初期腐败阶段。

实验 7-3　肉腐败变质的感官鉴定

任务准备

材料与试剂

腐败变质肉、新鲜肉。

任务实施

一、安排学生课前预习

学生通过查阅资料和复习已经学习过的知识等完成预习报告。预习报告内容包括：(1)食品腐败变质的常用鉴评方法。(2)肉腐败变质的感官鉴定从哪些方面进行。(3)思考：腐败变质的食品还能食用吗？

二、检查学生预习情况

检查学生对肉腐败变质的感官鉴定的方法是否掌握。分小组讨论，总结肉腐败变质的感官鉴定方法，用集体的智慧确定实验步骤。

三、知识储备

感官鉴定是以人的视觉、嗅觉、触觉、味觉来检验食品初期腐败变质的一种简单而灵敏的方法。食品腐败初期会产生腐败臭味，发生颜色的变化(褪色、变色、着色、失去光泽等)，出现组织变软、变黏等现象。这些都可以通过感官分辨出来，一般还是很准确的。

四、学生操作

(1)分别取新鲜肉和腐败变质肉放在实验盘中从外观、硬度、气味、脂肪的状况等方面进行鉴定。

(2)实验完毕后的工作。实验器具清洗归位，试验台面整理。

五、数据记录及处理

根据感官鉴定判别出腐败变质的肉，并准确描述腐败变质肉的感官状态。

拓展知识

糕点的腐败变质

糕点类食品由于含水量较高，糖、油脂含量较多，在阳光、空气和较高温度等因素的作用下，易引起霉变和酸败。引起糕点变质的微生物类群主要是细菌和霉菌，如沙门氏菌、金黄色葡萄球菌、粪肠球菌、大肠杆菌、变形杆菌、黄曲霉、毛霉、青霉、镰刀霉等。

糕点变质主要是由于生产原料不符合质量标准、制作过程中灭菌不彻底和糕点包装贮藏不当而造成的。

(1)生产原料不符合质量标准。糕点食品的原料有糖、奶、蛋、油脂、面粉、食用色素、香料等，市售糕点往往不再加热而直接入口。因此，对糕点原料选择、加工、贮存、运输、销售等都应有严格的遵守卫生要求。糕点食品发生变质原因之一是原料的质量问题，如作为糕点原料的奶及奶油未经过巴氏灭菌，奶中污染有较高数量的细菌及其毒素；蛋类在打蛋前未洗涤蛋壳，不能有效地去除微生物。为了防止糕点的霉变以及油脂和糖的酸败，应对生产糕点的原料进行消毒和灭菌。对所使用的花生仁、芝麻、核桃仁和果仁等已有霉变和酸败迹象的不能采用。

(2)制作过程中灭菌不彻底。各种糕点食品生产时，都要经过高温处理，既是食品熟制又是杀菌过程，在这个过程中大部分的微生物都被杀死，但抵抗力较强的细菌芽孢和霉菌孢子往往残留在食品中，遇到适宜的条件，仍能生长繁殖，引起糕点食品变质。

(3)糕点包装贮藏不当。糕点的生产过程中，由于包装及环境等方面的原因会使糕点食品污染许多微生物。烘烤后的糕点，必须冷却后才能包装。所使用的包装材料应无毒、无味，生产和销售部门应具备冷藏设备。

任务四　引起食品腐败的微生物及腐败现象

任务目标

能够判断食品是否可能发生变质并分析变质的原因；能够在生产中采取合理的预防措施。掌握罐头食品中平酸菌检测的方法。

相关知识

食品从原料到加工产品，随时都有被微生物污染的可能。这些污染的微生物在适宜条件下即可生长繁殖，分解食品中的营养成分，使食品失去原有的营养价值，成为不符合卫生要求的食品。由于各类食品的基质条件不同，因而引起各类食品腐败变质的微生物类群及腐败变质症状也不完全相同。

一、罐藏食品的腐败变质

罐藏食品是食品原料经过预处理、装罐、密封、杀菌之后而制成的食品，通常称之为罐头。其种类很多，依据其 pH 的高低可分为低酸性、中酸性、酸性和高酸性罐头四大类(表 7-10)。低酸性罐头以动物性食品原料为主要成分，含有大量的蛋白质，而中酸性、酸性和高酸性罐头则以植物性食品原料为主要成分，碳水化合物含量高。

表 7-10　罐头食品的分类

罐头类型	pH	主要原料
低酸性罐头	5.3 以上	肉、禽、蛋、乳、鱼、谷类、豆类
中酸性罐头	5.3～4.5	多数蔬菜、瓜类
酸性罐头	4.5～3.7	多数水果及果汁
高酸性罐头	3.7 以下	酸菜、果酱、部分水果及果汁

注：引自杨玉红，《食品微生物学》，2014。

罐头密封可防止内容物溢出和外界微生物的侵入，而加热杀菌则是要杀灭存在于罐内的全部微生物。罐头经过杀菌可在室温下保存很长时间。但由于某些原因，罐头有时也会出现腐败变质的现象。

(一)罐藏食品腐败变质的原因

罐藏食品腐败变质是由罐内微生物引起的，这些微生物的来源有两种。

1. 杀菌后罐内残留有微生物

在罐头杀菌操作不当或罐内留有空气等情况下，有些耐热的芽孢杆菌不能彻底被杀灭，而这些微生物在保存期内遇到合适条件就会生长繁殖而导致罐头的腐败变质。

2. 杀菌后发生漏罐

由于罐头密封不严，杀菌后发生漏罐而遭受外界微生物的污染。其主要的污染源是冷却水，冷却水中的微生物通过漏罐处进入罐内；空气也是一个微生物污染源。通过漏罐污染的微生物既有耐热菌也有不耐热菌。

(二)罐藏食品腐败变质的外观类型

合格的罐头，因罐内保持一定的真空度，罐盖或罐底应是平的或稍向内凹陷，软罐头的包装袋与内容物接合紧密。而腐败变质罐头的外观有两种类型，即平听和胀罐。

1. 平听

平听可由以下几种原因造成：

(1)平酸腐败，又称平盖酸败。罐头内容物由于微生物的生长繁殖而变质，呈现混浊和不同的酸味，pH 下降，但外观仍与正常罐头一样，不出现膨胀现象。导致罐头平酸腐败的微生物习惯上称之为平酸菌。主要的平酸菌有嗜热脂肪芽孢杆菌、蜡状芽孢杆菌、凝结芽孢杆菌、巨大芽孢杆菌、枯草芽孢杆菌等，这些芽孢杆菌多数情况是由于杀菌不彻底引起的。此外，在杀菌后，由于罐头密封不严，引起的二次污染导致的罐头食品变质主要与污染的微生物种类及其食品的性质有关。

(2)硫化物腐败。腐败的罐头内产生大量黑色的硫化物，沉积于罐内壁和食品上，致使罐内食品变黑并产生臭味，罐头外观一般保持正常或出现隐胀或轻胀。这是由致黑梭状芽孢杆菌引起的。该菌为厌氧性嗜热芽孢杆菌，生长温度在 35～70℃，适温为 55℃，分解糖的能力较弱，但能较快地分解含硫氨基酸而产生硫化氢气体。此菌在豆类、玉米、谷类和鱼类罐头中比较常见。

2. 胀罐

引起罐头胀罐现象的原因可分为两个方面：一方面是化学或物理原因，如罐头内的酸性食品与罐本身的金属发生化学反应产生氢气；罐内装的食品量过多时，也可压迫罐头形成胀罐，加热后更加明显；排气不充分，有过多的气体残存，受热后也可胀罐。另一方面是由于微生物生长繁殖而造成的，它是绝大多数罐藏食品胀罐的原因。引起罐头胀罐的主要微生物有：

(1)TA 菌。TA 菌是不产硫化氢的嗜热厌氧菌的缩写。它是一类能分解糖、产芽孢的厌氧菌。该类菌在中酸或低酸性罐头中生长繁殖后产生酸和气体(CO_2 和 H_2)。当气体积累过多，温度过高时就会使罐膨胀甚至破裂。变质的罐头通常有酸味。这类菌常见的有嗜热解糖梭状芽孢杆菌，其生长适宜温度为 55℃，低于 32℃时生长缓慢。

(2)中温需氧芽孢杆菌。如多黏芽孢杆菌、浸麻芽孢杆菌等。该类菌分解糖时除产酸外还产生气体，多发生于真空度不够的罐头。

(3)中温厌氧梭状芽孢杆菌。该类菌适宜生长温度为 37℃，包括分解糖类的丁酸细菌和巴氏固氮梭状芽孢杆菌，它们可在酸性或中酸性罐头内进行丁酸发酵，产生 H_2 和 CO_2，造成罐头膨胀而变质。一些能分解蛋白质的菌种如魏氏梭菌、生芽孢梭菌及肉毒梭菌等，它们可分解蛋白质产生硫化氢、硫醇、氨、吲哚、粪臭素等恶臭物质，引起肉类、鱼类罐头的腐败变质，并有胀罐现象。

(4)不产芽孢的细菌。出现漏罐或杀菌不充分时，罐中就会污染或存活不产芽孢的细菌。

包括两类：一类是肠道菌，如大肠杆菌；另一类是链球菌，如嗜热链球菌、乳链球菌和粪链球菌等。这些菌常见于果蔬罐头中，能发酵糖类并产酸、产气，造成胀罐。

(5)酵母菌。酵母菌及其孢子一般较容易被杀死。罐头内如有酵母菌污染，主要是由于漏罐或杀菌不够造成的。发生变质的罐头往往出现混浊、沉淀、风味改变、肠胀及爆裂等现象。常见于果酱、果汁、水果、甜炼乳、糖浆等含糖量高的罐头。酵母污染的一个重要来源是蔗糖。

(6)霉菌。少数霉菌具有较强的耐热性，尤其是能形成菌核的种类耐热性更强。例如，纯黄丝衣霉菌是一种能分解果胶的霉菌，它能形成子囊孢子，85℃下经过 30 min 还能生存。在氧气充足的情况下，霉菌能生长繁殖并产生 CO_2，造成罐头膨胀。这种现象的发生是由于罐头真空度不够，罐内有较多的气体造成的。

总之，罐头的种类不同，导致腐败变质的微生物也就不同，而且这些微生物时常混在一起产生作用。因此，对每一种罐头的腐败变质都要作具体的分析，根据罐头的种类、成分、pH、灭菌情况和密封状况综合分析，必要时还要进行开罐镜检及分离培养才能确定。

二、鲜乳的腐败变质

各种不同的乳如牛乳、马乳、羊乳等，其成分虽各有差异，但都含有丰富的营养成分，容易消化吸收，而且是微生物生长繁殖的良好培养基。乳一旦被微生物污染，在适宜条件下，微生物就会迅速生长繁殖，使乳因腐败变质而失去食用价值，甚至可能引起食物中毒或其他传染病的传播。

(一)微生物的来源及种类

刚生产出来的鲜乳总是会含有一定数量的微生物，而且在运输和贮存过程中还会受到微生物的污染，使乳中的微生物数量增多。

1. 鲜乳微生物的来源

(1)来自乳房内的微生物。即使是健康乳畜的乳房内也可能生有一些细菌，严格无菌操作挤出的乳汁，在每毫升中也有数百个细菌。乳房中的正常菌群主要是小球菌属和链球菌属。由于这些细菌能适应乳房的环境而生存，称为乳房细菌。乳畜感染后，体内的致病微生物可通过乳房进入乳汁而引起对人类的传染。常见的引起人畜共患疾病的致病微生物主要有结核分枝杆菌、布氏杆菌、炭疽杆菌、葡萄球菌、溶血性链球菌、沙门氏菌等。

(2)来自环境中的微生物。包括挤奶过程中的污染和挤后食用前的一切环节中受到的污染。

①挤乳过程中的污染。乳中的微生物主要来源于挤乳过程中的污染。在严格注意环境卫生的良好条件下挤乳，将获得菌数低、质量好的乳液。但如果操作环境卫生条件差，则易污染微生物。污染微生物的种类、数量直接受畜体表面卫生状况、畜舍的空气、冰源、挤奶的用具、设备和容器、挤奶工人或其他管理人员个人卫生情况的影响。畜舍内的饲料、粪便、土壤均可直接或通过空气间接污染乳液。在挤乳过程中，污染的微生物有细菌、霉菌和酵母菌。卫生状况好的牧场，乳液中细菌数应低于 10^4 个/mL；卫生状况一般的牧场，乳液中含细菌数为 10^4～10^5 个/mL；卫生条件差的牧场，乳液中含细菌数达 10^6～10^7 个/mL。

②挤乳后的污染。挤出的乳在处理过程中，如不及时加工或冷藏不仅会增加新的污染机会，而且会使原来存在于鲜乳内的微生物数量增多。故挤乳后要尽快进行过滤、冷却，使乳温下降至 6℃以下。在这个过程中，乳液所接触的用具、环境中的空气等都可能造成乳液的微生物污染。乳液在贮藏过程中，也可能再次污染环境中的微生物。

2.鲜乳中微生物的种类

新鲜的乳液中含有多种抑菌物质，它们能维持鲜乳在一段时间内不变质。鲜乳若不经消毒或冷藏处理，污染的微生物将很快生长繁殖造成腐败变质。自然界中多种微生物可以通过不同途径进入乳液中，但在鲜乳中占优势的微生物主要是一些细菌、酵母菌和少数霉菌。

(1)乳酸菌。乳酸菌在鲜乳中普遍存在，能利用乳中的碳水化合物进行乳酸发酵，产生乳酸，其种类很多，有些同时还具有一定的分解蛋白质的能力。常见的乳酸菌有乳酸链球菌、乳脂链球菌、粪链球菌、液化链球菌、嗜热链球菌、嗜酸乳杆菌。此外，鲜乳中经常还可分离到干酪乳杆菌、乳酸杆菌、乳短杆菌等。

(2)胨化细菌。胨化细菌可使不溶解状态的蛋白质变成溶解状态。乳液由于乳酸菌产酸使蛋白质凝固或由细菌的乳凝酶作用使乳中酪蛋白凝固。而胨化细菌能产生蛋白酶，使凝固的蛋白质消化成为溶解状态。乳中常见的胨化细菌有枯草芽孢杆菌、地衣芽孢杆菌、蜡状芽孢杆菌、荧光假单胞菌、腐败假单胞菌等。

(3)脂肪分解菌。主要是一些革兰氏阴性无芽孢杆菌，如假单胞菌属和无色杆菌属等。

(4)酪酸菌。这是一类能分解碳水化合物产生酪酸、CO_2 和 H_2 的细菌。

(5)酵母菌和霉菌。鲜乳中常见的酵母有脆壁酵母、霍尔姆球拟酵母、高加索酒球拟酵母、拟圆酵母等。常见的霉菌有乳卵孢霉、乳酪卵孢霉、黑丛梗孢霉、变异丛梗孢霉、蜡叶芽枝霉、乳酪青霉、灰绿青霉、灰绿曲霉和黑曲霉等。

(6)产碱菌。这类细菌能分解乳中的有机酸、碳酸盐和其他物质，使牛乳的 pH 上升。主要是革兰氏阴性的需氧性细菌，如粪产碱杆菌、黏乳产碱杆菌。这些菌在鲜乳中生长除产碱外，还可使鲜乳变得黏稠。

(7)病原菌。鲜乳中有时会含有病原菌。患结核或布氏杆菌病的乳牛分泌的乳中会有结核杆菌或布氏杆菌，患乳腺炎的乳牛的乳中会有金黄色葡萄球菌和病原性大肠杆菌。

(二)鲜乳的腐败变质

鲜乳中含有溶菌酶等抑菌物质，使乳汁本身具有抗菌特性。但这种特性延续时间的长短，随乳汁温度高低和细菌的污染程度而不同。通常新挤出的鲜乳，迅速冷却到 0℃可保持 48 h，5℃可保持 36 h，10℃可保持 24 h，25℃可保持 6 h，30℃仅可保持 2 h。在这段时间内，鲜乳内细菌是受到抑制的。当鲜乳的自身杀菌作用消失后，将乳静置于室温下，可观察到鲜乳所特有的菌群交替现象。鲜乳中微生物的活动曲线如图 7-2 所示。在 0～1℃的环境中，鲜乳的腐败过程可分为以下几个阶段。

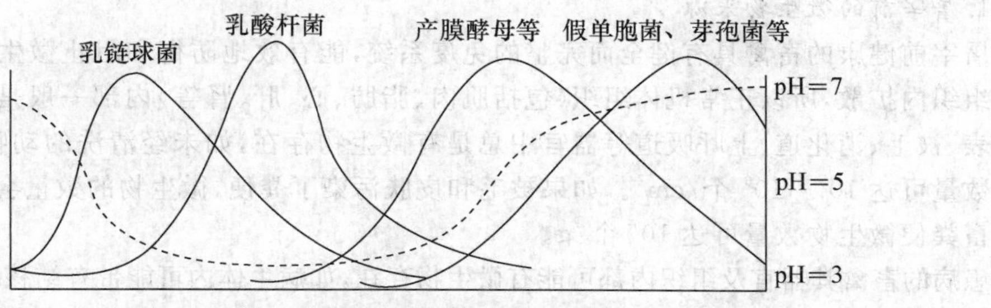

图 7-2　鲜乳中微生物的活动曲线(杨玉红，2014)

1. 抑制期

在新鲜的乳液中含有溶菌酶、乳素等抗菌物质，对鲜乳中存在的微生物具有杀灭或抑制作用。在杀菌作用终止后，鲜乳中各种细菌均发育繁殖，由于营养物质丰富，暂时不发生拮抗现象。这个时期持续 12 h 左右。

2. 乳酸链球菌期

鲜乳中的抗菌物质减少或消失后，存在于鲜乳中的微生物，如乳链球菌、乳酸杆菌、大肠杆菌和一些蛋白质分解菌等迅速繁殖，其中以乳链球菌生长繁殖居优势，分解乳糖产生乳酸，使乳中的酸性物质含量不断增高。由于酸度的增高，抑制了腐败菌、产碱菌的生长。以后随着产酸增多，乳链球菌本身的生长也受到抑制，数量开始减少。

3. 乳酸杆菌期

当乳链球菌在乳液中繁殖，乳液的 pH 下降至 4.5 以下时，由于乳酸杆菌耐酸力较强，尚能继续繁殖并产酸。在此时期，鲜乳中可出现大量乳凝块，并有大量乳清析出。这个时期约持续 2 d。

4. 真菌期

当酸度继续下降至 pH 为 3.0～3.5 时，绝大多数的细菌生长受到抑制或死亡。霉菌和酵母菌尚能适应高酸环境，并利用乳酸作为营养来源而开始大量生长繁殖。由于酸被利用，乳液的 pH 回升，逐渐接近中性。

5. 腐败期(胨化期)

经过以上几个阶段，鲜乳中的乳糖已基本上消耗完，而蛋白质和脂肪含量相对较高，因此，此时能分解蛋白质和脂肪的细菌开始活跃，凝乳块逐渐被消化，乳的 pH 不断上升，向碱性转化，同时并伴随有芽孢杆菌属、假单胞菌属、变形杆菌属等腐败细菌的生长繁殖，于是鲜奶出现腐败臭味。

鲜乳的腐败变质还会出现产气、发黏和变色的现象。气体主要是由细菌及少数酵母菌产生，主要有大肠杆菌群，其次有梭状芽孢杆菌属、芽孢杆菌属、异型发酵的乳酸菌类、丙酸细菌及酵母菌。这些微生物分解乳中的糖类产酸并产 CO_2 和 H_2。发黏现象是具有荚膜的细菌生长造成的，主要是产碱杆菌属、肠杆菌属和乳酸菌中的某些种。变色主要是由假单胞菌属、黄色杆菌属和酵母菌等的一些种造成的。

三、肉类的腐败变质

(一)肉类中微生物的来源

1. 屠宰前的微生物来源

屠宰前健康的畜禽具有健全而完整的免疫系统，能有效地防御和阻止微生物的侵入和在肌肉组织内扩散，所以正常机体组织(包括肌肉、脂肪、心、肝、肾等)内部一般是无菌的。而畜禽体表、被毛、消化道、上呼吸道等器官中总是有微生物存在，如未经清洗的动物被毛、皮肤微生物数量可达 10^5～10^6 个/cm^2。如果被毛和皮肤污染了粪便，微生物的数量会更多。刚排出的家畜粪便微生物数量可达 10^7 个/g。

患病的畜禽其器官及组织内部可能有微生物存在，如病牛体内可能带有结核杆菌、口蹄疫病毒等。这些微生物能够冲破机体的防御系统，扩散至机体的其他部位，此多为致病菌。动物皮肤发生刺伤、咬伤或化脓感染时，淋巴结中会有细菌存在。其中一部分细菌会被机体的防御系统吞噬或消除掉，而另一部分细菌可能存留下来导致机体病变。畜禽感染病原菌后，有的呈现临床症状，但也有相当一部分为无症状带菌者，这部分畜禽在运输和圈养过程中，由于拥挤、疲劳、饥饿、惊恐等刺激，机体免疫力下降而呈现临床症状，并向外界扩散病原菌，造成畜禽相互感染。

2. 屠宰后的微生物来源

畜禽宰杀后即丧失了先天的防御机能，微生物侵入组织后迅速繁殖。屠宰过程中卫生管理不当将造成微生物广泛污染的机会。最初污染微生物是在使用非灭菌的刀具放血时，将微生物引入血液中，随着血液短暂的微弱循环而扩散至胴体部位。在屠宰、分割、加工、贮存和销售过程中的每一个环节，微生物的污染都可能发生。

肉类一旦被微生物污染，其生长繁殖是很难完全抑制的。因此，限制微生物污染的最好方法是在严格的卫生管理条件下进行屠宰、加工和运输，这也是获得高品质肉类及其制品的重要措施。对于已遭受微生物污染的胴体，抑制微生物生长的最有效方法则是进行迅速冷却和及时冷藏。

(二)肉类中微生物的种类

肉类中常见的微生物有细菌、霉菌和酵母，其种类很多。它们都有较强的分解蛋白质的能力，其中大部分为腐败微生物，如假单胞菌属、产碱菌属、微球菌属、变形杆菌属、黄杆菌属、梭状芽孢杆菌属、芽孢杆菌属、埃希菌属、乳杆菌属、链球菌属、明串珠菌属、球拟酵母属、丝孢酵母属、红酵母属、毛霉属、青霉属、枝霉属、分枝孢属等。有时还可能有病原微生物，它们可引起人或动物的疾病。

(三)鲜肉的腐败变质

在适宜条件下，污染鲜肉的微生物可迅速生长繁殖，引起鲜肉腐败变质。细菌吸附到鲜肉表面的过程可分为两个阶段：第一个阶段为可逆吸附阶段，即细菌与鲜肉表面微弱结合，用水洗可将其除掉；第二个阶段为不可逆吸附阶段，即细菌紧密地吸附在鲜肉表面，而不能被水洗掉，吸附的细菌数量随时间的延长而增加。试验表明，不能分解蛋白质的细菌难以向肌肉内部侵入和扩散，而能分解蛋白质的细菌可向肌肉内部侵入并扩散。

1. 有氧条件下的腐败

在有氧条件下，需氧菌和兼性厌氧菌引起肉类腐败的表现为：

(1)表面发黏。肉体表面有黏液状物质产生，这是由于微生物在肉表面生长繁殖形成菌苔以及产生黏液的结果。发黏的肉块切开时会出现拉丝现象，并有臭味产生。其表面含菌数一般为 10^7 个/cm^2。

(2)变色。微生物污染肉后，分解含硫氨基酸产生 H_2S，H_2S 与肌肉组织中的血红蛋白反应形成绿色的硫化氢血红蛋白，这类化合物积累于肉的表面时，形成暗绿色的斑点。还有许多微生物可产生各种色素，使肉表面呈现多种色斑，例如黏质赛氏杆菌产生红色斑，深蓝色假单胞菌产生蓝色斑，黄色杆菌产生黄色斑，某些酵母菌产生白色、粉红色斑和灰色斑，一些霉菌可形成白色、黑色、绿色霉斑。

(3)产生异味。脂肪酸败可产生酸败气味，主要由无色菌属或酵母菌引起，乳酸菌和酵母菌发酵时产生挥发性有机酸也带有酸味，放线菌产生泥土味，霉菌能使肉产生霉味，蛋白质腐败产生恶臭味。

2. 无氧条件下的腐败

在室温条件下，一些不需要严格厌氧条件的梭状芽孢杆菌首先在肉上生长繁殖，随后其他一些严格厌氧的梭状芽孢杆菌，如双酶梭状芽孢杆菌、生孢梭状芽孢杆菌、溶组织梭状芽孢杆菌等开始生长繁殖,分解蛋白质并产生恶臭味。牛、猪、羊的臀部肌肉很容易出现深部变质现象,有时鲜肉表面正常,切开时有酸臭味,股骨周围的肌肉为褐色,骨膜下有黏液出现,这种变质称为骨腐败。

塑料袋真空包装并贮于低温条件时可延长肉类的保存期,此时如塑料袋透气性很差,袋内氧气不足,将会抑制需氧菌的生长,而以乳杆菌和其他厌氧菌生长为主。

在厌氧条件下,兼性厌氧菌和专性厌氧菌的生长繁殖引起肉类腐败变质的表现为:

(1)产生异味。由于梭状芽孢杆菌、大肠杆菌以及乳酸菌等作用,产生甲酸、乙酸、丙酸、丁酸、乳酸和脂肪酸而形成酸味,蛋白质被微生物分解,产生硫化氢、硫醇、吲哚、粪臭素、氨和胺类等异味化合物而呈现异臭味,同时还可产生毒素。

(2)腐烂。腐烂主要是由梭状芽孢杆菌属中的某些种引起的,如假单胞菌属、产碱杆菌属。鲜肉在搅拌过程中微生物可均匀地分布到碎肉中,所以绞碎的肉比整块肉的含菌数量高得多。

四、禽蛋的腐败变质

鲜禽蛋是营养成分理想而完全的食品,其蛋白质和脂肪含量较高,含有少量的糖、维生素和矿物质。禽蛋中虽有抵抗微生物侵入和生长的因素,但还是容易被微生物所污染并发生腐败变质。禽蛋中的微生物以能分解利用蛋白质的为主要类群,并最终以蛋白质腐败为禽蛋变质的基本特征,有时还出现脂肪酸败和糖类发酵现象。

(一)禽蛋中微生物的来源

通常新产下的禽蛋里是没有微生物的,新蛋壳表面又有一层黏液胶质层,具有防止水分蒸发,阻止外界微生物侵入的作用。此外,在蛋壳膜和蛋白中,存在一定的溶菌酶,也可以杀灭侵入壳内的微生物,故正常情况下禽蛋可保存较长的时间而不发生变质。然而禽蛋也会受到微生物的污染,当母禽不健康时,机体防御机能减弱,外界的细菌可侵入到输卵管,甚至卵巢,在形成蛋黄时,鸡白痢沙门氏菌、鸡伤寒沙门氏菌等病原菌可混入其中。而蛋产下后,蛋壳立即受到禽类、巢内铺垫物、空气的污染,还会在收购、运输和不适当的贮藏过程中被环境中的微生物污染。如果胶质层被破坏,微生物就会透过气孔进入蛋内,当保存的温度和湿度过高时,侵入的微生物就会大量生长繁殖,结果造成蛋的腐败。

(二)禽蛋腐败变质的主要微生物

引起禽蛋腐败变质的微生物主要是细菌和霉菌,酵母菌则较少见。

其中引起禽蛋腐败变质的非病原微生物主要有枯草芽孢杆菌、变形杆菌、大肠杆菌、产碱粪杆菌、荧光杆菌、绿脓杆菌和某些球菌等细菌,芽枝霉、分枝孢霉、毛霉、枝霉、葡萄孢霉、交链孢霉和青霉菌等霉菌。

引起禽蛋变质的病原菌中沙门氏菌最多见,因为禽类最易感染沙门氏菌,细菌进入卵巢,使禽蛋内污染了沙门氏菌;金黄色葡萄球菌和变形杆菌等与食物中毒有关的病原菌也有较高的检出率。

(三)禽蛋的腐败变质

禽蛋变质的主要类型包括由细菌引起的腐败和由霉菌引起的霉变。

1.腐败

侵入到蛋中的细菌不断生长繁殖,并形成各种适应酶,然后分解蛋内的各组成成分。先将蛋白带分解断裂，使蛋黄不能固定而发生移位。其后蛋黄膜被分解，蛋黄散乱，与蛋白逐渐混在一起，这种蛋称为散黄蛋，是变质的初期现象。散黄蛋（核蛋白、卵磷脂和白蛋白）进一步被细菌分解，产生有恶臭气味的硫化氢和其他有机物，整个内容物变为灰色或暗黑色，称黑腐蛋（光照射时不透光线），同时蛋液可呈现不同的颜色。绿色腐败蛋和散黄蛋主要由荧光假单胞菌引起；红色腐败蛋由黏质沙雷菌、假单胞菌、玫瑰色微球菌等引起；无色腐败蛋主要由假单胞菌、产碱杆菌、无色杆菌引起；黑腐蛋由产碱杆菌、变形杆菌、假单胞菌、埃希菌和气单胞菌等引起，其中产碱杆菌和变形杆菌使禽蛋变质的速度较快而且常见。有时蛋液变质不产生硫化氢等恶臭气味而产生酸臭味，蛋液变稠，呈浆状或有凝块出现，这是微生物分解糖或脂肪而形成的酸败现象，称为酸败蛋。

2. 霉变

霉菌引起的腐败易发生于高温潮湿的环境。菌丝由蛋壳气孔侵入后，首先在蛋壳膜上生长蔓延，靠近气室部分因有较多氧气，繁殖最快，使菌丝充满整个气室，形成大小不同的深色斑点菌落，造成蛋液黏壳，称为黏壳蛋。以后可逐渐蔓延扩散，蛋内成分分解，并有不愉快的霉变气味产生，蛋液产生各种颜色的霉斑。不同霉菌产生的霉斑点不同，如青霉产生蓝绿斑，枝孢霉产生黑斑。禽蛋在低温贮藏条件下，有时也会出现腐败变质现象，这是因为某些嗜冷菌，如假单胞菌、枝孢霉、青霉等在低温下仍能生长繁殖。细菌、霉菌引起禽蛋变质的具体情况见表 7-11。

表 7-11　细菌、霉菌引起的禽蛋变质情况

变质类型	原因菌	变质的表现
绿色变质	荧光假单胞菌	初期蛋白明显变绿，不久蛋白膜破裂与蛋黄相混，形成黄绿色混浊蛋液，无臭味、可产生荧光
无色变质	假单胞菌属、无色杆菌属、大肠菌群	蛋黄常破裂或呈白色花纹状，通过光线易观察识别
黑色变质	变形杆菌属、假单胞菌属	蛋发暗不透明、蛋黄黑化，破裂时全蛋呈暗褐色，有臭味和 H_2S 产生，在高温下易发生
红色变质	假单胞菌属、沙门细菌	较少发生，有时在绿色变质后期出现，蛋黄上有红色或粉红色沉淀，蛋白也呈红色，无臭味
点状霉斑	芽枝霉属（黑色）、枝孢霉属（粉红色）	蛋壳表面或内侧有小而密的霉菌菌落，在高温时易发生
表面变质	毛霉属、枝霉属、交链孢霉属、葡萄孢霉属	霉菌在蛋壳表面呈羽毛状
内部变质	分枝霉属、芽枝霉属	霉菌通过蛋壳上的微孔或裂纹侵入蛋内生长，使蛋白凝结、变色、有霉臭，菌丝可使卵黄膜破裂

注：引自周桃英，《食品微生物》，2009。

实验 7-4　罐头食品中平酸菌的检测

任务准备

1. 器材与设备

高压蒸汽灭菌锅、显微镜、电炉。

2. 材料与试剂

三角瓶、样品罐头、蛋白胨、葡萄糖、酵母浸膏、牛肉膏、淀粉、黄豆浸出液、0.4%溴甲酚紫、琼脂、胰蛋白胨、磷酸氢二钾、硫酸镁、枸橼酸钠、0.2%溴麝香草酚蓝酒精溶液、硝酸钾、硫酸锰、pH 试纸、试管、培养皿、搪瓷缸、不锈钢锅或烧杯、石棉网、玻璃棒。

任务实施

一、安排学生课前预习

学生通过查阅资料和复习已经学习过的知识等完成预习报告。预习报告内容包括:(1)实验目的。(2)实验原理。(3)注意事项。(4)罐藏食品腐败变质的外观类型。(5)思考:造成罐头食品腐败变质的平酸菌有哪些?

二、检查学生预习情况

检查学生对罐头食品中平酸菌检测的方法是否掌握。分小组讨论,总结怎样控制罐藏食品中的平酸菌,用集体的智慧确定实验步骤。

三、知识储备

1. 实验原理

平酸菌是一类能使某些罐头酸败且能形成芽孢的厌氧菌。它们发酵碳水化合物的特点是能产生使食品变酸的低碳脂肪酸,但是不产生气体,也不足以改变罐头两端平面的形状,这类罐头食品的酸败被称为平盖酸败。罐头内容物由于微生物的生长繁殖而变质,呈现混浊和不同的酸味,pH 下降,但外观仍与正常罐头一样,不出现膨胀现象。导致罐头平酸腐败的微生物习惯上称之为平酸菌。常见的平酸菌有:嗜热脂肪芽孢杆菌,是一种专性嗜热菌;凝结芽孢杆菌,是一种兼性嗜热菌,其耐酸性强,是肉类、蔬菜罐头(番茄汁、番茄酱罐头等)、炼乳、奶油等腐败变质的常见菌。发生平酸腐败的罐头,外观正常、不膨胀,其内容物却在平酸菌作用下呈现轻重不同的酸败状态,pH 可降低 0.3~0.5。

2. 注意事项

样品必须保管好,在采取样品和检验程序开始之间,样品不要在嗜热菌生长温度范围内存放很长时间,应在不超过约 43℃的地方贮存。随机采取库存罐头食品样品,如酸败局限于货架上外层或外层的产品,则表明是局部受热的缘故,应注意通风散热。如发现酸败局限于货架上的内部箱,则表示生产中冷却不充分,产品继续处于嗜热菌生长温度范围内。

四、学生操作

1. 培养基制备

(1)3 号葡萄糖肉汤培养基。加入蛋白胨 5 g、葡萄糖 5 g、酵母浸膏 1 g、牛肉膏 5 g、可溶性淀粉 1 g、黄豆浸出液 50 mL、水 1 000 mL、0.4%溴甲酚紫 4 mL,调节 pH 为 7.0~7.2,115℃ 高压灭菌 15 min。

(2)3 号培养基琼脂。加入 3 号葡萄糖肉汤 1 000 mL、琼脂 18~20 g,调节 pH 为 7.2~

7.4,121℃高压灭菌 15 min。

(3)酸性胰胨琼脂。加入胰蛋白胨 5 g、酵母膏 5 g、葡萄糖 5 g、K_2HPO_4 4 g、水 1 000 mL、琼脂 18～22 g,调节 pH 为 5.0,121℃高压灭菌 15 min。

(4)7%NaCl 肉汤。加入蛋白胨 5 g、牛肉膏 3 g、NaCl 70 g、水 1 000 mL,调节 pH 为 7.0,121℃高压灭菌 15 min。

(5)芽孢培养基。加入牛肉膏 10 g、蛋白胨 10 g、NaCl 5 g、K_2HPO_4 3 g($K_2HPO_4 \cdot 3H_2O$ 3.9 g)、$MnSO_4$ 0.03 g、琼脂 25 g,调节 pH 为 7.2 ,121℃高压灭菌 15 min。

(6)V-P 培养基。蛋白胨 5 g、葡萄糖 5 g、K_2HPO_4 5 g、水 1 000 mL、调节 pH 为 7.2,121℃高压灭菌 15 min。

(7)西蒙氏枸橼酸盐琼脂(柠檬酸盐)。加入 NaCl 5 g、$MgSO_4$ 0.2 g、$NH_4H_2PO_4$ 1 g、K_2HPO_4 1 g、枸橼酸钠 5 g、琼脂 20 g、水 1 000 mL、0.2%溴麝香草酚蓝酒精溶液 40 mL,调节 pH 为 6.8,121℃高压灭菌 15 min。

(8)童汉氏蛋白胨水。加入蛋白胨 10 g、NaCl 5 g、水 1 000 mL,调节 pH 为 7.4,121℃高压灭菌 15 min。

(9)硝酸盐肉汤。加入牛肉膏 3 g、蛋白胨 5 g、硝酸钾 1 g、水 1 000 mL,调节 pH 为 7.0,121℃高压灭菌 20 min(15 min)。

2.样品的制备

罐头样品预先经 55℃保温 1 周,然后按正常方法进行开罐,吸取内容物液体 1 mL,如为固体内容物则取 1 g,以无菌操作接种于 3 号培养基斜面试管中,每罐接种 2 支。

3.增菌培养

将接种的上述试管于 55℃培养 48 h,然后观察,如发现指示剂由紫变黄即判断为阳性,同时进行涂片,镜检是否为芽孢杆菌(有时不易检出芽孢),如呈阴性则需继续培养 48 h。

4.分离纯培养

将阳性试管划线接种于 3 号琼脂培养基上,于 55℃培养 48 h 后检查有无可疑菌落(菌落黄色,周围有黄色环,中心色深不透明)。如有可疑菌落则分别接种于普通琼脂斜面和芽孢培养斜面上,55℃培养 24 h,涂片镜检芽孢的形态及位置,并同时以普通琼脂斜面培养物进行生化试验。

5.鉴别

菌体形态:为革兰氏阳性芽孢杆菌。

生化反应:取以上斜面培养物按表 7-12 中的项目进行鉴别。

表 7-12　平酸菌生化反应鉴别

项目 菌别	60℃培养	硝酸盐	葡萄糖	靛基质	V-P 反应	7%NaCl 肉汤	柠檬酸盐	酸性胰胨
嗜热脂肪芽孢杆菌	生长	d+	+	−	−	−	−	不生长
凝结芽孢杆菌	不定	d−	−	−	+	−	b	生长

注:+为产酸或阳性,−为阴性,d+表示 50%～85%的阳性,d−表示 15%～49%的阳性,b 表示 25%～49%阳性,45～55℃培养 3 d 无反应即报告为阴性。

6. 实验完毕后的工作

实验器具清洗归位,整理试验台面。

五、数据记录及处理

根据形态特征以及生化反应试验,判别检样中有没有嗜热脂肪芽孢杆菌和凝结芽孢杆菌。

拓展知识

食品腐败变质的危害

食品腐败变质的原因很复杂,腐败变质的产物对人体的危害也是多方面的。

(1)感官性状变化产生腐败气味。食品在腐败过程中发生复杂变化,分解出许多有气味物质,例如蛋白质分解产物有胺类、硫化氢、硫醇、吲哚、粪臭素等,都是有刺激性气味的物质,使人嗅后厌恶。脂肪酸败产生醛、酮类等,并进一步分解出现特殊的酸败味。此外,食品外形的组织溃烂、黏液污秽物等严重影响食品的感官卫生质量。

(2)降低或丧失使用价值。食品腐败变质使食品中的主要成分蛋白质、脂肪、碳水化合物分解,维生素、无机盐等营养素也受到大量的分解破坏和流失,使其营养价值严重降低,甚至达到不能食用的程度。

(3)腐败变质产物对人体的危害。腐败变质食品由于微生物污染严重,增加了致病菌和产毒菌存在的机会,并可使一些致病力弱的细菌得以大量生长繁殖,以导致人食用后而引起食源性疾病。某些腐败食品中的组胺可引起变态反应,霉变甘蔗可引起急性中毒,长期食用含有黄曲霉毒素、青霉毒素的食物,往往可造成慢性损害。

任务五　腐败微生物防治及食品保藏技术

任务目标

了解食品防腐保鲜的原理,掌握常见的防腐、保藏技术方法。能够对牛奶进行巴氏灭菌。

相关知识

食品防腐保藏是食品从生产到消费过程中的重要环节,它是采用各种物理、化学和生物学方法,使食品在尽可能长的时间内保持营养价值、色、香、良好的感官性状。食品如果保藏不当就会腐败变质,就会造成损失,还会危及消费者的健康和生命安全。另外也是调节不同地区、不同季节以及各种环境条件下都能吃到营养可口的食物的重要手段和措施。

引起食品污染和腐败变质的有物理、化学和生物因素。其中生物因素中由微生物引起的食品腐败是最主要的。而我们人类需要的食品都具有丰富的营养物质,在一定条件下即会成为微生物良好的培养基,当条件适宜时被微生物分解利用,导致食品腐败变质,使食品失去原有的色、香、味和良好的组织状态。如果食品被病原菌污染,在其中繁殖并产生毒素,则会造成对人类健康的危害。因此,食品防腐保藏的原理就是围绕防止微生物污染、延缓微生物的分解作用、抑制食品中微生物的生长繁殖而进行的。随着科学技术的进步,人类在长期实践中创造了许多传统和现代保藏方法，在实际应用中要采取综合性技术措施，预防微生物污染食品，减少和杀死食品中的微生物，控制食品中残留微生物的生长，延长食品的保质期。

一、食品防腐保藏技术

(一)食品的低温抑菌保藏

食品在低温下，本身酶活性及化学反应得到延缓，食品中残存微生物生长繁殖速度大大降低或完全被抑制，因此食品的低温保藏可以防止或减缓食品的变质，在一定的期限内，可较好地保持食品的品质。

目前在食品制造、贮藏和运输系统中，都普遍采用人工制冷的方式来保持食品的质量。使食品原料或制品从生产到消费的全过程中，始终保持低温，这种保持低温的方式或工具称为冷链。其中包括制冷系统、冷却或冷冻系统、冷库、冷藏车船以及冷冻销售系统等。

另外，冷却和冷冻不仅可以延长食品货架期，也能和某些食品的制造过程结合起来，达到改变食品性能和功能的目的。例如冷饮、冰激凌制品、冻结浓缩、冻结干燥、冻结粉碎等，都已普遍得到应用。近年来，在中国方便食品体系中，冷冻方便食品也日渐普及。

低温保藏一般可分为冷藏和冷冻两种方式。前者无冻结过程，新鲜果蔬类和短期贮藏的食品常用此法。后者要将保藏物降温到冰点以下，使水部分或全部呈冻结状态，动物性食品常用此法。

1. 冷藏

一般的冷藏是指在不冻结状态下的低温贮藏。病原菌和腐败菌大多为中温菌，其最适生长温度为20～40℃，在10℃以下大多数微生物便难于生长繁殖；－10℃以下仅有少数嗜冷性微生物还能活动；－18℃以下几乎所有的微生物不再发育。因此，低温保藏只有在－18℃以下才是较为安全的。低温下食品内原有的酶的活性大大降低，大多数酶的适宜活动温度为30～40℃，温度维持在10℃以下，酶的活性将受到很大程度的抑制，因此冷藏可延缓食品的变质。冷藏的温度一般设定在－1～10℃范围内，冷藏也只能是食品储藏的短期行为(一般为数天或数周)。

另外，在最低生长温度时，微生物生长非常缓慢，但它们仍在进行生命活动。如霉菌中的侧孢霉属、枝孢霉属在－6.7℃还能生长；青霉属和丛梗孢霉属的最低生长温度为4℃；细菌中假单胞菌属、无色杆菌属、产碱杆菌属、微球菌属等在－4～7.5℃下生长；酵母菌中，一种红色酵母在－34℃冰冻温度下仍能缓慢发育。

对于动物性食品，冷藏温度越低越好，但对新鲜的蔬菜水果来讲，如温度过低，则将引起果蔬的生理机能障碍而受到冷害(冻伤)。因此应按其特性采用适当的低温，并且还应结合环境的湿度和空气成分进行调节。水果、蔬菜收获后，仍保持着呼吸作用等生命活动，不断地产生热量，并伴随着水分的蒸发散失，从而引起新鲜度的降低，因此在不至于造成细胞冷害的范围内，也应尽可能降低其储藏温度。湿度高虽可抑制水分的散失，但高湿度也容易引起微生物的繁殖，故湿度一般保持在85％～95％为宜。还应说明的是食品的具体贮存期限还与食品的卫生状况、果蔬的种类和受损程度以及保存的温度、湿度、气体成分等因素有关，不可一概而论。

2. 冷冻保藏

将食品保藏在其冰点以下即称冷冻保藏。一般冷冻保藏温度为－18℃，在这样的低温下，微生物不能活动。同时水分活度随温度降低而降低，纯水在－20℃时 A_w 仅0.8，低于细菌生

长的最低 A_w 值。在温度降至低于食品冰点时，细菌细胞外基质中的水先结成冰，使胞外水相中溶质浓度增大。当其高于细胞内溶质浓度时，因渗透压的作用，细胞内的水便会部分转到胞外，从而使细胞失水。细胞失水程度与冷冻速度有关，冷冻速度越慢，则胞外水相处于冰点而胞内水相未达冰点的时间就越长，细胞失水就越严重。且在冷冻速度慢时，细胞内形成的冰晶少而大，易使细胞破坏、菌体死亡，但由于在缓慢冷冻过程中，新鲜食品的组织细胞也会遭受破坏，致使解冻后的食品不仅质地差，而且因汁液流失营养价值受损。所以食品冷藏都尽量采用快速冷冻。

冻结时冰晶的大小与通过最大冰晶生成带的时间有关。肉、鱼等食品通常以－5～－1℃为其最大冰晶生成带。冻结速度越快，形成的晶核多，冰晶小且均匀分布于细胞内，不至于损伤细胞组织，解冻后复原情况也较好。因此快速冻结有利于保持食品（尤其是生鲜食品）的品质。

所谓快速冻结即速冻，不同的书籍中其说法不一，并无严格的定义。通常指的是食品在 30 min 内冻结到所设定的温度（－20℃）；或以 30 min 左右通过最大冰晶生成带（－5～－1℃）为准。

细菌的芽孢对冷冻及冻藏的抗性最强，冷冻保藏后约有 90％的芽孢仍可存活。真菌的孢子也有较强的抗冻力，干燥的黄曲霉分生孢子经速冻和解冻后存活率可达 75％。一般酵母菌和 G^+ 细菌的抗冻力较强，而 G^- 细菌的抗冻力较弱。

冷冻时的介质成分对微生物的存活率也有很大影响。如在 0.85％NaCl 中冷冻则细胞的存活率显著下降。而葡萄糖、牛奶、脂肪等物质存在时对细胞有保护作用。

(二)加热灭菌保藏

微生物具有一定的耐热性。细菌的营养细胞及酵母菌的耐热性因菌种不同而有较大的差异。一般病原菌（梭状芽孢杆菌属除外）的耐热性差，通过低温灭菌（例如 63℃灭菌 30 min）就可以将其杀死。细菌的芽孢一般具有较高的耐热性，食品中肉毒梭状芽孢杆菌是非酸性罐头的主要杀菌目标，该菌孢子的耐热性较强，必须特别注意。一般霉菌及其孢子在有水分的状态下，加热至 60℃，保持 5～10 min 即可被杀死，但在干燥状态下，其孢子的耐热性非常强。

然而，许多因素影响微生物的加热杀菌效果。首先食品中的微生物密度（原始带菌量）与抗热力有明显关系。带菌量越多，则抗热力越强。因为菌体细胞能分泌对菌体有保护作用的蛋白质类物质，故菌体细胞增多，这种保护性物质的量也就增加。其次，微生物的抗热性随水分的减少而增大，即使是同一种微生物，它们在干热环境中的抗热性最大。

基质中的脂肪、蛋白质、糖及其他胶体物质，对细菌、酵母菌、霉菌及其孢子起着显著的保护作用。这可能是细胞质的部分脱水作用，阻止蛋白质凝固的缘故。因此对高脂肪及高蛋白食品的加热杀菌需加以注意。多数香辛料，如芥子、丁香、洋葱、胡椒、蒜、香精等，对微生物孢子的耐热性有显著的降低作用。

食品的腐败常常是由于微生物和酶所致。食品通过加热杀菌和使酶失活，可久贮不坏，但必须不重复染菌，因此要在装罐装瓶密封以后灭菌，或者灭菌后在无菌条件下充填装罐。食品加热杀菌的方法很多，主要有巴氏灭菌法、高温灭菌法、超高温瞬时杀菌、微波杀菌、远红外线加热杀菌等。

1.食品巴氏灭菌法

一些食品当采用高温灭菌时会使其营养和色、香、味受到影响，所以，可采用巴氏灭菌法，即采用较低的温度处理，以达到灭菌或防腐、延长保存期的目的。一般为62～65℃、30 min或75～90℃、15～16 s，以杀死食品中致腐微生物的营养体。本方法多用于牛奶、果汁、啤酒、酱油、食醋等的杀菌。所用设备有间歇式水煮立式杀菌锅、长方形水槽、连续式水煮设备、喷淋式连续杀菌设备。

2.食品高温灭菌法

高温灭菌指灭菌温度在100～121℃（绝对压力为0.2 MPa）范围内的灭菌，又可分为常压灭菌法、加压蒸汽灭菌法。其中加压蒸汽灭菌在生产上最为常用，它是利用加压蒸汽使温度增高以提高杀菌力，可杀死细菌的芽孢，缩短灭菌时间，主要用于低酸性和中酸性罐藏食品的灭菌。所用设备有两类：一类是静止、卧式或立式高压杀菌锅，另一类是搅拌高压杀菌锅。在罐头行业中，常用D值和F值来表示杀菌温度和时间。

D(DRT)值是指在一定温度下，细菌死亡90%（即活菌数减少一个对数周期）所需要的时间(min)。121.1℃的D(DRT)值常写作D_r。例如嗜热脂肪芽孢杆菌的D_r为4.0～4.5 min；A型、B型肉毒梭状芽孢杆菌的D_r为0.1～0.2 min。

F值是指在一定基质中，在121.1℃下加热杀死一定数量的微生物所需要的时间(min)。在罐头特别是肉罐头中常用。由于罐头种类、包装规格大小及配方的不同，F值也就不同，故生产上每种罐头都要预先进行F值测定。

对于液体和固体混合的罐装食品，可以采用旋转式或摇动式杀菌装置。玻璃瓶罐虽然也能耐高温，但是不太适宜于压力大的高温杀菌，必须用热水浸泡蒸煮。复合薄膜包装的软罐头通常采用高压水煮杀菌。

3.超高温瞬时灭菌

超高温瞬时灭菌是指通过130～150℃加热数秒进行的灭菌。适合于液态食品的灭菌，如牛乳先经75～85℃预热4～5 min，接着通过130～150℃的高温数秒。在预热过程中，可使大部分细菌被杀死，其后的超高温瞬时加热主要是杀死耐热性强的芽孢菌。所用设备有片式和套管式热交换器，还有蒸汽喷射型加热器。

牛乳在高温下保持较长时间，则易发生一些不良的化学反应。如蛋白质和乳糖发生美拉德反应，使乳产生褐变现象；蛋白质分解而产生H_2S的不良气味；糖类焦糖化而产生异味；乳清蛋白质变性、沉淀等。若采用超高温瞬时杀菌既能方便工艺条件、满足灭菌要求，又能减少对牛乳品质的损害。

4.微波杀菌

微波（超高频）一般是指频率在300～30 000 MHz的电磁波。目前，915 MHz和2 450 MHz两个频率已广泛地应用于微波加热。915 MHz可以获得较大穿透厚度，适用于加热含水量高、厚度或体积较大的食品；对含水量低的食品宜选用2 450 MHz。

微波杀菌的机理是基于热效应和非热生化效应两部分。

(1)热效应。微波作用于食品，食品表里同时吸收微波能，温度升高。污染的微生物细胞在微波场的作用下，其分子被极化并作高频振荡，产生热效应，温度的快速升高使其蛋白质结构发生变化，从而使菌体死亡。

(2)非热生化效应。微波使微生物在生命化学过程中产生大量的电子、离子，使微生物生理活性物质发生变化；电场也使细胞膜附近的电荷分布改变，导致膜功能障碍，使微生物细胞的生长受到抑制，甚至停止生长或死亡。另外，微波还可以导致细胞DNA和RNA分子结构中的氢键松弛、断裂和重新组合，诱发基因突变。

微波杀菌保藏食品是近年来在国际上发展起来的一项新技术，具有快速、节能、对食品的品质影响很小的特点。因此，能保留更多的活性物质和营养成分，适用于人参、香菇、猴头菌、花粉、天麻以及其他中药、中成药的干燥和灭菌。微波杀菌还可应用于肉及其制品、禽及其制品、奶及其制品、水产品、水果、蔬菜、罐头、谷物、布丁和面包等一系列产品的杀菌、灭酶保鲜和消毒，延长货架期。此外，微波杀菌应用于食品的烹调，冻鱼、冻肉的解冻，食品的脱水干燥、漂烫、焙烤以及食品的膨化等领域。

目前，国外已出现微波牛奶消毒器，采用高温瞬时杀菌技术，在 2 450 MHz 的频率下，升至 200℃，维持 0.13 s，使消毒奶的细菌总数和大肠菌群的指标达到消毒奶要求，而且牛奶的稳定性也有所提高。瑞士卡洛里公司研制的面包微波杀菌装置(2 450 MHz，80 kW)，辐照 1～2 min，温度由室温升至 80℃，面包片的保鲜期由原来的 3 d 延长至 30～40 d 而无霉菌生长。

5. 远红外线加热杀菌

远红外线是指波长为 2.5～1 000 μm 的电磁波。食品的很多成分对 3～10 μm 的远红外线有强烈的吸收作用，因此食品往往选择这一波段的远红外线加热。

远红外线加热具有热辐射率高；热损失少；加热速度快，传热效率高；食品受热均匀，不会出现局部加热过度或夹生现象；食物营养成分损失少等特点。

远红外线的杀菌、灭酶效果显著。日本的山野藤吾曾将细菌、酵母菌、霉菌悬浮液装入塑料袋中，进行远红外线杀菌实验，远红外照射的功率分别为 6 kW、8 kW、10 kW、12 kW，实验结果表明，照射 10 min，能使不耐热细菌全部杀死，使耐热细菌数量降低。照射强度越大，残留活菌越少，但要达到食品保藏要求，照射功率要在 12 kW 以上或延长照射时间。

远红外线加热杀菌不需经过热媒，照射到待杀菌的物品上，加热直接由表面渗透到内部，因此远红外加热已广泛应用于食品的烘烤、干燥、解冻，以及坚果类、粉状、块状、袋装食品的杀菌和灭酶。

(三)食品的高渗透压保藏

提高食品的渗透压可防止食品腐败变质。常用的有盐腌法和糖渍法。在高渗透压溶液中，微生物细胞内的水分大量外渗，导致质壁分离，出现生理干燥。同时，随着盐浓度增高，微生物可利用的游离水减少，高浓度的 Na^+ 和 Cl^- 也可对微生物产生毒害作用，高浓度盐溶液对微生物的酶活性有破坏作用，还使氧难溶于盐水中，形成缺氧环境。因此可抑制微生物生长或使之死亡，防止食品腐败变质。

1. 盐腌保藏

食品经盐腌保藏不仅能抑制微生物的生长繁殖，并可赋予其新的风味，故兼有加工的效果。食盐的防腐作用主要在于提高渗透压，使细胞原生质浓缩发生质壁分离；降低水分活性，不利于微生物生长；减少水中溶解氧，使好氧性微生物的生长受到抑制等。

各种微生物对食盐浓度的适应性差别较大。嗜盐性微生物，如红色细菌、接合酵母属和革兰氏阳性球菌在较高浓度食盐的溶液(15%以上)中仍能生长。无色杆菌属等一般腐败性微生物约在 5%的食盐浓度、肉毒梭状芽孢杆菌等病原菌在 7%～10%食盐浓度时，生长也受到抑制。一般霉菌对食盐都有较强的耐受性，如某些青霉菌株在 25%的食盐浓度中尚能生长。

由于各种微生物对食盐浓度的适应性不同，因而食盐浓度的高低就决定了所能生长的微生物菌群。例如，肉类中食盐浓度在5%以下时，主要是细菌的繁殖；食盐浓度在5%以上，存在较多的是霉菌；食盐浓度超过20%，主要生长的微生物是酵母菌。盐腌食品常见的有咸鱼、咸肉、咸蛋、咸菜等。

2. 糖渍保藏

糖渍保藏食品是利用高浓度的糖液抑制微生物生长繁殖。由于在同一质量分数的溶液中，离子溶液较分子溶液的渗透压大。因此，蔗糖浓度必须比食盐大4倍以上，才能达到与食盐相同的抑菌作用。50%的糖液可以抑制绝大多数酵母菌和细菌生长，65%～70%的糖液可以抑制许多霉菌，70%～80%的糖液能抑制几乎所有的微生物生长。糖渍食品常见的有甜炼乳、果脯、蜜饯和果酱等。

(四)食品的化学防腐保藏

食品的化学防腐保藏具有抑制或杀死微生物的作用，可用于食品防腐保藏的化学物质称为食品防腐剂。

1. 山梨酸及其盐类

山梨酸为无色针状或片状结晶，或白色结晶粉末，具有刺激气味和酸味，对光、热稳定，易氧化，溶液加热时，山梨酸易随水蒸气挥发。山梨酸钾也是白色粉末或颗粒状，其抑菌力仅为等质量山梨酸的72%。山梨酸钠为白色绒毛状粉末，易氧化。生产中常用的是山梨酸和山梨酸钾。山梨酸钾的水溶性明显好于山梨酸，可达60%左右。山梨酸是一种不饱和脂肪酸，被人体吸收后几乎和其他脂肪酸一样参与代谢过程而降解为CO_2和H_2O或以乙酰辅酶A的形式参与其他脂肪酸的合成。因而山梨酸类作为食品防腐剂是安全的。

山梨酸类防腐剂的抑菌作用随基质pH下降而增强，其抑菌作用的强弱取决于未解离分子的多少。山梨酸类防腐剂在pH 6.0左右仍然有效，可以用于其他防腐剂无法使用的pH较低的食品中。山梨酸类防腐剂对酵母菌和霉菌有很强的抑制作用，对许多细菌也有抑制作用。其抑菌机制概括起来有对酶系统的作用、对细胞膜的作用及对芽孢萌发的抑制作用。山梨酸盐对肉毒梭菌及蜡状芽孢杆菌的芽孢萌发有抑制作用。山梨酸及其钾盐的使用范围及最大使用量：酱油、醋、果酱类0.1%，果汁、果酒类0.06%，酱菜、面酱、蜜饯、山楂糕、水果罐头类0.05%，汽水0.02%。

在发酵蔬菜中添加0.05%～0.20%的山梨酸类防腐剂，可以不影响发酵菌的生长而抑制酵母菌、霉菌及腐败性细菌。在泡菜中添加0.02%～0.05%山梨酸类防腐剂便可延缓酵母菌膜的形成。山梨酸盐由于口感温和而且基本无味，所以几乎所有的水果制品都用该防腐剂，使用量为0.02%～0.20%。在果酒中也常用山梨酸盐来防止再发酵，由于K^+与酒石酸反应可产生沉淀，故果酒中一般用其钠盐，用0.02%的山梨酸钠和0.002%～0.004%的SO_2，即可取得良好的保藏效果。加SO_2的目的一是防止乳酸菌生长使果酒产生异味，二是降低山梨酸的使用浓度。果酒中山梨酸盐的浓度不应超过0.03%，否则会影响口味。

在焙烤食品中添加0.03%～0.30%的山梨酸盐，可以抑制真菌的生长，且在较高pH时仍有效。使用时为了不干扰酵母菌的发酵，应在面团发好后加入。对于不用酵母菌发酵的焙烤食品，则应尽早加入。

在肉制品中添加适量的山梨酸盐，不仅可抑制真菌，而且还可抑制肉毒梭菌、嗜冷菌及一些病原菌，如沙门氏菌、金黄色葡萄球菌等，降低亚硝酸盐的用量。

2.丙酸

丙酸为无色透明液体,有刺激性气味,可与水混溶。其钙盐、钠盐为白色粉末,水溶性好,气味类似丙酸。丙酸及丙酸盐对人体无危害,为许多国家公认的安全食品防腐剂。丙酸的抑菌作用没有山梨酸类和苯甲酸类强,其主要对霉菌有抑制作用,对引起面包"黏丝病"的枯草芽孢杆菌也有很强的抑制作用,对其他细菌和酵母菌基本没作用。在 pH 5.8 的面团中加 0.188%或在 pH 5.6 的面团中加 0.156%的丙酸钙可防止发生"黏丝病"。丙酸类防腐剂主要用于防止面包霉变和发生"黏丝病",并可避免对酵母菌的正常发酵产生影响。

3.硝酸盐和亚硝酸盐

硝酸盐及其钠盐用于腌肉生产中,可作为发色剂,并可抑制某些腐败菌和产毒菌,还有助于形成特有的风味。其中起作用的是亚硝酸。硝酸盐在食品中可转化为亚硝酸盐。由于亚硝酸盐可在人体内转化成致癌的亚硝胺,而硝酸盐转化亚硝酸盐的量无法控制,因而有些国家已禁止在食品中使用硝酸盐,对亚硝酸盐的用量也限制得很严。

虽然亚硝酸盐对人体的危害性已得到肯定,但至今仍被用于肉制品中。主要原因是其有抑制肉毒梭菌的作用。高浓度的亚硝酸盐具有发色作用,而低浓度亚硝酸盐能使食品形成特有的风味。

亚硝酸盐在低 pH 和高浓度条件下,对金黄色葡萄球菌才有抑制作用。对肠道细菌包括沙门氏菌、乳酸菌基本无效。对肉毒梭状芽孢杆菌及其产毒的抑制作用也要在基质高压灭菌或热处理前加入才有效,否则要加入多 10 倍的亚硝酸盐才有抑制作用。亚硝酸盐对肉毒梭状芽孢杆菌及其他梭状芽孢杆菌的抑制原理可能是它与铁-硫蛋白(存在于铁氧还蛋白和氢化酶中)结合,从而阻止丙酮酸降解产生 ATP。在中国,亚硝酸盐是作为发色剂加入肉类罐头及肉类制品中,规定其用量不超过 0.015%。

4.乳菌素

乳酸链球菌素是由不同氨基酸组成的多肽,无颜色、无异味、无毒性,为乳酸链球菌的产物。水溶性随 pH 下降而升高,在 pH 2.5 的稀盐酸中溶解度为 12%。pH 5.0 时溶解度降到 4%,在中性或碱性条件下几乎不溶解,且易发生不可逆失活。在 pH 为 2.0 时具有良好的稳定性,121℃加热 30 min 仍不失活,但在 pH 4.0 以上时加热易分解,对蛋白质水解酶特别敏感,对粗凝乳酶不敏感。其抗菌谱较窄,对 G^+ 细菌(主要为产芽孢菌)有效,而对真菌和 G^- 细菌无效,G^+ 细菌中的粪链球菌是抗性最强的细菌之一。

乳酸链球菌素具有辅助热处理的作用。一般低酸罐头食品要杀灭肉毒梭菌及其他细菌的芽孢,需进行严格的热处理,若加入乳酸链球菌素则可明显缩短热处理时间,对热处理中未杀死的芽孢,乳酸链球菌素可以抑制其萌发。由于乳酸链球菌素具有上述优点,现在许多国家允许其在各种食品中使用,如罐头、果蔬、肉、鱼、乳等,一般用量为 2.5～100 mg/kg。

5.苯甲酸、苯甲酸钠和对羟基苯甲酸酯

苯甲酸和苯甲酸钠又称安息香酸和安息香酸钠,系白色结晶,苯甲酸微溶于水,易溶于酒精;苯甲酸钠易溶于水。苯甲酸对人体较安全,是国家标准中允许使用的两种有机防腐剂之一。

苯甲酸抑菌机理是它的分子能抑制微生物细胞呼吸酶系统活性,特别是对乙酰辅酶缩合反应有很强的抑制作用。在高酸性食品中杀菌效力为微碱性食品的 100 倍,苯甲酸以未被解离的分子态存在时才有防腐效果,苯甲酸对酵母菌影响大于霉菌,而对细菌效力较弱。

苯甲酸在不同食品中的用量：酱油、醋、果汁类、果酱类、罐头，最大允许用量 1.0 g/kg；葡萄酒、果子酒、琼脂软糖，最大用量 0.8 g/kg；果子汽酒，0.4 g/kg；低盐酱菜、面酱类、蜜饯类、山楂类、果味露最大用量为 0.5 g/kg（以上均以苯甲酸计，1 g 苯甲酸钠盐相当于 0.847 g 苯甲酸）。

对羟基苯甲酸酯是白色结晶状粉末，无臭味，易溶于酒精，对羟基苯甲酸酯的抑菌机理与苯甲酸相同，但防腐效果则大为提高。抗菌防腐效力受 pH（pH 4～6.5）的影响不大，偏酸性时更强些。对羟基苯甲酸酯类对细菌、霉菌、酵母菌都有广泛抑菌作用，但对 G^- 杆菌和乳酸菌的作用较弱。在食品工业中应用较广，最大使用量为 1 g/kg。对羟基苯甲酸乙酯用于酱油时用量为 0.25 g/kg；醋为 0.1 g/kg；清凉饮料为 0.1 g/kg；水果、蔬菜表面为 0.012 g/kg；果汁、果酱为 0.20 g/kg。

6. 溶菌酶

溶菌酶为白色结晶，含有 129 个氨基酸，等电点为 10.5～11.5。溶于食品级盐水，在酸性溶液中较稳定，55℃下活性无变化。

溶菌酶能溶解多种细菌的细胞壁而达到抑菌、杀菌目的，但对酵母菌和霉菌几乎无效。溶菌作用的最适 pH 为 6～7，温度为 50℃。食品中的羧基和硫酸能影响溶菌酶的活性，因此将其与其他抗菌物如乙醇、植酸、聚磷酸盐等配合使用，效果更好。目前溶菌酶已用于面食类、水产熟食品、冰激凌、色拉和鱼子酱等食品的防腐保鲜。

(五)食品的辐射保藏

对食品的辐射保藏是指利用电离辐射照射食品，延长食品保藏期的方法。

1. 食品的辐射保藏原理

电离辐射对微生物有很强的致死作用，它是通过辐射引起环境中水分子和细胞内水分子吸收辐射能量后电离产生的自由基起作用，这些游离基能与细胞中的敏感大分子反应并使之失活。此外，电离辐射还有杀虫、抑制马铃薯等发芽和延迟后熟的作用。在电离辐射中由于 γ 射线穿透力和杀菌作用都强，且较易发生，所以目前主要是利用放射性同位素产生的 γ 射线进行照射处理。

食品辐射保藏有许多优点：①照射过程中食品的温度几乎不上升，对于食品的色、香、味、营养及质地无明显影响。②射线的穿透力强，在不拆包装和不解冻的条件下，可杀灭深藏于食品（谷物、果实和肉类等）内部的害虫、寄生虫和微生物。③可处理各种不同的食品，从袋装的面粉到装箱的果蔬，从大块的烤肉、火腿到肉、鱼制成的其他食品均可应用。④照射处理食品不会留下残留，可避免污染。⑤可改进某些食品的品质和工艺质量。⑥节约能源。⑦效率高，可连续作业。

2. 影响因素

(1)照射剂量。照射剂量的大小直接影响灭菌效果。

(2)照射剂量率。照射剂量率即单位时间内照射的剂量。照射剂量相同，以高剂量率照射时照射的时间就短，以低剂量率照射时，照射时间就长。

(3)食品接受照射时的状态。在照射剂量相同的条件下，品质好的大米风味变化小，反之，风味变化大。水分含量低时，对食品的辐射效应和对微生物的杀灭作用比含水量高时要小。高含氧量能加速被照射微生物的死亡。

(4)食品中微生物的种类。病毒耐辐射能力最强，照射剂量达 10 kGy 时，仍有部分存活。

用高剂量照射才能使病毒钝化，如用 30 kGy 照射剂量方可使水溶液中的口蹄疫病毒失活，而要钝化干燥状态下的口蹄疫病毒则需要 40 kGy 的照射剂量。

芽孢和孢子对辐射的抵抗力很强，需用大剂量(10～50 kGy)照射才能杀灭。一般菌体用较低剂量(0.5～10 kGy)就可将其杀灭。酵母菌和霉菌对辐射的敏感性与非芽孢细菌相当。

(5)其他。在照射食品时与加热、速冻、红外线、微波等处理方法结合，可以降低照射剂量、保护食品、提高辐射保藏效果。

3. 食品辐射保藏的应用

(1)在粮食上的应用。用 1 kGy 照射可达到杀虫目的。使大米发霉的各种霉菌接受 2～3 kGy 照射便可被杀死。辐射还能抑制微生物在谷物上的产毒作用。

(2)在果蔬上的应用。许多果蔬都可以利用辐射保藏。杀灭霉菌所需照射剂量如果高于果蔬的耐受量时，将会使组织软化，果胶质分解而腐烂，因此照射时必须选择合适的剂量。酵母菌是果汁和其他果品发生腐败的原因菌。抑制酵母菌的照射剂量往往会造成果品风味发生改变，所以可先通过热处理，使所需的照射剂量降低来解决这一问题。

(3)在水产品上的应用。世界卫生组织、联合国粮农组织、国际原子能机构共同批准，允许使用 1～2 kGy 剂量照射鱼类，以减少微生物，延长在 3℃以下的保藏期。

(4)在肉类上的应用。屠宰后的禽肉包封后再用 2～2.5 kGy 照射剂量，能大量地消灭沙门菌和弯曲杆菌。对于囊虫、绦虫和弓浆虫用冷冻和 0.5～1 kGy 照射剂量结合的办法，能加速破坏这些寄生虫的感染力。

(5)在调味料上的应用。调味料常常被微生物和昆虫严重污染，尤其是霉菌和芽孢杆菌。因调味料的一些香味成分不耐热，不能用加热消毒的方法处理，用化学药物熏蒸，容易残留药物。用 20 kGy 照射的调味料制出的肉制品与未照射的调味料制出的肉制品无明显差别。

(六)利用干燥脱水保藏食品

干燥脱水保藏是一种传统的食品保藏方法。其原理是通过干燥脱水，使食品的 A_w 降低至一定程度，引起食品腐败和食物中毒的微生物由于得不到利用的水分而生长受到抑制，同时食品本身的酶活性也受到抑制，从而达到长期保藏的目的。

通常将含水量在 15%以下，A_w 在 0.00～0.60 之间的食品称为干燥、脱水或低水分含量食品。而将含水量在 15%～50%，A_w 在 0.60～0.85 之间的食品称为半干燥食品。半干燥食品同样具有一定的货架稳定期。例如，当 A_w<0.83 时可抑制金黄色葡萄球菌的生长和产毒，当 A_w<0.70 时还可有效防止霉菌生长和产毒。与 A_w＝0.70 相对应的谷物安全水分为<13%，花生安全水分为<8%。当 A_w 为 0.65 时，几乎所有微生物不生长，从而延长食品保藏期。食品干燥脱水的方法主要有自然干燥脱水和人工干燥脱水。

1. 自然干燥脱水

方法是在日晒、风吹或阴干的自然条件下，将新鲜食品脱水干燥。大部分干果及葡萄、李子、无花果等水果可采用此法干燥。此法在温度和相对湿度适宜的条件下，能够较好地保存食品。但此法干燥速度较慢，耗费人力，占地面积大。

2. 人工干燥脱水

方法是将新鲜食品先进行适当预处理，而后采用先进的技术和设备进行干燥。又分常压和真空干燥两大类。常压干燥有喷雾干燥、滚筒薄膜干燥、蒸发干燥、冷冻干燥、微波干燥等，真空干燥有减压蒸发干燥、冷冻真空干燥等。冷冻真空干燥特别适合于对热和氧气敏感的食品，使食品营养成分在干燥过程中避免损失或损失得较少。该法干燥速度较快，节省劳力，占地面积小，产品质量和耐贮藏性得到提高。

二、食品防腐保鲜理论

食品的防腐保鲜技术一直是食品科技工作者研究的热点之一。在食品的防腐保鲜中采用了各种各样的技术，包括物理的、化学的、生物的方法，如采用低温、高温、脱水、速冻、腌制、发酵、浓缩、添加防腐剂、辐照等。随着人们对肉类保鲜研究的深入，对于保鲜理论有了更新的认识。研究人员一致认为，没有任何一种单一的保鲜措施是完美无缺的，必须采用综合保鲜技术。目前保鲜研究的主要理论依据是栅栏因子理论，栅栏因子理论是德国学者 Leistner 博士提出的一套系统科学地控制食品保质期的理论。该理论认为，食品要达到可贮性与卫生安全性，其内部必须存在能够阻止食品所含腐败菌和病原菌生长繁殖的因子，这些因子通过临时和永久性地打破微生物的内平衡（微生物处于正常状态下内部环境的稳定和统一），而抑制微生物的致腐与产毒，保持食品品质，这些因子被称为栅栏因子。在实际生产中，运用不同的栅栏因子，并合理地组合起来，从不同的方面抑制引起食品腐败的微生物，形成对微生物的多靶攻击，从而起到食品防腐的作用。

（一）栅栏因子

目前，已确认可应用的栅栏因子有 40 个以上，这些栅栏因子所发挥的作用已不再仅侧重于控制微生物的稳定性，而是最大限度地考虑改善食品质量，延长其货架期。

常见的栅栏因子有以下几种：

1. 水分活度

降低水分活度是控制微生物的第一步。在食品的贮藏过程中，微生物的繁殖速度及微生物群的构成种类取决于水分活度。大多数微生物只能在 A_w 高于 0.85 的基质中繁殖。A_w 的水平对孢子形成、发芽和毒素的产生程度也有直接的影响。除了微生物安全问题，水分活度还影响化学和酶的活性、褐变、淀粉降解、油脂氧化、维生素损失、蛋白质变性等。而这些因素都影响食品的风味、组织、颜色和其他活性。

2. 温度

高温处理或低温冷藏可以杀灭微生物或抑制微生物的生长。高温处理能够杀灭大多数微生物。但随着制冷技术的发展和人们生活水平的提高，冷藏保鲜已成为一种普遍采用和接受的技术，低温冷藏既能最大限度地保存食品中的营养素，又能有效地抑制微生物的生长繁殖。

3. pH

通过调节酸度可以防止一些微生物的生长。当 pH 降低时大多数细菌的繁殖速度会减慢，当 pH 低于 5.0 时，绝大多数的微生物被抑制，只有一些特殊的微生物如乳酸菌可以繁殖。

4. 氧化还原电势

大多数腐败菌均属于好氧菌，食品中含氧量的多少影响着其中残存微生物的生长代谢。因此可以通过氧化还原电势判定食品的含氧量。食品中氧残存多，氧化还原电势高，对食品的保存不利。反之，氧化还原电势低，可以抑制需氧微生物的生长，有利于食品的贮藏保鲜。

5.添加防腐剂

包括有机酸、乳酸盐、醋酸盐、山梨酸盐、抗坏血酸盐、异抗坏血酸盐、葡醛内酯、磷酸盐、丙二醇、联二苯、壳二糖、游离脂肪酸、碳酸、甘油月桂酸脂、螯合物、美拉德反应生成物、乙醇、香辛料、亚硝酸盐、次氯酸盐、匹马菌素、乳过氧化物酶、乳杆菌素、乳酸链球菌肽等。

有机酸的抑菌作用主要是因为其能透过细胞膜,进入细胞内部并发生解离,从而改变细胞内的电荷分布,导致细胞代谢紊乱或死亡。常用的有机酸有:乙酸、丙酸、乳酸、柠檬酸、山梨酸、苯甲酸、磷酸盐等。现已有微胶囊酸化剂,当胶囊在温度、化学物质、激烈的物理力量、酶等作用下被分解或破坏时,胶囊内的酸性添加剂就会从胶囊中溢出进而发挥作用。

香辛料中含有杀菌、抑菌成分,将其组分作为天然防腐剂,既安全又有效。如肉桂和肉豆蔻中所含的挥发油、大蒜中的蒜辣素和蒜氨酸、丁香中的丁香油等都具有良好的杀菌作用。

6.辐照

紫外线照射,微波处理,放射性辐照等。由联合国粮农组织(FAO)、世界卫生组织(WHO)和国际原子能机构(ECFI)组成的食品辐射联合委员会(EDFI)认为,所有种类的食品均可用 1 MGy 或更小剂量进行辐射来避免食品被微生物和害虫破坏。在这个照射剂量下,不会引起食品的毒理学危害。又如微波杀菌食品保鲜技术,它具有快速、节能,并且对食品的品质影响很小的特点。美国最初把辐射技术应用于肉品保鲜,我国对辐照技术在肉类食品贮藏保鲜中的应用研究也取得了很大的进展。

7.利用微生物竞争性或拮抗性微生物

例如,利用乳酸菌等有益微生物来抑制其他有害微生物的生长繁殖。

8.压力

日本发明了一种新的高压处理保鲜技术。这种技术将肉类等普通食品经数千个大气压处理后,细菌就会被杀灭,肉类等食品仍可保持原有的鲜度和风味。

9.气调

主要用于食品的气调包装中。调节包装袋中的气体成分,主要是二氧化碳、氧气、氮气等,来抑制微生物的生长。

二氧化碳能抑制细菌和真菌的生长,特别是细菌繁殖的早期;同时,也可以抑制食品和微生物细胞中酶的活性,从而达到延长货架期的目的。氧气能防止厌氧微生物引起的食品腐败变质;氮气能起到防止氧化、酸败和霉菌的生长的作用。在包装中将这 3 种气体按适当的比例混合,可有效地延长食品的保藏期,而且还可以很好地保存食品中的营养物质,保护其色泽和口味。

10.包装

真空包装、活性包装、无菌包装、涂膜包装等。包装是隔绝污染的最有效的方法。

11.物理加工法

磁振动场、高频无线电、荧光灭活、超声波处理、射频能量、阻抗热处理、高电场脉冲等。

(二)栅栏效应与栅栏技术

栅栏因子单独或相互作用,形成特有的防止食品腐败变质的“栅栏”,决定着食品中微生物稳定性,使存在于食品中的微生物不能逾越这些“栅栏”,同时还可抑制引起食品氧化变质的酶类物质的活性。这些因子及其交互效应就是栅栏效应。栅栏效应是食品保存的有效手段。运用不同的栅栏因子，科学合理地组合起来，发挥其协同作用，从不同的侧面抑制引起食品腐败的微生物，形成对微生物的多靶攻击，保证食品的卫生安全，这一技术就称为栅栏技术。

（三）栅栏技术与微生物的内平衡

食品防腐中一个值得注意的现象就是微生物的内平衡。微生物的内平衡是微生物处于正常状态下内部环境的稳定和统一，并且具有一定的自我调节能力，只有其内环境处于稳定的状态下，微生物才能生长繁殖。例如，微生物内环境 pH 的自我调节，只有其内环境 pH 处于一个相对较小的变动范围，微生物才能保持其活性。如果在食品中加入防腐剂破坏微生物的内平衡，微生物就会失去生长繁殖的能力。在其内平衡重建之前，微生物就会处于延迟期，甚至死亡。食品的防腐就是通过临时或永久性打破微生物的内平衡而实现的。

将栅栏技术应用于食品的防腐，各种栅栏因子的防腐作用可能不仅仅是单个因子作用的累加，而是发挥这些因子的协同效应，使食品中的栅栏因子针对微生物细胞中的不同目标进行攻击，如细胞膜、酶系统、pH、水分活度、氧化还原电位等，这样就可以从数方面打破微生物的内平衡，从而实现栅栏因子的交互效应。在实际生产中，这意味着应用多个低强度的栅栏因子将会起到比单个高强度的栅栏因子更有效的防腐作用，更有益于食品的保质。这一“多靶保藏”技术将会成为一个大有前途的研究领域。

对于防腐剂的应用而言，栅栏技术的运用意味着使用小量、温和的防腐剂，比大量、单一、强烈的防腐剂效果要好得多。如乳酸链球菌素在通常情况下只对革兰氏阳性菌起抑制作用，而对革兰氏阴性菌的抑制作用较差。然而，当将乳酸链球菌素与螯合剂 EDTA-二钠、柠檬酸盐、磷酸盐等结合使用时，由于螯合剂结合了革兰氏阴性菌的细胞膜磷脂双分子层的镁离子，细胞膜被破坏，导致膜的渗透性加强，使乳酸链球菌素易于进入细胞质，加强了对革兰氏阴性菌的抑制作用。

（四）食品中的防腐保质栅栏因子

食品防腐上最常用的栅栏因子，无论是通过加工工艺还是添加剂方式设置的，应用时仅有少数几个。随着对食品保鲜研究的发展，至今已经确认可以应用于食品的栅栏因子很多。例如高温处理、低温冷藏、降低水分活性、调节酸度、降低氧化还原电位、应用乳酸菌等竞争性或拮抗性微生物以及应用亚硝酸盐、山梨酸盐等防腐剂。

（五）栅栏技术与食品的品质

从栅栏技术的概念上理解食品防腐技术，似乎侧重于保证食品的微生物稳定性，然而栅栏技术还与食品的品质密切相关。食品中存在的栅栏因子将影响其可贮性、感官品质、营养品质、工艺特性和经济效益。同一栅栏因子的强度不同，对产品的作用也可能是相反的。例如，在发酵香肠中，pH 需降至一定的限度才能有效抑制腐败菌，但过低则对感官质量不利，因而在实际应用中，各种栅栏因子应科学合理地搭配组合，其强度应控制在一个最佳范围内。

思政园地

继承传统文化,增强文化自信

《舌尖上的中国》从播出至今,吸引了众多的粉丝,赢得了广泛的赞誉。在纪录片中几乎每一集都涉及相关的食品保藏原理,其中还展现了一些古老的食品保藏方法。在古代,人类为了使获得的食品能够长期保存,尝试了烟熏、发酵、腌制等各种方法,这些方法在不经意间产生了各种变化,让食品获得了更吸引人的风味。这些古老的保藏方法一直传承下来,以致逐渐成为一个地方的文化。人与微生物携手贡献的万千风味中,哪一味是您的心之所系呢?

实验 7-5 鲜牛奶的巴氏灭菌

任务准备

1. 设备

高压蒸汽灭菌锅。

2. 器材

三角瓶、封口膜、鲜牛乳、棉线绳。

任务实施

一、安排学生课前预习

学生通过查阅资料和复习已经学习过的知识等完成预习报告。预习报告内容包括:(1)牛乳杀菌的方法有哪些?(2)巴氏灭菌的时间和温度。(3)思考:牛奶为什么要进行灭菌?

二、检查学生预习情况

检查学生掌握高压蒸汽灭菌锅使用的流程情况。分小组讨论,总结巴氏灭菌的优势,共同确定实验步骤及小组成员分工。

三、知识储备

1. 实验原理

在一定温度范围内,温度越低,细菌繁殖越慢;温度越高,繁殖得越快,但温度太高,细菌就会死亡。巴氏灭菌就是利用病原体不是很耐热的特点,用适当的温度和保温时间处理,将其全部杀灭。但经巴氏灭菌后,仍保存小部分无害或有益、较耐热的细菌或细菌芽孢,因此,巴氏灭菌不是“无菌”处理。

食品的灭菌技术是食品加工与保藏中用于改善食品品质、延长食品贮藏期最重要的处理方法之一。牛乳的杀菌技术主要是杀死微生物和钝化酶，以改善食品的品质和特性，提高食品中营养成分的可消化性和可利用率。而杀菌会对食品的营养和风味成分，特别是热敏性成分有一定的损失，对食品的品质和特性有一定的影响，所以杀菌方法的选择非常重要。

2.注意事项

将待灭菌的鲜牛乳放入灭菌器内，注意不要放得太挤，以免影响蒸汽的流通和灭菌效果。

四、学生操作

1.灭菌设备的识别与使用

通过实物或图片资料，认识灭菌设备，了解其构造，掌握其特点和使用方法。

2.牛乳的巴氏灭菌

(1)低温长时灭菌，62～65℃下保持 30 min。

(2)高温短时灭菌，75～90℃下保持 15～16 s。

3.实验完毕后的工作

实验器具清洗归位，整理实验台面。

五、数据记录及处理

杀菌后取奶样，立即按照国家标准进行菌落数统计，分析杀菌效果。国家标准规定巴氏灭菌乳灭菌前含菌数不得超过 2×10^{6} CFU/mL；杀菌后不得超过 3×10^{4} CFU/mL。

拓展知识

生物保鲜剂

生物保鲜剂法是通过浸渍、喷淋或混合等方式，将生物保鲜剂与食品充分接触，从而使食品保鲜的方法。生物保鲜剂也称天然保鲜剂，直接来源于生物体自身组成成分或其代谢产物，不仅具有良好的抑菌作用，而且一般都可被生物降解，具有无味、无毒、安全等特点。

1.植物源生物保鲜剂

许多植物中都存在抗菌物质，主要是醛类、酮类、酚类、酯类物质。

(1)茶多酚。能抑制 G^{+} 菌和 G^{-} 菌，属于广谱性的抗菌剂。最小抑菌浓度随菌种不同而差异较大，大多在 50～500 mg/kg 之间，符合食品添加剂用量的一般要求。

(2)大蒜提取物。大蒜辣素和大蒜新素是大蒜中的主要抗菌成分。大蒜辣素的抗菌机理是分子中的氧原子与细菌中的半胱氨结合使之不能转变为胱氨酸，从而影响细菌体内氧化还原反应的进行。大蒜对多种球菌、霉菌有明显的抑制和杀菌作用，是目前发现的具有抗真菌作用植物中效力最强的一种。

2.动物源生物保鲜剂

(1)鱼精蛋白，其为一种特殊的抗菌肽，是存在于许多鱼类的成熟精细胞中的一种球形碱性蛋白。鱼精蛋白可作用于微生物细胞壁，破坏细胞壁的合成，还可以作用于微生物细胞质膜，通过破坏细胞对营养物质的吸收来起抑菌作用。

(2)溶菌酶，又称细胞壁溶解酶，是一种专门作用于微生物细胞壁的水解酶。溶菌酶的种类主要有鸡蛋清溶菌酶、人和哺乳动物溶菌酶、植物溶菌酶、微生物溶菌酶。

3. 微生物源生物保鲜剂

乳酸链球菌素又叫乳链菌肽、乳球菌肽，是某些乳酸乳球菌在代谢过程中合成和分泌的具有很强杀菌作用的小分子肽。

练习题

二维码 7-2

项目七练习题参考答案

一、选择题

1. 肉、禽、蛋罐头的类型属于(　　)。

A. 低酸性罐头　　B. 中酸性罐头　　C. 酸性罐头　　D. 高酸性罐头

2. 水果的 pH 大多数在(　　)以下。

A. 3.5　　B. 4.5　　C. 5.0　　D. 5.5

3. 果汁的 pH 一般在(　　)，糖度可达 60%～70%。

A. 1.5～2.0　　B. 2.4～4.2　　C. 4.5　　D. 5.5

4. (　　)不是巴氏灭菌条件。

A. 62～65℃，30min　　B. 75～90℃，15 min

C. 130～150℃，1 min　　D. 以上均不是

二、填空题

1. 引起食品发生腐败变质的微生物种类很多，主要有______、______和______。

2. 腐败变质罐头的外观有两种类型：一种是______，另一种是______。

3. 微生物引起果汁变质的现象有______、______和______。

4. 鲜乳的腐败变质过程可分为以下几个阶段：______、______、______、______、______。

5. 食品防腐低温保藏可分为______和______两种方式。

6. 影响食品变质的最重要的几个环境因素有______、______、______。

三、问答题

1. 什么是食品的腐败变质？

2. 食品防腐剂的种类有哪些？

3. 食品加热灭菌的方法有哪些？

4. 何为栅栏效应？

5. 简述鲜肉的腐败变质过程。

项目八

食物中毒及其控制技术

本项目学习目标

二维码 8-1

项目八 课程 PPT

[知识目标]

1. 了解细菌、真菌和病毒介导的食物中毒流行病征。

2. 掌握细菌性、真菌性和病毒介导的食物中毒的传播途径及控制措施。

3. 掌握食品卫生学的细菌指标。

4. 了解肉毒梭菌的生长特性和产毒条件。

5. 掌握肉毒梭菌、金黄色葡萄球菌、志贺氏菌属系统检验原理。

[技能目标]

1. 掌握肉毒梭菌、金黄色葡萄球菌鉴定要点和方法。

2. 理解志贺氏菌属生化反应原理,掌握志贺氏菌属的检验方法。

[素质目标]

1. 培养学生树立正确的食品安全观念,遵守 6S 管理要求,具有开展健康教育普及知识的社会责任感、法律与诚信意识和规范操作意识。

2. 从学生时代起,逐步培养团队竞争协作的意识与良好的沟通能力。

3. 坚持科学严谨的科学态度与良好的职业道德,具有一丝不苟的工作作风与创新思维和发展能力。

项目概述

食物中毒是指动物摄入了含有生物性或化学性有毒有害物质的食品，或把有毒有害物质当作食品摄入后出现的非传染性急性或亚急性疾病。

食物中毒不包括因暴饮暴食而引起的急性胃肠炎、食源性肠道传染病和寄生虫病，而是以一次大量或长期少量摄入某些有毒有害物质而引起的以慢性毒害为主要特征（如致癌、致畸、致突变）的疾病。

食物中毒的特点：发病呈突发性，潜伏期短，来势急剧，短时间内可能有多数人发病；中毒病人一般具有相似的临床表现，常常出现恶心、呕吐、腹痛、腹泻等消化道症状；发病与食物有关，患者在近期内都食用过同样的食物，发病范围局限在食用该有毒食物的人群；停止食用该食物后很快停止，无余波；食物中毒病人对健康人不具传染性；有的食物中毒有明显的地区性和季节性；在我国引起食物中毒的各类食物中，动物性食物引起的食物中毒较为常见，占 90% 以上。

食物中毒按病原分类的方法可分为细菌性食物中毒、真菌性食物中毒、化学性食物中毒和有毒动植物性食物中毒四大类型。

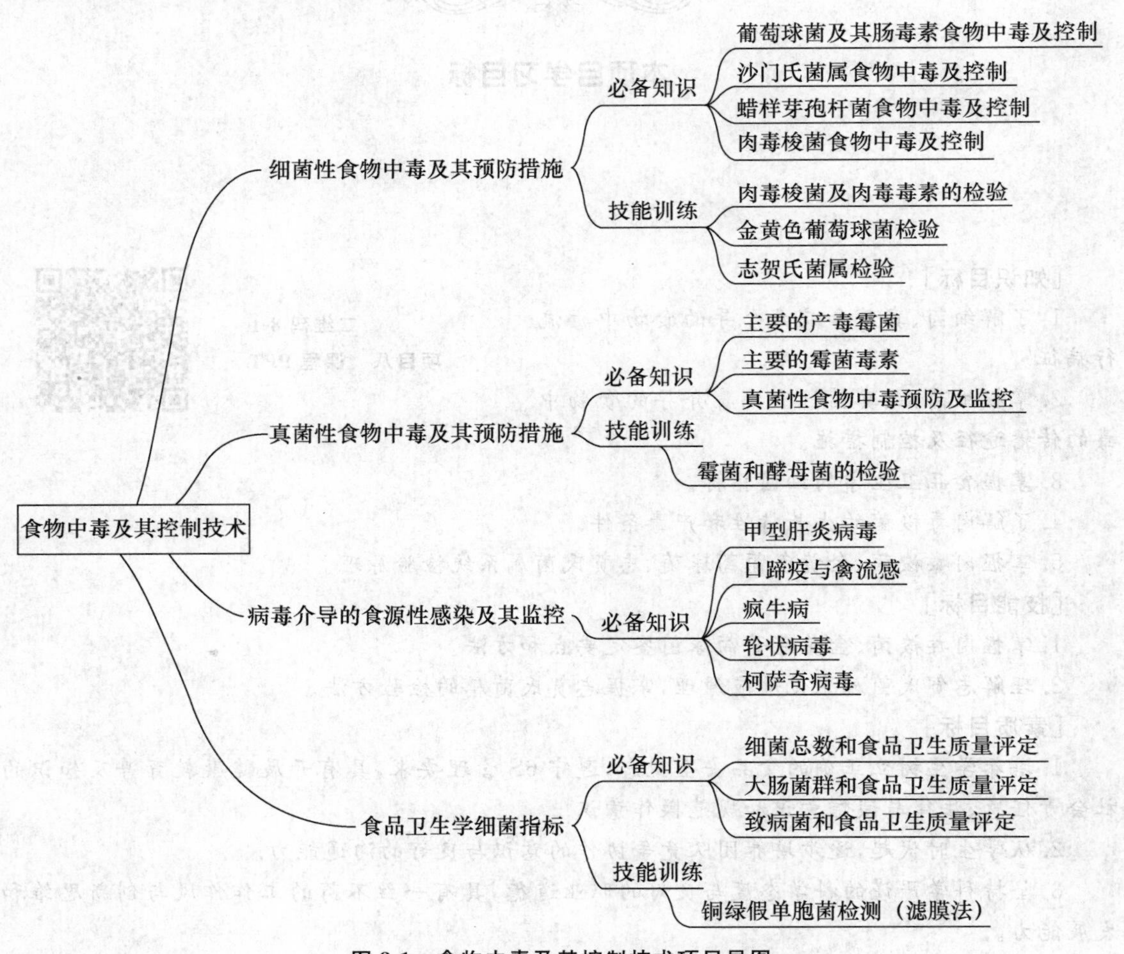

图 8-1 食物中毒及其控制技术项目导图

任务一　细菌性食物中毒及其预防措施

任务目标

熟悉细菌性食物中毒的概念和中毒类型，明确中毒原因和特征，以及中毒的预防措施。掌握葡萄球菌及其肠毒素、沙门氏菌属、蜡样芽孢杆菌、大肠埃希菌、副溶血性弧菌、变形杆菌、肉毒梭菌食物中毒的生物学特性、中毒原因和临床表现及控制措施。

相关知识

由于食入被细菌或细菌毒素污染的食物后造成的食物中毒称为细菌性食物中毒。细菌性食物中毒通常具有明显的季节性，多发生于气候炎热的季节，主要是由于细菌在较高的温度下易于生长繁殖或产生毒素；同时由于此时期人体防御机能较低，易感性强，因此发病率高，但死亡率一般较低。在各类食物中毒中，细菌性食物中毒最多见，占食物中毒病例总数的50%左右。

细菌性食物中毒可分为以下几类：

(1)感染型。如沙门氏菌属、变形杆菌属食物中毒(表8-1)。

(2)毒素型。包括体外毒素型和体内毒素型两种。体外毒素型是指病原菌在食品内大量繁殖并产生毒素。如葡萄球菌肠毒素中毒、肉毒梭菌中毒。体内毒素型指病原体随食品进入人体肠道内产生毒素引起食物中毒。如产气荚膜梭状芽孢杆菌食物中毒、产肠毒素性大肠杆菌食物中毒等。

表8-1　两种中毒类型的区别

食物中毒类型		病原	发热	主要症状
感染型		活菌	有	恶心、呕吐、腹泻、腹痛
毒素型	金黄色葡萄球菌	活菌或其产生的毒素	无	剧烈的恶心、呕吐、腹泻、腹痛
	肉毒梭菌		无	失声、视力模糊、眼睑下垂、咽下困难、呼吸困难

中毒原因及特征：禽畜在宰杀前就是病禽、病畜；刀具、砧板及用具不洁，生熟交叉感染；卫生状况差，蚊蝇滋生；食品从业人员带菌污染食物。

细菌性食物中毒的一般性预防措施如下。

(1)避免污染。即避免熟食品受到各种致病菌的污染。如避免生食品与熟食品接触、经常性洗手、接触直接入口食品前应消毒手部、保持食品加工操作场所清洁、避免昆虫和鼠类等动物接触食品。

(2)控制温度。即控制适当的温度以保证杀灭食品中的微生物或防止微生物的生长繁殖。及时热藏，使食品温度保持在60℃以上，或者及时冷藏，把温度控制在10℃以下。

(3)控制时间。即尽量缩短食品存放时间，不给微生物生长繁殖的机会。例如，熟食品应尽快吃掉；食品原料应尽快使用完。

(4)清洗和消毒。这是防止食品污染的主要措施。对接触食品的所有物品应清洗干净，凡是接触直接入口食品的物品，还应在清洗的基础上进行消毒；一些生吃的蔬菜水果也应进行清洗消毒。

一、葡萄球菌及其肠毒素食物中毒及控制

1. 葡萄球菌的生物学特性

葡萄球菌为革兰氏阳性兼性厌氧菌。产肠毒素的葡萄球菌有两种，即金黄色葡萄球菌（*Staphylococcus aureus*）和表皮葡萄球菌（*Staphylococcus epidermidis*）。金黄色葡萄球菌致病力最强，可引起化脓性病灶和败血症，其肠毒素能引起急性胃肠炎。葡萄球菌能在12～45℃下生长，最适生长温度为37℃；最适生长pH为7.4，但耐酸性较强，pH为4.5时也能生长；耐热性也较强，加热到80℃，经30 min方能杀死；在干燥状态下，可生存数月之久。

2. 中毒原因和临床表现

葡萄球菌肠毒素中毒后，引起呕吐、腹泻等急性胃肠炎症状。

葡萄球菌食物中毒，是由葡萄球菌在繁殖过程中分泌到菌细胞外的肠毒素引起，故仅摄入葡萄球菌并不会发生中毒。葡萄球菌肠毒素，根据其血清学特征的不同，目前已发现A、B、C、D、E 5型。A型肠毒素毒力最强，摄入1 μg即能引起中毒，在葡萄球菌肠毒素中毒中最为多见。各型肠毒素引起的中毒症状基本相同。

葡萄球菌产生的肠毒素是一种可溶性蛋白质，耐热性强。破坏食物中存在的肠毒素需加热至100℃，并持续2 h。故在一般烹调温度下，食物中如有肠毒素存在，仍能引起食物中毒。

3. 引起中毒的食品及污染途径

引起葡萄球菌肠毒素中毒的食品必须具备以下条件：①食物中污染大量产肠毒素的葡萄球菌；②污染后的食品放置于适合产毒的温度下；③有足够的潜伏期；④食物的成分和性质适于细菌生长繁殖和产毒。

引起葡萄球菌肠毒素中毒的食品种类很多，主要为肉、乳、鱼、蛋类及其制品等动物性食品，含淀粉较多的糕点、凉粉、剩大米饭和米酒等也曾引起过中毒。国内报道的该类中毒事件中以乳和乳制品以及用乳制作的冷饮和奶油糕点等最为常见。近年，由熟鸡、鸭制品污染引起的中毒增多。

葡萄球菌广泛分布于自然界，如空气、土壤和水中皆可存在。其主要传染源是人和动物。例如，患有化脓性皮肤病和疮疖或急性呼吸道感染以及口腔、鼻咽炎症的病人，患有乳腺炎的乳牛的乳及其制品和带有化脓性感染的屠畜肉尸等。

4. 预防措施

防止葡萄球菌污染食物。应定期对食品加工人员进行健康检查，患有化脓性感染、上呼吸道感染的人员应暂时调换其工作。要严格控制患乳腺炎的奶牛的乳混入乳品加工原料中。食品加工用具使用后应进行彻底清洗、消毒以防止污染食品。

防止肠毒素的形成。在低温、通风良好条件下贮藏食物可防止葡萄球菌生长及其毒素的形成。因此食物应冷藏或置于阴凉通风的地方，但放置时间不应超过6 h，同时食用前还应该注意彻底加热。

二、沙门氏菌属食物中毒及控制

1.沙门氏菌属的生物学特性

革兰氏阴性、两端钝圆的短杆菌，大小为(1～3)μm×(0.4～0.9)μm。无荚膜和芽孢，除鸡白痢沙门氏菌、鸡伤寒沙门氏菌外都具有周身鞭毛，能运动，大多数具有菌毛，能吸附于宿主细胞表面或凝集豚鼠红细胞。

沙门氏菌属是需氧或兼性厌氧菌。在普通琼脂培养基上生长良好，培养 24 h 后，形成中等大小、圆形、表面光滑、无色半透明、边缘整齐的菌落，其菌落特征亦与大肠杆菌相似(无粪臭味)；在鉴别培养基(麦康凯、SS、伊红美兰)上一般为无色菌落；三糖铁琼脂斜面为红色，底部变黑并产气。

沙门氏菌属不耐热，最适生长温度为37℃，55℃下 1 h 或 60℃下 15～30 min 即可被杀死。但在外界的生活力较强，在 10～42℃ 的范围内均能生长，在普通水中虽不易繁殖，但可生存 2～3 周。在粪便中可存活 1～2 个月。在牛乳和肉类食品中，存活数月，在食盐含量为 10%～15%的腌肉中亦可存活 2～3 个月。最适生长的 pH 为 6.8～7.8。

由于沙门氏菌属不分解蛋白质，不产生靛基质，污染食物后无感官性状的变化，易被忽视而引起食物中毒。

沙门氏菌具有复杂的抗原结构，一般沙门氏菌具有菌体(O)抗原、鞭毛(H)抗原和表面抗原(荚膜或包膜抗原)3 种抗原。

在微生物分类学中，沙门氏菌属是肠杆菌科的一个大属，包括 2 000 多个血清型，多数国家从人体、动物和食品中经常分离到的有 40～50 种血清型。根据沙门氏菌的致病范围，可将其分为三大类群。

第一类群：专门对人致病。如伤寒沙门氏菌、甲型副伤寒沙门氏菌，乙型副伤寒沙门氏菌、丙型副伤寒沙门氏菌。

第二类群：能引起人类食物中毒，称之为食物中毒沙门氏菌群，如鼠伤寒沙门氏菌、猪霍乱沙门氏菌、肠炎沙门氏菌、纽波特沙门氏菌等。

第三类群：专门对动物致病，很少感染人，如马流产沙门氏菌、鸡白痢沙门氏菌，此类群中尽管很少感染人，但近年也有感染人的报道。

沙门氏菌不产生外毒素，但菌体裂解时可产生毒性很强的内毒素，此种毒素为致病的主要因素，可引起人体发冷、发热及白细胞减少等病症。

2.中毒原因和临床表现

沙门氏菌随同食物进入消化道后，摄入量在 10 万个以上的才出现临床症状；如果摄入菌量较少，即成为无症状带菌者。但对儿童、老人和体弱者较少量的细菌也能出现临床症状。此外，不同沙门氏菌致病力强弱有一定的差异。沙门氏菌在小肠和结肠中繁殖，然后附着于黏膜上皮细胞并侵入黏膜下组织，使肠黏膜出现炎症，抑制水和电解质的吸收。

沙门氏菌属食物中毒的临床表现有 5 种类型。

(1)胃肠炎型。前驱症状有头痛、头晕、恶心、腹痛、寒战。以后出现呕吐、腹泻、发热。大便为黄色或黄绿色、带黏液和血。因呕吐、腹泻大量失水，一般急救处理是补充水分和电解质。对重症、发热和有并发症患者，可用抗生素治疗。一般 3～5 d 可恢复，病死率在 1%左右，主要是儿童和老人或体弱者治疗不及时所致。

(2)类霍乱型。起病急、高热、呕吐、腹泻次数较多,且有严重失水现象。

(3)类伤寒型。胃肠炎症状较轻,但有高热并出现玫瑰疹。

(4)类感冒型。头晕、头痛、发热、全身酸痛、关节痛、咽峡炎、腹痛、腹泻等。

(5)败血症型。寒战、高热持续1～2周,并发各种炎症、肺炎、脑膜炎、心内膜炎、肾盂肾炎。败血症型主要由霍乱沙门氏菌引起。

3.引起中毒的食品及污染途径

引起沙门氏菌食物中毒的食品主要是动物性食品,包括肉类、鱼虾、家禽、蛋类和奶类制品。豆制品和糕点等有时也会引起沙门氏菌属食物中毒。

沙门氏菌来源主要是患病的人和动物以及人和动物中的带菌者。

家畜中沙门氏菌带病率可达2%～15%。家畜肉中沙门氏菌来源于宰前感染和宰后污染。家禽和蛋类也容易感染沙门氏菌。鸭、鹅及其蛋类比鸡的带菌率高。健康鸡的粪便带菌率为2.3%,而健康鸭的粪便带菌率可达10%。水产品有时也带有沙门氏菌,这主要是由于水源被污染。带菌牛产的奶有时也含有沙门氏菌。

人和动物患者或带菌者,如不加注意,就很容易将沙门氏菌传播开来。在牧场,通过饲料和饮水,使沙门氏菌在牲畜之间进行传染;在食品中,可通过人的手、苍蝇、鼠类等作为媒介,接触食品而使沙门氏菌进行扩散。污染有沙门氏菌的食品在未煮熟、煮透前就食用,也会随同食物进入消化道,在小肠和结肠中繁殖,引起食物中毒。

4.预防措施

(1)防止食品污染。加强卫生管理,对从事食品的工作人员进行带菌检查,采取积极措施控制感染沙门氏菌的病畜肉流入市场。

(2)控制繁殖。沙门氏菌属繁殖的最适温度为37℃,但在20℃左右即能繁殖。为防止其繁殖,食品必须低温贮存。

(3)杀灭病原菌。加热杀灭病原微生物是预防食物中毒的重要措施,但必须达到有效温度。深部温度要达到80℃,保持15 min。蛋类煮沸8～10 min,即可杀灭沙门氏菌。加工后的熟肉制品应在10℃以下低温处贮存,较长时间放置时应再次加热后食用。熟食品必须与生食品分别贮存,防止污染。

三、蜡样芽孢杆菌食物中毒及控制

1.蜡样芽孢杆菌的生物学特性

蜡样芽孢杆菌为革兰氏阳性的大杆菌,菌体两端较平整,芽孢呈椭圆形,位于菌体中央稍偏一端。其为需氧菌,生长温度范围为10～45℃,最适生长温度为28～35℃。该菌对营养要求不高,在普通培养基上生长良好,在普通琼脂平板上,生长的菌落呈乳白色,不透明,边缘不整齐,菌落边缘往往呈扩散状,表面稍干燥。在血液琼脂平板上形成浅灰色、不透明、似毛玻璃状的菌落。

蜡样芽孢杆菌有两种抗原,一种是耐热的,一种是不耐热的。蜡样芽孢杆菌生长型不耐热,100℃下20 min即可被杀死。其对酸碱不敏感,pH 6～11对本菌基本上不产生影响;pH 5以下,其生长可受到抑制。

2.中毒原因和临床表现

蜡样芽孢杆菌引起食物中毒,除了必须具有大量的细菌外,肠毒素也是重要的致病毒素。蜡样芽孢杆菌产生的肠毒素有两种:①耐热性肠毒素,100℃加热30 min不能将其破坏,为引起呕吐型中毒的致病因素，常在米饭中形成。②不耐热肠毒素，是引起腹泻型胃肠炎的病因，能在各种食物中形成。

蜡样芽孢杆菌食物中毒，在临床上一般可分为呕吐型和腹泻型两类。

呕吐型中毒多见于剩米饭和油炒饭引起的食物中毒，以耐热性肠毒素为致病因素；潜伏期短，一般为2～3 h，最短为30 min，最长5～6 h；中毒症状：呕吐，腹痉挛，腹泻则少见，一般经过8～10 h而自愈。

腹泻型中毒由各种食品中不耐热肠毒素引起，潜伏期在6 h以上，一般为6～14 h；中毒症状：腹泻，腹痉挛，而呕吐却不常见；病程24～36 h。两型均少见体温升高。

3. 引起中毒的食品及污染途径

蜡样芽孢杆菌食物中毒涉及的食品种类很多。国外主要是乳、肉、蔬菜、甜点心、调味汁、凉拌菜、炒饭，我国是以米饭为主食的国家，隔夜米饭是中毒的主要原因，其他如米粉、奶粉、肉、菜等。引起蜡样芽孢食物中毒的食品，大多数腐败变质现象不明显，在进行组织及感官鉴定时，除米饭稍发黏，入口不爽外，大多数食品的感官性状完全正常。

食品中该菌的污染源主要是泥土、尘埃、空气，其次是昆虫、苍蝇、不洁的用具等。如果食用前不加热或加热不彻底，即可引起食物中毒。

4. 预防措施

(1)停止食用可疑食品，及时采集剩余可疑食品进行检验。由于受蜡样芽孢杆菌污染的食品不易被发觉，故剩饭、乳类、肉类、菜类等熟食品只能在低温(2～15℃)短时间存放，并在食用前加热煮沸。

(2)注意食品的贮藏卫生和个人卫生，防止尘土、昆虫及其他不洁物污染食品。

(3)另外，食堂的建设与基本卫生设施是预防食物中毒的关键，以上场所污染区、半污染区、洁净区的工艺流程必须符合卫生要求，配备冷藏设施是预防食物中毒的必要条件。

四、肉毒梭菌食物中毒及控制

1. 肉毒梭菌的生物学特性

肉毒梭菌为革兰氏染色阳性杆菌，多单在，偶见成双或短链，菌端纯圆。有周身鞭毛，无荚膜，芽孢为椭圆形，由于芽孢比营养体宽，故呈梭状。严格的厌氧菌，对营养要求不高，在普通培养基上都能生长。在普通琼脂上形成灰白色、半透明、边缘不整齐、呈绒毛网状、向外扩散的菌落。最适温度为28～37℃，pH为6.8～7.6，产毒的最适pH为7.8～8.2。

肉毒梭菌能产生强烈的外毒素，即肉毒毒素。肉毒毒素对人和动物有强大的毒性。根据毒素的抗原性，目前已知肉毒梭菌有A、B、C、D、E、F、G 7个菌型。引起人群中毒的主要是A、B、E 3型，C、D型主要是畜禽肉毒中毒的病原，F型只见报道发生在个别地区的人，如丹麦和美国各一起。1980年从瑞士5名突然死亡病例中发现G型毒素。

肉毒毒素是在肉毒梭菌胞浆中产生，由菌体释放到培养基中，经滤过除菌所得滤液即为毒素液。毒素形成的最适温度为28～37℃，温度低于8℃与pH在4.0以下时，则不能形成。

2. 中毒原因和临床表现

肉毒梭菌本身是一种腐生菌，肉毒梭菌产生的毒素是一种神经毒素，是目前已知的化学毒物与生物毒素中毒性最强烈的一种，口服时对人的半数致死量约为0.1～1 ng/kg。其毒力比氰化钾还要大1万倍。

肉毒毒素是一种与神经亲和力较强的毒素，随食品一起进入肠管，经消化道进入循环后，作用于外周神经肌接头、自主神经末梢以及颅脑神经核，毒素能阻止乙酰胆碱的释放，导致肌肉麻痹和神经功能不全。

3.引起中毒的食品及污染途径

肉毒梭菌毒素引起中毒的食品种类因地区和饮食习惯不同而异。国内以家庭自制植物性发酵品为多见，如臭豆腐、豆酱、面酱等，罐头瓶装食品、腊肉、酱菜和凉拌菜等引起中毒也有报道。日本90%以上的是由家庭自制鱼和鱼类制品引起；欧洲各国肉毒梭菌中毒的食物多为火腿、腊肠及其他肉类制品；美国主要为家庭自制的蔬菜、水果罐头、水产品及肉、乳制品。

食物中肉毒梭菌主要来源于带菌土壤、尘埃及粪便，尤其是带菌土壤可污染各类食品原料。这些被污染的食品原料在家庭自制发酵和罐头食品的生产过程中，加热的温度或压力不足以杀死肉毒梭菌的芽孢，且为肉毒梭菌芽孢的萌发与产生毒素提供了条件，尤其是食品制成后，有不经加热而食用的习惯，更容易引起中毒的发生。

4.预防措施

(1)防止食品被肉毒梭菌污染。在食品加工的各个环节，加强卫生管理。制作发酵食品的原料应高温灭菌或充分蒸煮，制作罐头的食品应严格执行灭菌。

(2)控制食品中肉毒梭菌的繁殖及毒素的产生。食品应避免缺氧保存，应在低温下保存。

(3)食用前充分加热破坏毒素。肉毒毒素不耐热，食品中如有毒素存在，在食用前加热，可使毒素破坏，一般在80℃下加热30～60 min或使食品内部温度达到100℃并保持10 min，可达到破坏肉毒毒素的目的。

实验8-1　肉毒梭菌及肉毒毒素的检验

任务准备

1.仪器与设备

离心机、均质器、厌氧培养装置等。

2.材料与试剂

实验动物：小白鼠。

样品：罐头、臭豆腐、豆瓣酱、面酱、豆豉等发酵食品。

菌种：肉毒梭状芽孢杆菌。

培养基与试剂：庖肉培养基、卵黄琼脂培养基、明胶磷酸盐缓冲液、肉毒分型抗毒素诊断血清、胰酶(活力1∶250)、革兰氏染色液。

任务实施

一、安排学生课前预习

学生通过查阅资料和观看视频等完成预习报告。预习报告内容包括：(1)实验目的。(2)实验原理。(3)实验步骤。(4)思考题：①在食品中检出肉毒梭状芽孢杆菌，能否说明食物可引起食物中毒？②在检测肉毒梭状芽孢杆菌及其毒素的过程中，应注意哪些事项？

二、检查学生预习情况

小组讨论，根据预习的知识用集体的智慧确定实验步骤。

三、知识储备

（一）实验原理

肉毒梭菌广泛存在于自然界，常被其污染的食品有腊肠、火腿、鱼及鱼制品和罐头食品等。在美国以罐头发生中毒较多，日本以鱼制品较多，在我国主要与发酵食品有关，如臭豆腐、豆瓣酱、面酱、豆豉等。其他引起中毒的食品还有：熏制未去内脏的鱼、填馅茄子、油浸大蒜、烤土豆、炒洋葱、蜂蜜制品等。检验食品，特别是不经加热处理而直接食用的食品中有无肉毒毒素或肉毒梭菌（例如罐头等密封性保存的食品），对食品安全至为重要。

肉毒梭状芽孢杆菌是专性厌氧的革兰氏阳性粗大杆菌，形成近端位的卵圆形芽孢，芽孢比繁殖体宽，芽孢卵圆形、近端位，使细菌呈汤匙状或网球拍状，在庖肉培养基中生长时，混浊、产气、发臭、能消化肉渣。

肉毒梭菌在厌氧条件下产生剧烈的外毒素——肉毒毒素。肉毒梭菌按其所产毒素的抗原特异性分为A、B、C、D、E、F、G 7个型。除G型菌之外，其他各型菌分布相当广泛。我国各地发生的肉毒中毒主要是A型和B型菌。也发现过E型和C型菌引发的肉毒中毒。至于D型和F型菌，我国尚未见到由此而发生的中毒事件。

肉毒梭菌检验目标主要是毒素，不论食品中的肉毒毒素检验还是肉毒梭菌检验，均以毒素的检测及定型试验为判定的主要依据。

（二）实验流程

肉毒梭菌及肉毒毒素检验实验流程如图8-2所示。

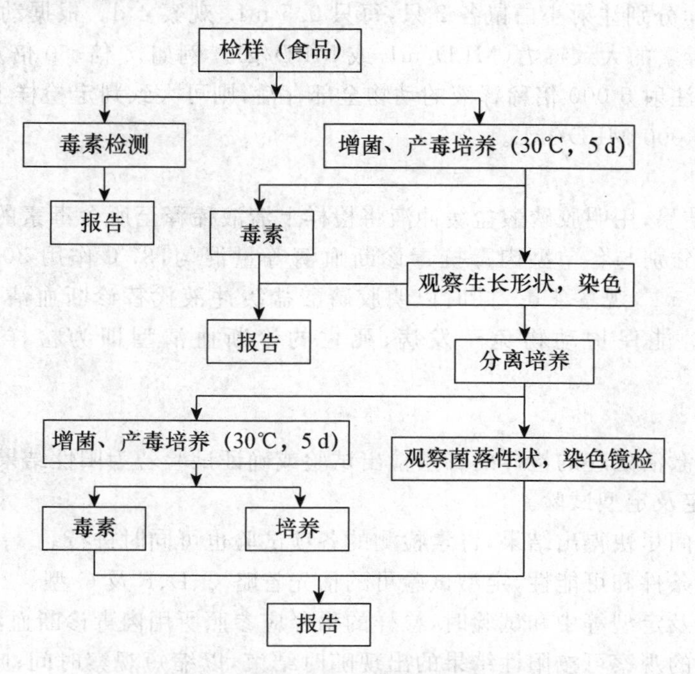

图8-2　肉毒梭菌及肉毒毒素检验实验流程

(三)肉毒毒素的检出步骤

肉毒中毒的诊断,重要的是毒素的检出及定型;罐头食品的细菌学检验,有时需要证实肉毒梭菌的存在,不过,最终还是要根据产毒试验来鉴定细菌及其类型。

液状检样可直接离心,固体或半流动检样需加适量(例如等量、倍量或5倍量、10倍量)明胶磷酸盐缓冲液,浸泡、研碎,然后离心,取上清液进行检测。

另取一部分上清液,调pH至6.2,每9份加10%胰酶(活力1∶250)水溶液1份,混匀,经常轻轻搅动,37℃下作用60 min,然后进行检测。肉毒毒素检测以小白鼠腹腔注射法为标准方法。

1.初步的定性试验(小白鼠腹腔注射法)

取上述离心上清液及其胰酶激活处理液分别注射小白鼠2只,每只0.5 mL,观察4 d。注射液中若有肉毒毒素存在,小白鼠一般在注射后24 h内发病、死亡。主要症状为竖毛,四肢瘫软,呼吸困难,呼吸呈风箱式,腰部凹陷,宛若蜂腰,最终死于呼吸麻痹。

如遇小鼠猝死以至症状不明显时,则可将注射液做适当稀释,重做试验。

2.确证试验

不论上清液或其胰酶激活处理液,凡能致小鼠发病、死亡者,取样分成3份进行试验。1份加等量多型混合肉毒抗毒诊断血清,混匀,37℃作用30 min;1份加等量明胶磷酸盐缓冲液,混匀,煮沸10 min;1份加等量明胶磷酸盐缓冲液,混匀即可,不做其他处理。3份混合液分别注射小白鼠各2只,每只0.5 mL,观察4 d,若注射加诊断血清与煮沸加热的2份混合液的小白鼠均获保护存活,而唯有注射未经其他处理的混合液的小白鼠以特有症状死亡,则可判定检样中有肉毒毒素存在,必要时进行毒力测定及定型试验。

3.毒力测定

取已判定含有肉毒毒素的检样离心上清液,用明胶磷酸盐缓冲液做成50倍、500倍及5 000倍的稀释液,分别注射小白鼠各2只,每只0.5 mL,观察4 d。根据动物死亡情况,计算检样中所含肉毒毒素的大致毒力(MLD/mL或MLD/g)。例如,5倍、50倍及500倍稀释液致动物全部死亡,而注射5 000倍稀释液的动物全部存活,则可大致判定检样上清液所含毒素的毒力为1 000~10 000 MLD/mL。

4.定型试验

按毒力测定结果,用明胶磷酸盐缓冲液将检样上清液稀释至所含毒素的毒力大体在10~1 000 MLD/mL,分别与各单型肉毒抗毒诊断血清等量混匀,37℃作用30 min,各注射小白鼠2只,每只0.5 mL,观察4 d。同时以明胶磷酸盐缓冲液代替诊断血清,与稀释毒素液等量混合作为对照。能保护动物免于发病、死亡的诊断血清型即为检样所含肉毒毒素的类型。

5.结果分析

(1)未经胰酶激活处理的检样的毒素检出试验或确证试验若为阳性结果,则胰酶激活处理液可省略毒力测定及定型试验。

(2)为争取时间尽快得出结果,毒素检测的各项试验也可同时进行。

(3)根据具体条件和可能性,定型试验可酌情先省略C、D、F及G型。

(4)进行确证及定型等中和试验时,检样的稀释应参照所用肉毒诊断血清的效价。

(5)试验动物的观察可按阳性结果的出现随时结束,以缩短观察时间;唯有出现阴性结果时，应保留充分的观察时间。

四、学生操作

肉毒梭菌检验方法的重点乃是产毒及毒素的检出试验，如要证实是否有肉毒梭菌存在，只要分离、培养、鉴定毒素即可。

1. 肉毒梭菌检出（增菌产毒培养试验）

取庖肉培养基 3 支，煮沸 10～15 min 做如下处理：

第 1 支急速冷却，接种检样均质液 1～2 mL。

第 2 支冷却至 60℃，接种检样，继续于 60℃保温 10 min 后急速冷却。

第 3 支接种检样，继续煮沸加热 10 min 后急速冷却。

以上接种物于 30℃培养 5 d，若无生长，可再培养 10 d。培养到期，若有生长，取培养液离心，以其上清液进行毒素检测试验，阳性结果证明检样中有肉毒梭菌存在。

2. 分离培养

选取经毒素检测试验证实含有肉毒梭菌的前述增菌产毒培养物（必要时可重复一次适宜的加热处理）接种卵黄琼脂平板，35℃厌氧培养 48 h。肉毒梭菌在卵黄琼脂平板上生长时，菌落及周围培养基表面覆盖特有的虹彩样（或珍珠层样）薄层，但 G 型菌无此现象。

根据菌落形态及菌体形态挑取可疑菌落，接种庖肉培养基，于 30℃培养 5 d，进行毒素检测及培养特性检查确证试验。

培养特征检查：接种卵黄琼脂平板，分成 2 份，分别在 35℃的需氧和厌氧条件下培养 48 h，观察生长情况及菌落形态。肉毒梭菌只有在厌氧条件下才能在卵黄琼脂平板上生长并形成具有上述特征的菌落，而在需氧条件下则不生长。

3. 注意事项

（1）典型的肉毒素中毒，小白鼠会在 4～6 h 内死亡，而且 98%～99%的小白鼠会在 12 h 内死亡，因此，试验前 24 h 内的观察是非常重要的。24 h 后的死亡是可疑的，除非有典型的症状出现。

（2）如果小白鼠注射经 1∶2 或 1∶5 倍数稀释的样品后死亡，但注射更高稀释度的样品后未死亡，这也是非常可疑的现象，一般为非特异性死亡。

（3）小白鼠要用不会抹去的颜料加以标记。小白鼠的饲料与水必须及时添加、充分供应。

五、数据记录及处理

详细记录实验过程和现象，判断样品中是否含有肉毒梭状芽孢杆菌。

实验 8-2　金黄色葡萄球菌检验

一、安排学生课前预习

学生通过查阅资料和观看视频等完成预习报告。预习报告内容包括：（1）实验目的。（2）实验原理。（3）实验步骤。（4）思考题：① 金黄色葡萄球菌在 Baird-Parker 平板上的菌落特征如何？为什么？②鉴定致病性金黄色葡萄球菌的重要指标是什么？

二、检查学生预习情况

小组讨论，根据预习的知识，用集体的智慧确定实验步骤。

三、知识储备

葡萄球菌在自然界分布广泛，空气、土壤、水、饲料、食品（剩饭、糕点、肉品等）以及人和动物的体表黏膜等处均有存在，大部分是不致病的兼性寄生菌，也有一些致病的球菌。金黄色葡萄球菌是葡萄球菌属的一个种，可引起皮肤组织炎症，还能产生肠毒素。如果在食品中大量生长繁殖，产生肠毒素，食后能引起食物中毒。因此，检查食品中金黄色葡萄球菌有实际意义。

典型的金黄色葡萄球菌为球形，直径 0.8 μm 左右，各个菌体的大小及排列也较整齐。显微镜下排列成葡萄串状。革兰氏染色呈阳性，当衰老、死亡或被白细胞吞噬后常转为革兰氏阴性。

金黄色葡萄球菌营养要求不高，在普通培养基上生长良好，需氧或兼性厌氧，最适生长温度 37℃，最适生长 pH 为 7.4。平板上菌落厚、有光泽、圆形凸起，直径 1～2 mm。血平板菌落周围形成透明的溶血环。金黄色葡萄球菌有高度的耐盐性，可在含 10%～15% NaCl 的肉汤中生长。

金黄色葡萄球菌可分解葡萄糖、麦芽糖、乳糖、蔗糖，产酸不产气。甲基红反应阳性，V-P 反应弱阳性。许多菌株可分解精氨酸，水解尿素，还原硝酸盐，液化明胶。具有较强的抵抗力，对磺胺类药物敏感性低，但对青霉素、红霉素等高度敏感。

金黄色葡萄球菌的检测流程如图 8-3 所示。

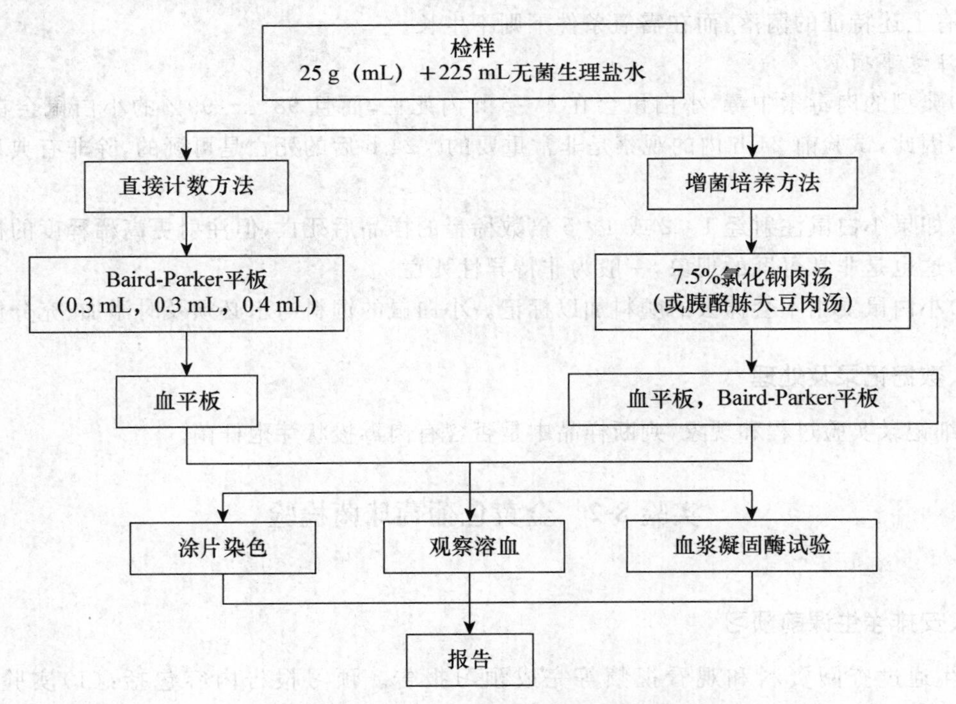

图 8-3　金黄色葡萄球菌的检测流程

四、学生分组实验

(一)直接计数方法

(1)检样处理。称取 25 g 固体样品或吸取 25 mL 液体样品,加入 225 mL 灭菌生理盐水,固体样品需研磨或置均质器中制成混悬液。

(2)吸取上述 1∶10 混悬液,进行十倍递次稀释,根据样品污染情况,选择不同浓度的稀释液 1 mL,分别加入 3 块 Baird-Parker 平板,每个平板接种量分别为 0.3 mL、0.3 mL、0.4 mL,然后用灭菌 L 棒涂布整个平板。如水分不能被吸收,可将平板放在(36±1)℃温箱 1 h,等水分蒸发后反转平皿置(36±1)℃温箱培养。

(3)在三个平板上点数周围有混浊带的黑色菌落,并从中任选 5 个菌落,分别接种血平板,(36±1)℃下培养 24 h 后进行染色镜检、血浆凝固酶试验,步骤同增菌培养法。

(4)菌落计数。将 3 个平板中疑似金黄色葡萄球菌黑色菌落数相加,乘以血浆凝固酶阳性数,除以 5,再乘以稀释倍数,即可求出每克样品中金黄色葡萄球菌数。

(二)增菌培养法

1. 增菌及分离培养

吸取 5 mL 上述混悬液,接种于 7.5%氯化钠肉汤或胰酪胨大豆肉汤 50 mL 培养基内,置(36±1)℃温箱培养 24 h,转种血平板和 Baird-Parker 平板,(36±1)℃下培养 24 h,挑取金黄色葡萄球菌菌落进行革兰氏染色镜检及血浆凝固酶试验。

2. 形态

本菌为革兰氏阳性球菌,排列为葡萄状,无芽孢,无荚膜,致病性葡萄球菌菌体较小,直径为 0.5～1 μm。

3. 外观

在肉汤中呈混浊生长;在胰酪胨大豆肉汤内有时液体澄清,菌量多时呈混浊生长;血平板上菌落呈金黄色,也有时为白色,大而凸起、圆形、不透明、表面光滑,周围有溶血圈。在 Baird-Parker 平板上为圆形、光滑凸起、湿润、直径为 2～3 mm,颜色呈灰色到黑色,边缘为淡色,周围为一混浊带,在其外层有一透明圈。用接种针接触菌落似有树胶的硬度,偶然会遇到非脂肪溶解的类似菌落;但无混浊带及透明圈。长期保存的冷冻或干燥食品中所分离的菌落比典型菌落所产生的黑色较淡些,外观可能粗糙并干燥。

4. 血浆凝固酶试验

吸取 1∶4 新鲜兔血浆 0.5 mL,放入小试管中,再加入培养 24 h 的金黄色葡萄球菌肉浸液肉汤培养物 0.5 mL,振荡摇匀,放(36±1)℃保温箱或水浴锅内,每半小时观察一次,观察 6 h,如呈现凝固,即将试管倾斜或倒置时,呈现凝块者,被认为阳性结果。同时以已知阳性和阴性葡萄球菌株及肉汤作为对照。

5. 判定

根据形态染色、血平板情况以及血浆凝固酶试验,判别检样中是否存在金黄色葡萄球菌。

五、成绩评定

教师根据学生的预习、操作情况和小组互评等评定学生本次实验成绩。

实验 8-3 志贺氏菌属检验

任务准备

1. 器材

天平(称取检样用)、均质器和乳钵、温箱、显微镜、灭菌光口瓶、灭菌三角瓶、灭菌平皿、载玻片、酒精灯、灭菌金属匙或玻璃棒、接种棒、镍铬丝、试管架、试管篓、硝酸纤维素滤膜。

2. 样品

肉与肉制品、蛋与蛋制品、乳与乳制品等。

3. 菌种

某种志贺氏菌或大肠埃希菌。

4. 培养基和试剂

GN 增菌液、HE 琼脂、SS 琼脂、伊红-亚甲蓝琼脂(EMB)、麦康凯琼脂、三糖铁琼脂(TSI)、半固体肉汤蛋白胨试管、赖氨酸脱羧酶试验培养基、苯丙氨酸培养基、西蒙氏柠檬酸琼脂、葡糖胺琼脂、葡萄糖半固体、缓冲葡萄糖蛋白陈水、糖发酵管(棉籽糖,甘露糖,甘油,七叶苷及水杨苷)、5%乳糖发酵管、蛋白胨水、尿素琼脂。氰化钾(KCN)、吲哚试剂、甲基红试剂,V-P 试剂、氧化酶试剂、志贺氏菌属诊断血清。

任务实施

一、安排学生课前预习

学生通过查阅资料和观看视频等完成预习报告。预习报告内容包括:(1)实验目的。(2)实验原理。(3)实验步骤。(4)思考题:① 志贺氏菌属有哪些重要的生化特性? ② 你认为在志贺氏菌属检验过程中,哪些试验是不可缺少的?

二、检查学生预习情况

小组讨论,掌握志贺氏菌属的生化特性。

三、知识储备

(一)实验原理

志贺氏菌属的细菌(通称痢疾杆菌),是细菌性痢疾的病原菌。临床上能引起痢疾症状的病原生物很多,有志贺氏菌、沙门氏菌、变形杆菌、大肠杆菌等,还有阿米巴原虫、鞭毛虫以及病毒等均可引起人类痢疾,其中以志贺氏菌引起的细菌性痢疾最为常见。人类对痢疾杆菌有很高的易感性。在幼儿可引起急性中毒性菌痢,死亡率甚高,所以在食物和饮用水的卫生检验时,常以是否含有志贺氏菌作为指标。

志贺氏菌属细菌的形态与一般肠道杆菌无明显区别,为革兰氏阴性杆菌,长 2~3 μm,宽 0.5~0.7 μm。不形成芽孢,无荚膜,无鞭毛,有菌毛。

需氧或兼性厌氧。营养要求不高，能在普通培养基上生长，最适温度为37℃，最适pH为6.4～7.8。37℃培养18～24 h后菌落呈圆形、微凸、光滑湿润、无色、半透明、边缘整齐，直径约2 nm，宋内志贺菌菌落一般较大，较不透明，并常出现扁平的粗糙型菌落。在液体培养基中呈均匀混浊生长，无菌膜形成。

本菌属都能分解葡萄糖，产酸不产气。大多不发酵乳糖，仅宋内志贺菌迟缓发酵乳糖。靛基质产生不定，甲基红阳性，V-P试验阴性，不分解尿素，不产生H_2S。除运动力与生化反应外，志贺氏菌的进一步分群分型有赖于血清学试验。

(二)检验流程

志贺菌属检验流程如图8-4所示。

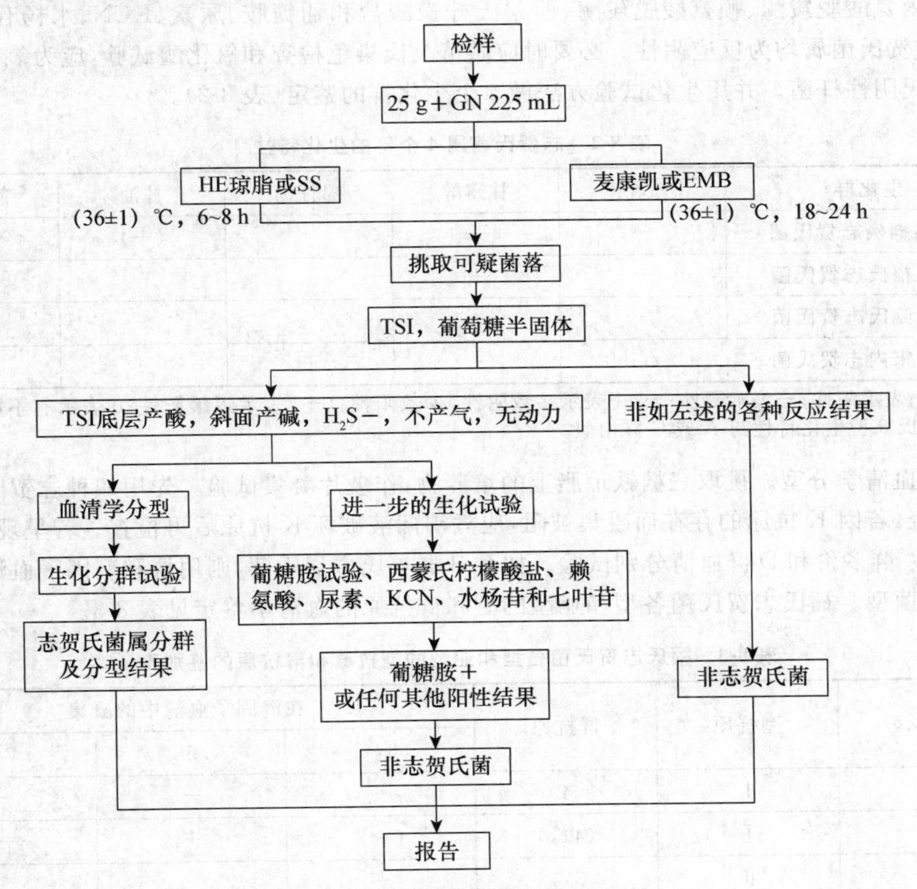

图8-4　志贺氏菌属细菌检验流程

四、学生分组实验

1. 增菌

称取检样25 g加入装有225 mL GN增菌液的500 mL广口瓶内(固体食品应用均质器以8 000～10 000 r/min打碎1 min，或用研钵研碎)，于(36±1)℃培养6～8 h，培养时间视细菌生长情况而定，当培养液出现轻微混浊时即应当终止培养。

2.分离

取一环增菌液，划线接种于HE琼脂平板或SS平板一个，麦康凯琼脂平板或伊红-亚甲蓝琼脂平板一个，于(36±1)℃培养18～24 h。志贺氏菌在这些培养基上呈现无色透明的中等大小的光滑型菌落。

3.生化试验

(1)志贺氏菌属生化特性试验。挑取平板上的可疑菌落，接种三糖铁琼脂和半固体琼脂各1管。一般应多挑几个菌落以防遗漏。志贺氏菌在三糖铁琼脂内的反应结果为底层产酸而不产气(福氏志贺氏菌6型可微产气)，斜面产碱，不产生硫化氢，在半固体管内沿穿刺线生长。无动力，具有以上特性的菌株，疑为志贺氏菌，可作血清学凝集试验。在做血清学试验的同时，应作苯丙氨酸脱羧酶、赖氨酸脱羧酶、西蒙氏柠檬酸盐和葡糖胺、尿素、KCN、水杨苷、七叶苷试验，志贺氏菌属均为反应阴性。必要时应做革兰氏染色检查和氧化酶试验，应为氧化酶阴性的革兰氏阴性杆菌。并用生化试验方法做4个生化群的鉴定(表8-2)。

表8-2 志贺氏菌属4个群的生化特性

生化群	5%乳糖	甘露醇	棉籽糖	甘油	靛基质
A群:痢疾志贺氏菌	－	－	－	(＋)	－/＋
B群:福氏志贺氏菌	－	＋	＋	－	－/＋
C群:鲍氏志贺氏菌	－	＋	－	＋	－/＋
D群:宋内志贺氏菌	＋/(＋)	＋	＋	d	－

注:＋表示阳性;－表示阴性;－/＋表示多数阴性，少数阳性;(＋)表示迟缓阳性;d表示有不同生化型。福氏志贺氏6型生化特性与A或C群相似。

(2)血清学分型。挑取三糖铁琼脂上的培养物，作玻片凝集试验。先用四种志贺氏菌多价血清检查，若因K抗原的存在而凝集被阻，应煮沸菌液破坏K抗原后再检查。若呈现凝集，则用A_1、A_2群多价和D群血清分别试验。如系B群福氏志贺氏菌，则用群和型因子血清分别试验，确定菌型。福氏志贺氏菌各型和亚型的型和群抗原的血清学鉴定见表8-3。

表8-3 福氏志贺氏菌各型和亚型的型抗原和群抗原的鉴别表

型和亚型	型抗原	群抗原	在群因子血清中的凝集		
			3,4	6	7,8
1a	Ⅰ	4	＋	－	－
1b	Ⅰ	(4),6	(＋)	＋	－
2a	Ⅱ	3,4	＋	－	－
2b	Ⅱ	7,8	－	－	＋
3a	Ⅲ	(3,4),6,7,8	(＋)	＋	＋
3b	Ⅲ	(3,4),6	(＋)	＋	－
4a	Ⅳ	3,4	＋	－	－
4b	Ⅳ	6	－	＋	－
4c	Ⅳ	7,8	－	－	＋
5a	Ⅴ	(3,4)	(＋)	－	－

续表8-3

型和亚型	型抗原	群抗原	在群因子血清中的凝集		
			3,4	6	7,8
5b	Ⅴ	7,8	－	－	＋
6	Ⅵ	4	＋	－	－
X	－	7,8	－	－	＋
Y	－	3,4	＋	－	－

注：＋表示凝集；－表示不凝集；(＋)表示有或无。

五、结果记录

综合以上生化和血清学的试验结果，判定菌型并撰写报告。

(1)根据培养和生化试验，是否检出志贺氏菌？

(2)根据生化特性和血清学试验，检出的志贺氏菌属哪个群？哪个型？

任务二　真菌性食物中毒及其预防措施

任务目标

熟悉真菌性食物中毒的概念和中毒类型，明确中毒的条件，了解主要的产毒霉菌和主要的霉菌毒素以及真菌性食品中毒的预防和监控措施。

相关知识

真菌性食物中毒是指人或动物吃了含有由真菌产生的真菌毒素的食物而引起的中毒现象。真菌毒素是真菌在食品或饲料里生长所产生的代谢产物，经产毒的真菌繁殖而分泌的细胞外毒素。其中产毒素的真菌以霉菌为主。霉菌毒素是霉菌产生的一种有毒的次生代谢产物。霉菌毒素通常具有耐高温、无抗原性，常引起胃肠症状如恶心、呕吐、腹胀、腹痛、偶有腹泻，而后出现体内各器官系统(肝、肾、神经、血液)的损害。

霉菌毒素仅限于少数的产毒霉菌，而且产毒菌种中也只有一部分菌株产毒。产毒菌株的产毒能力还表现出可变性和易变性，产毒菌株经过多代培养可以完全失去产毒能力，而非产毒菌株在一定条件下可出现产毒能力。一种菌种或菌株可以产生几种不同的毒素，而同一霉菌毒素也可由几种霉菌产生。

产毒菌株产毒需要一定的条件，主要是基质种类、水分、温度、湿度及空气流通情况。通风条件对霉菌产生毒素的影响较大，如能较好地控制水分、温度、湿度，并有良好的通风，可大幅度地降低霉菌产毒的机会，从而减少危害。

一、主要的产毒霉菌

(一)曲霉属(*Aspergillus*)

曲霉广泛分布在谷物、空气、土壤及各种有机物上，对有机质分解能力强。曲霉具有发达的菌丝体，菌丝有隔膜，为多细胞。其无性繁殖产生分生孢子，分生孢梗不分枝，顶端膨大呈球形或棒槌形，称顶囊。顶囊上辐射着生一层或二层小梗，小梗顶端着生一串串分生孢子，分生孢子呈不同颜色，如黑色、褐色、黄色等。曲霉的有性世代产生闭囊壳，内含多个圆球状子囊，子囊内着生子囊孢子。

曲霉属中有些种如黑曲霉(*A. niger*)等被广泛用于食品工业。同时，曲霉也是重要的食品污染霉菌，可导致食品发生腐败变质，有些种还产生毒素。曲霉属中可产生毒素的种有黄曲霉(*A. flavus*)、赭曲霉(*A. ochraceus*)、杂色曲霉(*A. versicolor*)、烟曲霉、构巢曲霉(*A. nidulans*)和寄生曲霉(*A. parasiticus*)等。

(二)青霉属(*Penicillium*)

青霉是产生青霉素的重要菌种，广泛分布于空气、土壤和各种物品上，常生长在腐烂的柑橘皮上，呈青绿色。青霉菌菌丝与曲霉相似，但无足细胞。分生孢子梗顶端不膨大，无顶囊，经过1～2次分枝，这些分枝称为副枝和梗基，在梗基上产生许多小梗，小梗顶端着生成串的分生孢子，这一结构称为帚状体。分生孢子可有不同颜色，如青、灰绿、黄褐色等，帚状体有单轮生、对称多轮生、非对称多轮生。青霉中只有少数种类形成闭囊壳，产生子囊孢子。

青霉属的有些种及菌株同时还可产生毒素。例如，岛青霉(*P. islandicum*)、橘青霉(*P. citrinum*)、黄绿青霉(*P. citreo-viride*)、红色青霉(*P. rubrum*)、扩展青霉(*P. expansum*)、圆弧青霉、纯绿青霉、展开青霉(*P. patulum*)、斜卧青霉(*P. decumbens*)等。

(三)镰刀菌属(*Fusarium*)

该属的气生菌丝发达或不发达，分生孢子分大小两种类型，大型分生孢子有3～7个隔，产生在菌丝的短小爪状突起上，或产生在黏孢团中，形态多样，如镰刀形、纺锤形等。小型分生孢子有1～2个隔，产生在分生孢子梗上，有卵形、椭圆形等形状。气生菌丝、黏孢团、菌核可呈各种颜色，并可将基质染成各种颜色。

镰刀菌属包括的种很多，其中大部分是植物的病原菌，并能产生毒素。如禾谷镰刀菌(*F. graminearum*)、三线镰刀菌(*F. trincintum*)、玉米赤霉、梨孢镰刀菌(*F. poae*)、无孢镰刀菌、雪腐镰刀菌、串珠镰刀菌、拟枝孢镰刀菌(*F. sparotrichioides*)、木贼镰刀菌、窃属镰刀菌、粉红镰刀菌等。

(四)交链孢霉属(*Alternaria*)

菌丝有横隔，匍匐生长，分生孢子梗较短，单生或成丛，大多不分枝。分生孢子梗顶端生长分生孢子，其形状大小不定，形态为桑葚状，也有椭圆形和卵圆形，其上有纵横隔膜、顶端延长成喙状，多细胞。孢子褐色，常数个连接成链。尚未发现有性世代。

交链孢霉广泛分布于土壤和空气中，有些是植物病原菌，可引起果蔬的腐败变质，产生毒素。

(五)其他属

如粉红单端孢霉、木霉属、漆斑菌属、黑色葡萄穗霉等。

二、主要的霉菌毒素

(一)黄曲霉毒素

黄曲霉毒素是黄曲霉和寄生曲霉的代谢产物。寄生曲霉的所有菌株都能产生黄曲霉毒素，但我国寄生曲霉罕见。黄曲霉是我国粮食和饲料中常见的真菌，由于黄曲霉毒素的致癌力强，因而受到重视，但并非所有的黄曲霉都是产毒菌株，即使是产毒菌株也必须在适合产毒的环境条件下才能产毒。

1. 黄曲霉毒素的性质

黄曲霉毒素的基本结构为双氢呋喃和氧杂萘邻酮。在自然条件下，黄曲霉毒素主要有黄曲霉毒素 B_1、B_2、G_1 和 G_2，以后又发现这类毒素在动物体内的代谢产物，如黄曲霉毒素 M_1、M_2、GM_1 和 P_1 等。其中以 B_1 的毒性和致癌性最强，它的毒性比氰化钾大 100 倍，仅次于肉毒毒素，是真菌毒素中最强的；黄曲霉毒素是目前最强的化学致癌物质，其致癌作用比已知的化学致癌物都强，比二甲基亚硝胺强 75 倍。黄曲霉毒素具有耐热的特点，裂解温度为 280℃，因此一般的加工烹饪方法不能把它消除。在水中溶解度很低，能溶于油脂和多种有机溶剂。

2. 黄曲霉的产毒条件

黄曲霉素的产生与许多因素有关。

(1)产毒的微生物。黄曲霉毒素已被证明是由曲霉属黄曲霉群中的黄曲霉和寄生曲霉产生的。

(2)产毒的基质。黄曲霉毒素可污染多种食物，如粮食、油料、水果、调味品、乳和乳制品、蔬菜、肉类等。其中以玉米、花生和棉籽油最易受到污染，其次是稻谷、小麦、大麦、豆类等。花生和玉米等谷物是产生黄曲霉毒素菌株适宜生长并产生黄曲霉毒素的基质。花生和玉米在收获前就可能被黄曲霉污染，使成熟的花生不仅污染黄曲霉而且可能带有毒素，玉米果穗成熟时，不仅能从果穗上分离出黄曲霉，并能够检出黄曲霉毒素。

(3)产毒的环境条件。黄曲霉生长和产毒的温度范围是 12～42℃，最适产毒温度为 33℃，最低生长水分活度为 0.78，最适为 0.93～0.98。

黄曲霉主要产生 B_1 和 B_2 两种毒素，测定黄曲霉毒素的含量多以 B_1 为代表。鉴于黄曲霉毒素的毒性大、致癌力强、分布广，对人畜威胁极大，因此我国规定了食品中黄曲霉毒素 B_1 的最高允许量(表 8-4)。

表 8-4　食品中黄曲霉毒素 B_1 限量指标

食品类别(名称)	限量/(μg/kg)
谷物及其制品	
玉米、玉米面(渣、片)及玉米制品	20
稻谷、糙米、大米	10
小麦、大麦、其他谷物	5.0
小麦粉、麦片、其他去壳谷物	5.0
豆类及其制品	
发酵豆制品	5.0
坚果及籽类	
花生及其制品	20
其他熟制坚果及籽类	5.0

续表8-4

食品类别(名称)	限量/(μg/kg)
油脂及其制品	
植物油脂(花生油、玉米油除外)	10
花生油、玉米油	20
调味品	
酱油、醋、酿造酱	5.0
特殊膳食用食品	
婴幼儿配方食品	
婴儿配方食品	0.5(以粉状产品计)
较大婴儿和幼儿配方食品	0.5(以粉状产品计)
特殊医学用途婴儿配方食品	0.5(以粉状产品计)
婴幼儿辅助食品	
婴幼儿谷类辅助食品	0.5
特殊医学用途配方食品(特殊医学用途婴儿配方食品涉及的品种除外)	0.5(以固态产品计)
辅食营养补充品	0.5
运动营养食品	0.5
孕妇及乳母营养补充食品	0.5

从肝癌的流行病调查中发现,凡食品中黄曲霉毒素污染严重和人类实际摄入量较高的地区肝癌的发病率也高。

3.中毒症状

黄曲霉菌毒素中毒是人畜禽共患且具有严重危害性的一种疾病。黄曲霉毒素具强烈的致癌作用,对禽类有较大的毒害。主要是肝脏受侵害,强烈抑制肝脏细胞中 RNA 的合成,破坏 DNA 的模板作用,阻止和影响蛋白质、脂肪、线粒体、酶等的合成与代谢,干扰动物的肝功能,导致突变、癌症及肝细胞坏死。同时,饲料中的毒素可以蓄积在动物的肝脏、肾脏和肌肉组织中,人食用后可引起慢性中毒。

中毒症状分为三种类型:

(1)急性和亚急性中毒。短时间摄入黄曲霉毒素量较大,迅速造成肝细胞变性、坏死、出血以及胆管增生,在几天或几十天内死亡。

(2)慢性中毒。持续摄入一定量的黄曲霉毒素,使肝脏出现慢性损伤,生长缓慢、体重减轻,肝功能降低,出现肝硬化。在几周或几十周后死亡。

(3)致癌性。实验证明许多动物小剂量反复摄入或大剂量一次摄入黄曲霉毒素皆能引起癌症,主要是肝癌。

(二)黄变米中的毒素

黄变米是稻谷在收割后和贮存过程中含水量过高,被真菌污染后发生霉变所致。由于霉变米呈黄色,故也称为“黄粒米”或“沤黄米”。黄变米不但失去食用价值,而且含有岛青霉毒素、黄绿青霉毒素、橘青霉素、皱褶青霉素等许多种毒素。

1. 黄绿青霉毒素

由黄绿青霉等产生，它是深黄色针状结晶，不溶于水，加热至270℃失去毒性；是一种神经毒素，急性中毒表现为神经麻痹、呼吸麻痹、抽搐，慢性中毒表现为溶血性贫血。

2. 桔青霉毒素

其是一种能杀灭革兰氏阳性菌的抗生素，因其毒性太强，未能用于治疗。本毒素主要得之于橘青霉、黄绿毒霉、鲜绿青霉等，为黄色针状结晶。

主要污染大米、小麦，大麦、燕麦和黑麦等。橘青霉素对小鼠经口 LD_{50} 为110 mg/kg。具有肾毒性，可使肾脏肿大、肾小管扩张、变性和坏死，有致突变性。

3. 岛青霉毒素

该毒素由岛青霉产生，是产生“沤黄米”或“黄粒米”的主要原因。“沤黄米”是稻谷未及时脱粒干燥而堆放，致使霉变谷物脱粒后变黄。该毒素为含氯环状结构的肽类，无色针状结晶。岛青霉产生的毒素，包括黄天精、环氯肽、岛青霉素、红天精。前两种毒素都是肝脏毒，急性中毒可造成动物发生肝萎缩现象；慢性中毒发生肝纤维化、肝硬化或肝肿瘤，可导致大白鼠肝癌。

（三）杂色曲霉毒素

杂色曲霉素是一类结构类似的化合物，它主要由杂色曲霉（*Aspergillus uersicolor*）和构巢曲霉（*A. nidulans*）等真菌产生，基本结构为一个双呋喃环和一个氧杂蒽酮。其中的杂色曲霉毒素Ⅳa是毒性最强的一种，不溶于水，杂色曲霉素的急性毒性不强，对小鼠的经口半数致死剂量（LD_{50}）为800 mg/kg体重以上。杂色曲霉素的慢性毒性主要表现为肝和肾中毒，但该物质有较强的致癌性，以0.15～2.25 mg/只的剂量饲喂大鼠42周，有78%的大鼠发生原发性肝癌，且有明显的量效关系，该物质在Ames实验中也显示出强致突变性。由于杂色曲霉和构巢曲霉经常污染粮食和食品，而且有80%以上的菌株产毒，所以杂色曲霉毒素在肝癌病因学研究上很重要。糙米中易污染杂色曲霉毒素，糙米经加工成“标二米”后，毒素含量可以减少90%。

（四）棕曲霉毒素

棕曲霉毒素是由棕曲霉（*A. ochraceus*）、纯绿青霉、圆弧青霉和产黄青霉等产生的。现已确认的有棕曲霉毒素A和棕曲霉毒素B两类。它们易溶于碱性溶液，可导致多种动物肝肾等内脏器官的病变，故称为肝毒素或肾毒素，此外还可导致肺部病变。

棕曲霉产毒的适宜基质是玉米、大米和小麦。产毒适宜温度为20～30℃，A_w 值为0.997～0.953。在粮食和饲料中有时可检出棕曲霉毒素A。

（五）展青霉毒素

展青霉毒素主要是由扩展青霉产生的，可溶于水、乙醇，在碱性溶液中不稳定，易被破坏。这种毒素会引起动物的胃肠道功能紊乱和各种不同器官的水肿和出血。扩展青霉和展青霉的生长和产毒素的温度范围同样很宽，为0～40℃，最佳温度为20～25℃，最适产毒的pH范围是3～6.5。

扩展青霉是苹果贮藏期的重要霉腐菌，它可使苹果腐烂。以这种腐烂苹果为原料生产出的苹果汁会含有展青霉毒素。如用有腐烂达50%的烂苹果制成的苹果汁，其展青霉毒素含量可达20～40 μg/L。

（六）青霉酸

青霉酸是由软毛青霉、圆弧青霉、棕曲霉等多种霉菌产生的。极易溶于热水、乙醇。以1.0 mg青霉酸给大鼠皮下注射每周2次，64～67周后，在注射局部发生纤维瘤，对小白鼠试验证明有致突变作用。

在玉米、大麦、豆类、小麦、高粱、大米、苹果上均检出过青霉酸。青霉酸是在20℃以下形成的，所以低温贮藏食品霉变可能污染青霉酸。

（七）交链孢霉毒素

交链孢霉是粮食、果蔬中常见的霉菌之一，可引起许多果蔬发生腐败变质。交链孢霉产生多种毒素，主要有四种：交链孢霉酚、交链孢霉甲基醚、交链孢霉烯、细偶氮酸。

交链孢霉毒素在自然界产生水平低，一般不会导致人或动物发生急性中毒，但长期食用时其慢性毒性值得注意。在番茄及番茄酱中检出过细偶氮酸。

三、真菌性食品中毒预防及监控

保存粮食花生及其制品等，应随时注意其水分和温度、积极采取措施保持干燥，低温贮存，以达到防止真菌生长的目的。食品库房应保持清洁、干燥，并定时消毒处理；环氧乙烷防霉效果较好，用100～200 g/m^2 封闭数日之后可消灭90%的真菌，且效果可维持4个月。食品加工的原料及食品不宜积压过久；已经发生变质的食品，不应再食用，并应与其他食品隔离。发酵食品如酱、臭豆腐、酱油啤酒、面包等应妥善保存，以免食物被有毒真菌污染必要时，可定期进行菌种分离、分型检查以便发现污染的食品，避免发生中毒。

实验 8-4 霉菌和酵母菌的检验

任务准备

1. 器材与设备

冰箱（0～4℃），恒温培养箱（25～28℃），恒温振荡器，显微镜（10～100倍），架盘药物天平（0～500 g，精确至0.5 g），灭菌具塞锥形瓶（250 mL），灭菌广口瓶（500 mL），灭菌吸管1 mL（具0.01 mL刻度）和10 mL（具0.1 mL刻度），灭菌平皿（直径90 mm），灭菌试管（16 mm×160 mm），载玻片、盖玻片，灭菌牛皮纸袋等。

2. 培养基

马铃薯-葡萄糖琼脂培养基，孟加拉红培养基。

任务实施

一、安排学生课前预习

学生通过查阅资料和观看视频等完成预习报告。预习报告内容包括：(1)实验目的。(2)实验原理。(3)实验步骤。(4)思考题：①霉菌生长的环境要求及对食品的影响。②食品中霉菌对人体的危害。③霉菌污染应如何预防？

二、检查学生预习情况

小组讨论，根据预习的知识用集体的智慧确定检验流程。

三、实验流程

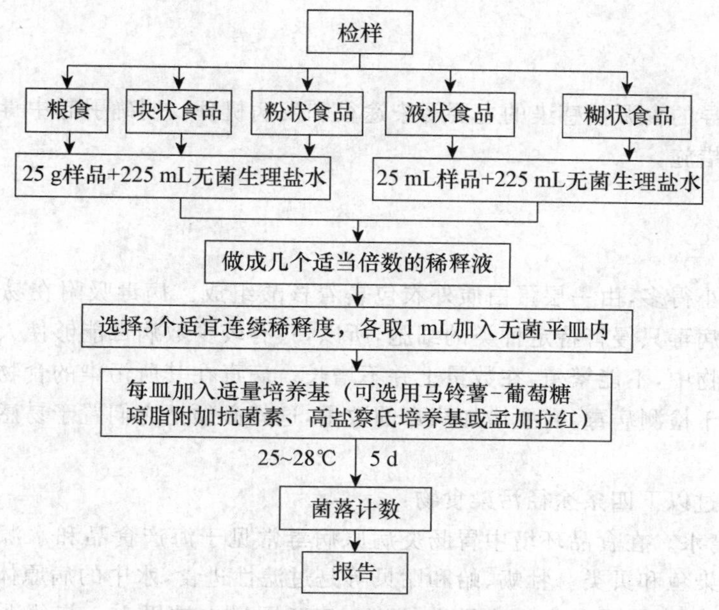

图 8-5 霉菌和酵母菌的检验流程

四、学生操作

(1)以无菌操作称取检样 25 g(mL)，放入含 225 mL 灭菌水的具塞锥形瓶中，振摇 30 min，即为 1∶10 稀释液。

(2)用灭菌吸管吸取 1∶10 稀释液 10 mL 注入灭菌试管中，另用 1 支灭菌吸管反复吹吸 50 次，使霉菌孢子充分散开。

(3)取 1∶10 稀释液注入含有 9 mL 灭菌水的试管中，另换一支 1 mL 灭菌吸管吹吸 5 次，此液为 1∶100 稀释液。

(4)按上述操作顺序做 10 倍递增稀释液，每稀释一次，换用一支 1 mL 灭菌吸管，根据对样品污染情况的估计，选择 3 个合适的稀释度，分别在做 10 倍稀释的同时，吸取 1 mL 稀释液于灭菌平皿中，每个稀释度做两个平皿，然后将晾至 45℃左右的培养基注入平皿中，并转动平皿使之与样液混匀，待琼脂凝固后，倒置于 25～28℃温箱中，3 d 后开始观察，共培养观察 5 d。

(5)计算方法：通常选择菌落数在 10～150 的平皿进行计数，同稀释度的两个平皿的菌落平均数乘以稀释倍数，即为每克(或毫升)检样中所含霉菌和酵母菌数。稀释度选择及菌落报告方式可参考 GB/T 4789.2。

五、数据记录及处理

根据试验结果进行报告：每克(或毫升)食品中所含霉菌和酵母数以 CFU/g 或 CFU/mL 表示。

任务三　病毒介导的食源性感染及其监控

任务目标

熟悉病毒介导的食源性感染的主要污染途径和发病机理。明确引起中毒的病毒的种类和传染性以及预防措施。

相关知识

病毒比细菌小得多，由一层蛋白质外衣包裹着核酸组成。病毒吸附在易感细胞上将它的核酸注入细胞。病毒只侵害特定种类的细胞，所以，只有较少数病毒能够使人致病。病毒只是简单地存在于食物中，不能繁殖，在数量上并不增长。病毒在其所污染的食物上可以存留相当长的时间。为便于检测病毒，需要增加病毒的数量，这就必须把它们置于易感的宿主细胞上使其生长。

病毒主要通过以下四条途径污染食物：

(1)污染港湾水。在食品环境中胃肠炎病原病毒常见于海产食品和水源中。污水污染了港湾水就可能污染鱼和贝类。牡蛎、蛤和贻贝等是过滤性进食，水中的病原体通过其黏膜而进入，然后转入消化道。如果整个生吃贝类，那么，病毒同样也被摄入。其他港湾生物表面也可被污染，但它们中的绝大多数不是被生食的。还有一个问题，食品经过烹调后，很可能被厨房器具和某些设备二次污染，而这些设备和厨房器具已接触到生的水产品，或已被带有感染病毒的加工工人污染了。

(2)污染灌溉用水。被病毒污染的灌溉用水能够将病毒留在水果或蔬菜表面，而这些果蔬通常用于生食。

(3)污染饮用水。如果用被污染的饮用水冲洗或作为食品的配料，或恰恰被人喝下，那么它就可以传播病毒。

(4)不良的个人卫生。由于病毒对组织具有亲和性，所以真正能起到传播载体功能的食品也只能是针对人类肠道的病毒。能引起腹泻或胃肠炎的病毒包括轮状病毒、诺沃克病毒、肠道腺病毒、嵌杯病毒、冠状病毒等。引起消化道以外器官损伤的病毒有脊髓灰质炎病毒、柯萨奇病毒、埃可病毒、甲型肝炎病毒、呼肠孤病毒和肠道病毒 71 型等。通过粪便感染食物加工者的手，病毒可被带到食物中去。有时候，这些人看起来是有病的，但在很多时候他们无症状，却是携带病毒者。即食食品如面包必须引起特别注意，而实际上，任何由含有病毒的人类粪便所污染的食物，都可能引起疾病。

发病机理：存在于食品中的病毒经口进入肠道后，聚集于有亲和性的组织中，并在黏膜上皮细胞和固有层淋巴样组织中复制增殖。病毒在黏膜下淋巴组织中增殖后，进入颈部和肠系膜淋巴结。少量病毒由此处再进入血流，并扩散至网状内皮组织，如肝、脾、骨髓等。在此阶段一般并不表现临床症状，大多数情况下因机体防御机制的抑制而不能继续发展。仅在极少数被病毒感染者中病毒能在网状内皮组织内复制，并持续地向血流中释放大量病毒。由于持续性病毒血症，可能使病毒扩散至靶器官。病毒在神经系统中虽可沿神经通道传播，但进入中枢神经系统的主要途径仍是通过血流直接侵入毛细血管壁。

一、甲型肝炎病毒

肝炎病毒或是一种重要的食源性疾病病毒，与食品相关的人的肝炎病毒有甲型肝炎病毒、戊肝炎病毒。以甲型肝炎病毒为例进行学习。

1. 生物学特征

甲型肝炎病毒，属微小 RNA 病毒科，新型肠道病毒 72 型。人类感染 HAV 后，大多表现为亚临床或隐性感染，仅少数人表现为急性甲型肝炎。一般可完全恢复，不转为慢性肝炎，亦无慢性携带者。

病毒呈球形，直径约为 27 nm，无囊膜，衣壳由 60 个壳微粒组成，呈 20 面体立体对称，每一壳微粒由 4 种不同的多肽即 VP1、VP2、VP3 和 VP4 所组成。在病毒的核心部位，为单股正链 RNA。除决定病毒的遗传特性外，兼具信使 RNA 的功能，并有传染性。

2. 传播与症状表现

甲型肝炎病毒在 100℃加热 5 min 即可灭活，在 4℃、−20℃和−70℃下不改变形态、不失去传染性。主要通过粪口途径传播，传染源多为病人。甲型肝炎的潜伏期为 15～45 d，病毒常在患者转氨酶升高前的 5～6 d 就存在于患者的血液和粪便中。发病 2～3 周后，随着血清中特异性抗体的产生，血液和粪便的传染性也逐渐消失。长期携带甲型肝炎病毒者极罕见。

甲型肝炎病毒随患者粪便排出体外，通过污染水源、食物、海产品（如毛蚶等）、食具等的传播可造成散发性流行或大流行。也可通过输血或注射方式传播，但由于病毒在患者血液中持续时间远较乙型肝炎病毒为短，故此种传播方式较为少见。

3. 食物来源

甲型肝炎涉及的食品包括凉拌菜、水果及水果汁、乳及乳制品、冰激凌饮料、水生贝类等食品。生的或未煮透的来源于污染水域的水生贝类食品是最常见的载毒食品，甲型肝炎病毒可在牡蛎中存活 2 个月以上。

4. 检测和预防措施

甲型肝炎病毒可用核酸杂交、放射免疫斑点试验来检测。

甲型肝炎病毒的预防：应搞好饮食卫生，保护水源，加强粪便管理，并做好卫生宣教工作。注射丙种球蛋白及胎盘球蛋白，应急预防甲型肝炎有一定效果。我国生产的甲肝活疫苗只注射一次即可获得持久免疫力。基因工程疫苗研制亦已成功。

二、口蹄疫与禽流感

1. 生物学特征

口蹄疫是偶蹄动物中发生的一种急性、热性、高度接触性的传染病。这是一种由口蹄疫病毒引起的人畜共患病。临床特征为口腔黏膜、嘴、蹄等部位皮肤形成水疱和溃烂。严重者可并发肠胃炎、神经炎、心肌炎及引起死亡。

鸟禽类流行性感冒，俗称禽流感，是一种鸟类病毒性传染病。绝大多数禽流感病毒不会感染人类；但是甲型 H_5N_1 和甲型 H_7N_9 等某些病毒却造成严重的人类感染。人类感染的首要危险因素可能是直接或间接暴露于被感染的活禽或病死禽类，或者暴露于被污染的环境中，例如活禽市场。高危行为包括宰杀、拔毛和加工被感染的禽类。

2. 预防

这两种疾病均为人畜共患病。绝大多数为动物传播给人类，及罕见人类之间的传播。但禽流感病毒变异速度快，值得格外重视。这两种病毒均不耐热，常规加热烹调即可杀灭病原体。餐饮从业人员应尽量避免接触病、死畜禽，一旦发现采购的肉类有异常状况应立刻停止加工。

三、疯牛病

1. 生物学特征

疯牛病医学上称为牛脑海绵状病，简称BSE。这是一种人畜共患的疾病，目前已成为世界性问题，是21世纪医学界面对的最大的挑战。疯牛病是一种从未见过的疾病，为慢性、致死性、退化性神经系统疾病，由一种目前尚未完全了解其本质的病原——朊病毒所引起。问题的严重性在于它无法控制。疯牛病可能通过牛肉和牛肉制品，尤其是内脏和骨髓传染给人类，引起新型早老性痴呆症即新型克雅氏症。疯牛病侵犯的主要是年轻人，平均年龄28岁，最小的14岁。

医学家们发现BSE的病程一般为14～90 d，潜伏期长达4～6年。这种病多发生在4岁左右的成年牛身上。其症状不尽相同，多数病牛中枢神经系统出现变化，行为反常，烦躁不安，对声音和触摸，尤其是对头部触摸过分敏感，步态不稳，经常乱踢而摔倒、抽搐。

多年来，英国的专家宣称，有10例新发现的克雅二氏病患者，据说是吃了患疯牛病的牛肉引起的，由此引起了全球对疯牛病的恐慌。克雅二氏病(CJD)，是一种罕见的致命性海绵状脑病，据专家们统计，每年在100万人中只有一个会得CJD。

该病多发于英国，给其养牛业带来巨大损失，近期又有报道，因为此病的发生，导致欧盟对英国的牛肉出口采取制裁措施。截至目前我国尚未发现此病，所以，养牛场及其有关单位在进口牛、牛精液，以及胚胎时应加强检疫，以防止本病的传入。

目前，对本病尚无有效的生物制品及治疗本病的有效药物。

2. 预防

患者大多因食用或加工感染疯牛病病毒的肉类而染病。人类克雅氏病目前尚无有效治疗手段，潜伏期长，早期难以检测，一旦染病死亡率100%。尽量避免接触源自疫区的牛肉、牛排等。我国禁止从疯牛病疫区进口牛肉，请避免选择来路不明的牛肉。在加工牛肉时尽量加工至熟透。

四、轮状病毒

1. 生物学特征

轮状病毒是引起婴幼儿腹泻的主要病原体之一，其主要感染小肠上皮细胞，从而造成细胞损伤，引起腹泻。全世界每年因轮状病毒感染导致的婴幼儿死亡的人数大约为90万人，其中大多数发生在发展中国家。

轮状病毒为大小不等的球形，直径60～80 nm，双层衣壳，无包膜。负染后在电镜下观察，内衣壳由32个呈放射状排列的圆柱形壳粒组成，外衣壳为连接于壳粒末端的光滑薄膜状结构，使该病毒形成车轮状外观，故命名为轮状病毒。dsRNA核心。轮状病毒可分为A、B、C、D、E、F等6个群。A群最为常见，引起6个月至2岁婴幼儿水样腹泻，潜伏期为24～48 h，突然发病，发热、水样腹泻、呕吐和脱水，一般为自限性，可完全恢复。B群引起年长儿童、成人腹泻;C 群致病性类似 A 群,发病率低。

2. 传播和预防

传播途径主要由水源和食品经口传染。据统计,医院中 5 岁以下儿童腹泻有 1/3 是轮状病毒引起。1981 年美国科罗拉多州发生一起饮用水感染,128 人中有 44%患病,其中多数为成年人。美国对人粪便的检验结果证明,轮状病毒阳性率为 20%。

3. 检测

各种动物和人的轮状病毒内衣壳具有共同的抗原,即群特异性抗原,可用补体结合、免疫荧光、免疫扩散和免疫电镜检查出来。

五、柯萨奇病毒

1. 生物学特征

该病毒是一类常见的经呼吸道和消化道感染人体的病毒,感染后人会出现发热、打喷嚏、咳嗽等感冒症状。

柯萨奇病毒具有小 RNA 病毒的基本性状,病毒呈球形,多为 28 nm,一般 17～30 nm,病毒核衣壳呈二十面立体对称,无包膜,由 60 个蛋白质亚单位构成,每个亚单位由 VP1、VP2、VP3 和 VP4 共 4 条多肽形成。单股 RNA 可分成 A、B 两组。A 组病毒大约为 24 个血清型,B 组为 6 个血清型,牡蛎中见有 $CoxB_4$、$CoxB_2$、$CoxB_3$、$CoxB_4$、$CoxA_{18}$、$CoxA_{13}$、$CoxA_3$,蚝中为 $CoxA_{18}$。

2. 症状表现

柯萨奇病毒 A 型感染潜伏期 1～3 d,上呼吸道感染,起病急,流涕、咳嗽、咽痛、发烧,全身不适。典型症状为疱疹性咽峡炎,即在鼻咽部、会厌、舌和软腭部出现小疱疹,黏膜红肿,淋巴滤泡增生、渗出,扁桃体肿大,伴吞咽困难,食欲下降。据调查,伴有口咽部疱疹和皮疹的急性热病中,79%为柯萨克 A 型病毒所致。皮疹可为疱疹和斑丘疹,主要分布于躯干外周侧、背部、四肢背面,呈离心性分布,尤以面部、手指、足趾、背部皮疹多见,故称手足口病。

思政园地

民以食为天,食以安为先

很多流行性疾病都是由微生物引起的,其中有些微生物是条件致病菌,例如我们熟悉的大肠杆菌,广泛存在于人类的肠道中,是正常肠道菌群的组成部分。然而某些种类的大肠杆菌对任何动物具有病原性,严重时甚至致命。据报道 2017 年在德国发生了一次致病性大肠杆菌暴发事件,导致 30 人患病,1 人死亡。此次食源性疾病暴发主要是由于致病性大肠杆菌产生的志贺氏毒素导致,大肠杆菌 O157：H7 主要通过污染的食物向人类传播,例如生的或未煮熟的碎肉制品和生鲜奶。受粪便污染的水和其他食物以及食物制备期间的交叉污染(与牛肉和其他肉制品、受污染的板面和厨房用具)也将导致感染。导致大肠杆菌 O157：H7 疫情的食物包括未煮熟的汉堡包,风干肠,未施行巴氏灭菌的新鲜压榨苹果酒、酸奶,由生鲜奶制作的奶酪。人们根据食品种类,合理选择加工方式,做好环境卫生,能有效控制微生物的传播,减少疾病的发生。

任务四 食品卫生学细菌指标

任务目标

掌握主要的食品卫生学细菌指标。了解衡量食品卫生的细菌指标，主要包括菌落总数、大肠菌群和致病菌的相关知识，以及食品卫生质量评定的意义。

相关知识

食品卫生细菌检验是食品微生物检验的主要组成部分，食品中细菌的数量与种类是导致食品腐败变质的关键因素。食品细菌检验必须严格遵守国家的食品卫生标准检验方法。食品中污染细菌的数量与种类直接关系到食品的品质，衡量食品卫生的细菌指标主要包括菌落总数、大肠菌群和致病菌。

一、细菌总数和食品卫生质量评定

食品中的细菌数量，通常是指每克、每毫升或每平方厘米面积食品的细菌数目而言，不考虑其种类。国家标准检验方法是在严格的规定条件下(样品处理、培养基组成成分及 pH、培养温度、培养时间、计数方法等)，使适应这些条件的每一个活的细胞必须而且只能形成一个肉眼可见的菌落，所生成的菌落总数即是该食品中的细菌总数。用此法测得的结果，常用 CFU (菌落形成单位，colony forming unit)表示。

平板菌落计数法测定的细菌总数只是检样中部分活菌数，测定结果比检样中实际存在的活菌数值要小，这主要是由于培养基的营养状况和培养条件不能满足某些细菌的要求，致使这些细菌不能正常的生长繁殖：①不同的细菌对营养物质的要求不同，而菌落计数法常常选用的是一种培养基，不可能满足样品中所有细菌的营养需求；②不同的细菌对环境条件的要求不同，在菌落计数法中常选择中温培养，一般为(36±1)℃，所以嗜热细菌和嗜冷细菌的生长繁殖就要受到影响。但由于菌落计数法操作简便，重复性好，可较早地报告结果，测得的结果是食品中包含消化道传染病病原菌和食物中毒病原菌在内的活菌数，能真实地反映食品的微生物污染程度。

细菌菌落总数作为食品的细菌指标主要有以下两方面的卫生学意义：①可作为食品被细菌污染程度即清洁状态的标志。食品中细菌数量越多，说明食品被污染的程度越重、越不新鲜、对人体健康威胁越大。在我国的食品卫生标准中，针对各类不同的食品分别制定出了不允许超过的数量标准，借以控制食品污染的程度。②可以用来预测食品耐存放程度或期限。食品中细菌数量越少，说明食品可存放的时间就越长，相反，食品的存放时间就越短。例如，细菌总数为 $10^5/cm^2$ 的牛肉在 0℃时可存放 7 d，而当细菌总数为 $10^2/cm^2$ 时，则存放时间可延长至 12 d。

二、大肠菌群和食品卫生质量评定

大肠菌群(coliform group)是指在 37℃条件下经 24 h 培养后，能够发酵乳糖产酸产气，需氧与兼性厌氧的革兰氏阴性无芽孢杆菌。它包括埃希菌属、柠檬酸菌属、克雷伯氏菌属和肠杆菌属，其中以埃希菌属为主，该菌属被称为典型大肠杆菌。其他三属习惯上称为非典型大肠杆菌。食品中大肠菌群数以 100 mL(g)检样内大肠菌群最大可能数(MPN)表示。

大肠菌群通常来自人和温血动物的肠道，可作为食品被粪便污染的指示菌。如果某种食品中含有大肠菌群越多，表示该种食品受人或温血动物的粪便污染程度越大，也就是肠道中病原菌随粪便侵入食品的可能性越大。因此，在各种食品卫生微生物学检验中，不但要检查大肠菌群的有无，同时还要检查其存在的数量，以便判断受粪便污染的程度。所以，大肠菌群检验用以评价食品及饮水等的卫生质量，具有广泛的卫生学意义。

大肠菌群最初作为肠道致病菌被用于水质检验，现已被我国和国外许多国家广泛用作食品卫生质量检验的指示菌。大肠菌群的食品卫生学意义主要有两方面。

1. 作为食品被粪便污染的指示菌

如果食品中能检出大肠菌群，则表明该食品曾受到人与温血动物粪便的污染。如果有典型大肠杆菌存在，即说明该食品近期受到粪便污染。这主要是由于典型大肠杆菌常存在于排出不久的粪便中，如有非典型大肠杆菌存在，说明该食品受到粪便的陈旧污染，这是因为非典型大肠杆菌主要存在于陈旧粪便中。食品中粪便含量只要达到 10^{-3} mg/kg 即可检出大肠菌群。为什么选择大肠菌群作为食品被粪便污染的指示菌呢？

作为食品被粪便污染的指示菌，应具备 4 个特点：①在肠道中数量多，易于检出；②有来源特异性，即仅来自肠道；③在体外环境中有足够的抵抗力，并能存活一定的时间；④食品细菌学检验方法敏感、简易。一般来说，大肠菌群比较符合这些要求，所以大肠菌群是较为理想的粪便污染指示菌。

2. 作为肠道病原菌污染食品的指示菌

肠道致病菌如沙门氏菌属和志贺氏菌属是引起食物中毒的重要致病菌，然而对食品经常进行逐批逐件的检验又有一定困难，特别是当食品中致病菌含量极少时，往往不能检出。由于大肠菌群在粪便中存在数量较大(约占 2%)，容易检测，与肠道致病菌来源又相同，而且一般在外环境中生存时间也与主要肠道致病菌一致，所以大肠菌群又可作为肠道病原菌污染食品的指示菌。当食品中检出大肠菌群，说明有肠道致病菌存在的可能性。大肠菌群数值越高，肠道致病菌存在的可能性就越高。当然，并不一定就有致病菌存在，因为两者并非一定平行存在。

大肠菌群的检验方法一般采用乳糖发酵法，即通过初发酵、平板分离、复发酵试验，将证实有大肠菌群存在的阳性管数查表报告结果。

保证食品中不存在大肠菌群实际上是不容易做到，重要的是食品中大肠菌群的污染程度，也就是污染大肠菌群的多少。食品中大肠菌群的污染数量，我国和许多国家均采用相当于 100 g 或 100 mL 食品中大肠菌群数量的最近似值来表示，一般叫作大肠菌群最近似数。

三、致病菌和食品卫生质量评定

致病菌是指肠道致病菌、致病性球菌、沙门氏菌等。致病菌是评价食品卫生质量的极其重要、不可缺少的指标，致病菌在各类食品中均不得检出。

由于致病菌的种类很多，而在污染食品中的致病菌总数相对来讲又不是太多，这样就无法对所有的致病菌逐一进行检验。某些致病菌的检测还存在着一定的局限性，加上检验方法本身的允许误差，因此也不易准确判断食品中有无致病菌的存在。在实际检测中，一般是根据不同食品的特点，选定较有代表性的致病菌作为检测的重点，并以此来判断某种食品中有无致病菌存在。如蛋粉、冷冻禽类和肉类等，国家规定沙门氏菌是必须检验的重要对象；在某些特殊情况下或某些传染病流行疫区，应有重点地对有关致病菌进行检验。例如，铜绿假单胞菌(*P. aeruginosa*)，因为在代谢过程中产生水溶性的绿色色素，使伤口与创面呈绿色，故也称绿脓杆菌。

铜绿假单胞菌能在许多污染物质中存活并繁殖，生长营养需求不高，善于利用各种碳源和氨化合物作为氮源，在水、土壤、食品以及医院等环境中广泛存在，甚至在蒸馏水、消毒液中也不例外，如季铵类消毒液，特别是含有一些有机物的液体。铜绿假单胞菌可由多种途径传播，但主要是通过污染医疗器械、用具及带菌医护人员引起医源性感染，因此，对烧伤病房、手术器械及治疗器械应进行严格消毒灭菌，以保证无铜绿假单胞菌的污染。对铜绿假单胞菌感染的治疗，可应用庆大霉素、多黏菌素 B 和羧苄西林。

铜绿假单胞菌抵抗力较其他革兰阴性菌强，56℃下 1 h 可杀灭，对很多抗生素具有耐受性。对消毒剂、干燥、紫外线等理化因素及不良环境抵抗力强，对化学药物的抵抗力比一般革兰氏阴性菌强。其是一种非发酵革兰阴性无芽孢杆菌，菌体细长且长短不一，有时呈球杆状或线状，成对或短链状排列。铜绿假单胞菌菌体的一端有单鞭毛，在暗视野显微镜或相差显微镜下观察可见细菌运动活泼。菌体的大小为(0.5～1)μm×(1.5～3.0)μm，菌体笔直或弯曲。铜绿假单胞菌的主要致病物质是其内毒素，此外尚有菌毛、荚膜、胞外酶和外毒素等多种致病因子。可引起局部化脓性炎症，也可引起中耳炎、角膜炎、尿道炎、胃肠炎、心内膜炎、脓胸，还可引起菌血症、败血症及引起婴儿严重的流行性腹泻。WHO 的 HACCP 评估明确指出铜绿假单胞菌是婴儿瓶装饮用水的危害指示菌，可造成婴儿腹泻。尤其是抵抗力较差的老弱病幼孕人群，饮用含铜绿假单胞菌的瓶装水很可能导致疾病的发生，患者食入 10^3～10^4 个菌体细胞即可被侵害。

微生物指标除了上述细菌总数、大肠菌群数及致病菌外，有时在某些特定情况下，也有选定其他指标作为微生物指标的。例如，在一些低酸性食品中，有采用大肠杆菌作为微生物的指示菌；在冷冻食品中，常采用肠球菌作为食品卫生质量指示菌；还有采用酵母菌或霉菌作为某些食品卫生质量的指标等。

实验 8-5　铜绿假单胞菌检测(滤膜法)

任务准备

1. 器材与设备

玻璃器具：所有玻璃器皿使用前需 121℃高压蒸汽灭菌 15 min。恒温培养箱：(36±1)℃。紫外灯：波长应为(360±20) nm。滤膜：直径 47 mm，微孔径为 0.45 μm，如滤膜未经灭菌，则使用前需先将滤膜放入烧杯中，加入蒸馏水，置于沸水浴中煮沸灭菌 3 次，每次 15 min。前两次煮沸后需更换水，用蒸馏水洗涤 2～3 次，以除去残留溶剂。建议使用一次性无菌滤膜。显微镜：10～100 倍。冰箱：0～8℃。

2. 材料与试剂

假单胞菌琼脂基础培养基/CN 琼脂(低温避光保存)；金氏 B 培养基(低温避光保存)；乙酰胺肉汤；营养琼脂；氧化酶试剂；纳氏试剂(配制好之后低温避光保存)。

任务实施

一、安排学生课前预习

学生通过查阅资料和观看视频等完成预习报告。预习报告内容包括：(1)实验目的。(2)实验原理。(3)实验步骤。(4)思考题：①铜绿假单胞菌的检测原理。②铜绿假单胞菌检测过程中需要注意哪些事项？

二、检查学生预习情况

小组讨论，根据预习的知识，用集体的智慧确定检验流程。

三、实验流程

铜绿假单胞菌的检验流程如图 8-6 所示。

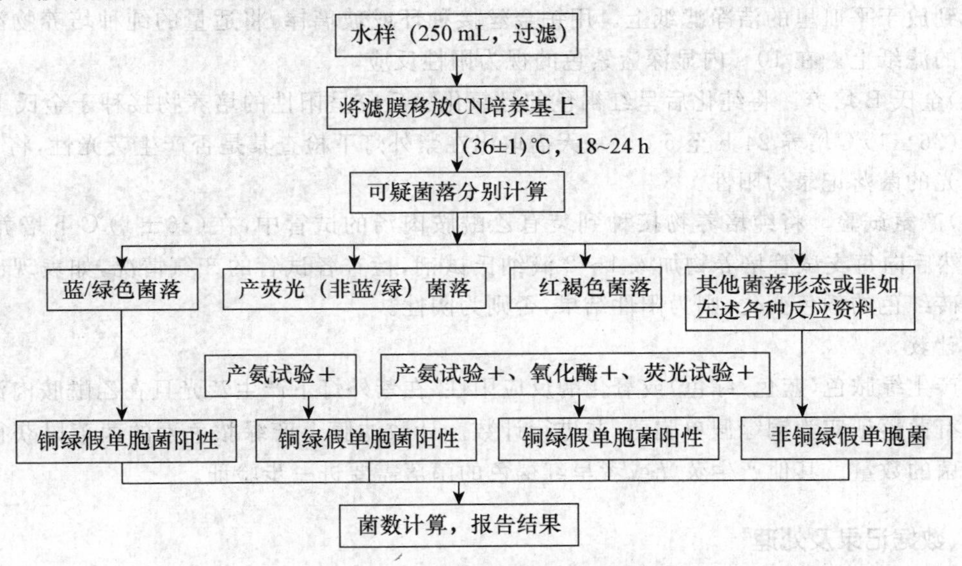

图 8-6　铜绿假单胞菌的检验流程

四、知识储备

铜绿假单胞菌虽然可由多种途径传播，但主要是通过污染医疗器械、用具及带菌医护人员引起医源性感染。1∶2 000 的氯己定、度米芬和新洁尔灭、1∶5 000 的消毒净在 5 min 内均可将其杀死。0.5%～1%醋酸也可迅速使其死亡，有些菌株对磺胺、链霉素、氯霉素敏感，但极易产生耐药性。青霉素对此菌无效。因此，医院对烧伤病房、手术器械及治疗器械进行严格消毒灭菌，可保证无铜绿假单胞菌的污染。

五、学生操作

1. 水样过滤

在 100 级的洁净工作台进行过滤操作。首先用无菌镊子夹取灭菌滤膜边缘部分，将粗糙面向上，贴放在已灭菌的滤床上，固定好滤器，将 250 mL 水样或稀释液通过孔径 0.45 μm 的滤膜过滤，然后将过滤后的滤膜贴在已制备好的 CN 琼脂平板上，平铺并避免在滤膜和培养基之间夹留气泡。

2. 培养

将平板置于(36±1)℃恒温箱中培养 48 h，并防止干燥。

3. 结果观察

培养 20～24 h，观察滤膜上菌落的生长情况并计数，避免因为培养时间过长导致菌落过分生长而出现菌落融合。但应注意，培养 40～48 h，更容易观察产色素情况和荧光情况。

4. 确证性试验

(1)营养琼脂纯化。将需验证的可疑菌落划线接种营养琼脂培养基，于(36±1)℃培养 20～24 h，对可疑菌进行纯化。

(2)氧化酶试验。将最初显红褐色的菌落进行氧化酶试验，取 2～3 滴新鲜配制的氧化酶试剂滴到放于平皿里的洁净滤纸上。用铂金丝接种环或玻璃棒，将适量的纯种培养物涂布在预备好的滤纸上。在 10 s 内显深蓝紫色的视为阳性反应。

(3)金氏 B 培养。将纯化后呈红褐色的且氧化酶反应呈阳性的培养物接种于金氏 B 培养基上于(36±1)℃培养 24 h 至 5 d。每天需取出在紫外灯下检查其是否产生荧光性，将 5 d 内产生荧光的菌落记录为阳性。

(4)产氨试验。将纯培养物接种到装有乙酰胺肉汤的试管中，在(36±1)℃下培养 20～24 h。然后向每支试管培养物加入 1～2 滴纳氏试剂，检查各试管的产氨情况，如表现出从深黄色到砖红色的颜色变化，则为阳性结果，否则为阴性。

5. 计数

将产生绿脓色(蓝色/绿色)或氧化酶反应阳性、在紫外灯下产生荧光且在乙酰胺肉汤中产氨的所有菌落证实为铜绿假单胞菌，并进行计数。计数滤膜上产绿脓色素的菌落以获得铜绿假单胞菌的数量。其他产生荧光或者呈红褐色的菌落需要进一步验证。

六、数据记录及处理

菌落计数(N)可依照下式计算。

$$N = P + F(CF/nF) + R(CR/nR)$$

式中：P——呈蓝/绿色的菌落数(所有证实为铜绿假单胞菌的菌落)；

F——没有绿脓色素但显荧光的菌落数；

R——呈红褐色的菌落数；

nF——进行产氨测试的显荧光菌落数；

CF——产氨阳性的显荧光菌落数；

nR——进行产氨、氧化酶、金氏 B 培养基上显荧光测试的红褐色菌落数；

CR——产氨、氧化酶、金氏 B 培养基上显荧光测试均呈阳性的红褐色菌落数。

结果以 CFU/250 mL 计，国家标准要求饮用水中不得检出铜绿假单胞菌。

注意：若样品污染严重，建议对样品进行稀释，如 10 倍递增稀释；即取 30 mL 样液加入至 270 mL 无菌生理盐水中，混匀，以此类推，进行系列稀释。

练习题

二维码 8-2
项目八练习题参考答案

一、选择题

1. 金黄色葡萄球菌肠毒素中毒是由(　)引起。

A. 金黄色葡萄球菌污染的食物　　B. 金黄色葡萄球菌肠毒素污染的食物
C. 化脓性球菌污染的食物　　D. 金黄色葡萄球菌在肠道内大量繁殖

2. 肉毒梭菌毒素食物中毒是由(　　)引起。

A. 肉毒梭菌　　B. 肉毒杆菌
C. 肉毒梭菌产生的外毒素　　D. 肉毒梭菌产生的内毒素

3. 引起蜡样芽孢杆菌食物中毒最常见的食物是(　　)。

A. 米饭、米粉　　B. 水果　　C. 蛋类　　D. 腐败肉类

二、填空题

1. 细菌性食物中毒发病机制可分为________、________和混合型。
2. 副溶血性弧菌食物中毒的预防要抓住________、________、杀灭病原菌3个主要环节。
3. 沙门菌食物中毒多是由________性食品引起。
4. 影响沙门菌繁殖的主要因素是________和________。
5. 副溶血性弧菌食物中毒是我国________地区常见的食物中毒。
6. 变形杆菌食物中毒主要是大量________侵入肠道引起的感染型食物中毒。

三、简答题

1. 什么是细菌性食物中毒？细菌性食物中毒的特点是什么？
2. 简述金黄色葡萄球菌肠毒素中毒的流行病学特点、临床表现、诊断和治疗及预防措施。

参考文献

[1]翁连海.食品微生物基础及应用.2版.北京:高等教育出版社,2010.
[2]蔡信之,黄君红.微生物学.3版.北京:科学出版社,2017.
[3]沈萍,陈向东.微生物学.2版.北京:高等教育出版社,2006.
[4]周德庆.微生物学教程.3版.北京:高等教育出版社,2011.
[5]韩秋菊.药用微生物.北京:化学工业出版社,2011.
[6]刘慧.现代食品微生物学.2版.北京:中国轻工业出版社,2011.
[7]刘兰泉.食品微生物检测技术.重庆:重庆大学出版社,2013.
[8]范建奇.食品药品微生物检验技术.杭州:浙江大学出版社,2013.
[9]陈红霞,李翠华.食品微生物学及实验技术.北京:化学工业出版社,2008.
[10]李志香,张家国.微生物学及其技能训练.北京:中国轻工业出版社,2017.
[11]袁桂英,钱爱东.食品微生物与检验.3版.北京:中国农业出版社,2017.
[12]周桃英.食品微生物.北京:中国农业大学出版社,2009.
[13]司福龙.食品微生物快速检验和无菌操作技术.科技创新导报,2019,16(04):131+134.
[14]高晓嵩.分子生物学在食品微生物检测中的应用.食品安全导刊,2017(12):81.
[15]侯乐启.探讨快速检测方法在食品微生物检测中的应用.食品安全导刊,2020(Z2).
[16]张丽琴.BAXR System Q7 全自动病原微生物快速检测系统在食品致病菌检测中的运用.食品安全导刊,2018(36):57-58.
[17]李玉锋.现代工业微生物育种技术研究进展.生命科学仪器,2009(09).
[18]熊俐等.物理诱变技术在食品工业微生物育种上的应用进展.江苏农业科学,2010(05).
[19]赵春苗,徐春厚.原生质体融合技术及在微生物育种中的应用.中国微生态学志,2012(04).
[20]杨宁等.工业微生物育种综述.湖北农机化,2008(03).
[21]何国庆.食品发酵与酿造工艺学.2版.北京:中国农业出版社,2011.
[22]黄晓梅,周桃英,何敏.发酵技术.北京:化学工业出版社,2013.
[23]丁立孝,赵金海.酿造酒技术.北京:化学工业出版社,2008.
[24]罗红霞,王建.食品微生物检验技术.北京:中国轻工业出版社,2018.
[25]刘建军.浅谈微生物资源的开发与利用问题.山东食品发酵,2012(03).
[26]唐雪.我国农业微生物资源开发与利用政策研究.上海:东华大学,2018.
[27]郑宇.传统发酵调味品酿造机理解析与微生物资源开发利用.天津科技大学学报,2017(03).
[28]陈龙.微生物酶技术在食品加工保鲜中的应用.现代食品,2020(04).
[29]尚伟方.微生物酶技术在食品加工与检测中的应用.食品安全导刊,2018(26).

[30]何代进.微生物酶技术在食品加工与检测中的应用.中国培训,2015(18).
[31]高瑞.微生物发酵废弃生物质合成单细胞蛋白的研究现状进展.环境工程,2018(05).
[32]杜敬河.食品行业中发酵工程的应用探讨.食品安全导刊,2019(15).
[33]王丽红.极端酶在食品工业上的应用.食品工业科技,2006(07).
[34]周奇迹. 农业微生物. 2版. 北京:中国农业出版社,2011.
[35]江汉湖. 食品微生物学. 北京:中国农业出版社,2002.
[36]诸葛健,李华钟,王正祥. 2版. 北京:科学出版社,2009.
[37]何国庆,贾英民. 食品微生物学. 北京:中国农业大学出版社,2002.
[38]杨玉红,陈淑范. 食品微生物学. 2版. 武汉:武汉理工大学出版社,2014.